BILHÕES
E BILHÕES

CARL SAGAN

BILHÕES
E BILHÕES

*Reflexões sobre vida e morte
na virada do milênio*

Tradução
Rosaura Eichenberg

15ª reimpressão

Copyright © 2008 by Editora Schwarcz S.A.
Copyright © 1997 by Carl Sagan, com permissão de Democritus Properties, LLC.
Todos os direitos reservados, inclusive os direitos de reprodução total ou parcial em qualquer meio.

Grafia atualizada segundo o Acordo Ortográfico da Língua Portuguesa de 1990, que entrou em vigor no Brasil em 2009.

Título original
Billions & billions: toughts on life and death at the brink of the millennium

Capa
Jeff Fisher

Preparação
Célia Regina Rodrigues de Lima

Revisão
Renato Potenza Rodrigues
Flávia Yacubian

Índice remissivo
Verba Editorial

Dados Internacionais de Catalogação na Publicação (CIP)
(Câmara Brasileira do Livro, SP, Brasil)

Sagan, Carl, 1934-1996.
 Bilhões e bilhões: reflexões sobre vida e morte na virada do milênio / Carl Sagan ; tradução Rosaura Eichenberg. — 1ª ed. — São Paulo : Companhia das Letras, 2008.

 Título original: Billions & billions : toughts on life and death at the brink of the millennium.
 ISBN 978-85-359-1194-7

 1. Ciência — Miscelâneas — Obras de divulgação I. Título.

08-01143 CDD-500

Índice para catálogo sistemático:
1. Ciência : Obras de divulgação 500

2023

Todos os direitos desta edição reservados à
EDITORA SCHWARCZ S.A.
Rua Bandeira Paulista, 702, cj. 32
04532-002 — São Paulo — SP
Telefone: (11) 3707-3500
www.companhiadasletras.com.br
www.blogdacompanhia.com.br

*Para minha irmã, Cari,
uma dentre seis bilhões*

SUMÁRIO

PARTE I. O PODER E A BELEZA DA QUANTIFICAÇÃO
1. Bilhões e bilhões *10*
2. O tabuleiro de xadrez persa *19*
3. Os caçadores de segunda-feira à noite *31*
4. O olhar de Deus e a torneira que pinga *43*
5. Quatro questões cósmicas *59*
6. Tantos sóis, tantos mundos *68*

PARTE II. O QUE OS CONSERVADORES ESTÃO CONSERVANDO?
7. O mundo que chegou pelo correio *78*
8. O meio ambiente: onde reside a prudência? *84*
9. Creso e Cassandra *94*
10. Está faltando um pedaço do céu *100*
11. Emboscada: o aquecimento do mundo *118*
12. Fuga da emboscada *140*
13. Religião e ciência: uma aliança *163*

PARTE III. QUANDO OS CORAÇÕES E AS MENTES
ENTRAM EM CONFLITO
14. O inimigo comum *178*
15. Aborto: é possível ser "pró-vida" e "pró-escolha"?
    (redigido em colaboração com Ann Druyan) *195*
16. As regras do jogo *214*
17. Gettysburg e o presente
    (redigido em colaboração com Ann Druyan) *228*
18. O século XX *242*
19. No vale da sombra *253*

Epílogo (de Ann Druyan) *263*
Agradecimentos *270*
Referências *272*
Lista de ilustrações *276*
Índice remissivo *277*
Sobre o autor *287*

Parte I
O PODER E A BELEZA DA QUANTIFICAÇÃO

1. BILHÕES E BILHÕES

> *Há alguns [...] para quem o número de [grãos de] areia é infinito [...] Há outros que, mesmo sem considerá-lo infinito, acham que ainda não foi definido um número que seja bastante grande [...] Mas vou tentar lhe mostrar [números que] não só superam o número da massa de areia necessária para encher a Terra [...] mas também o da massa equivalente à magnitude do Universo.*
> Arquimedes (cerca de 287-212 a.C.) *O contador de grãos de areia*

Eu nunca disse isso. Juro. Bem, disse que há talvez 100 bilhões de galáxias e 10 bilhões de trilhões de estrelas. É difícil falar sobre o cosmos sem usar números grandes. Falei "bilhões" muitas vezes na série de televisão *Cosmos*, que foi vista por muitas pessoas. Mas nunca disse "bilhões e bilhões". Para começo de conversa, é muito impreciso. Quantos bilhões são "bilhões e bilhões"? Alguns bilhões? Vinte bilhões? Cem bilhões? "Bilhões e bilhões" é bastante vago. Quando reconfiguramos e atualizamos a série, verifiquei — e, sem dúvida nenhuma, nunca disse tal coisa.

Mas Johnny Carson — em cujo *Tonight show* apareci quase trinta vezes ao longo dos anos — disse. Ele colocava um casaco de veludo cotelê, um suéter de gola rulê e uma espécie de grenha como peruca. Tinha criado uma imitação tosca de mim, uma espécie de Doppelgänger, que andava pela televisão tarde da noite dizendo "bilhões e bilhões". Costumava me incomodar um pouco ter um simulacro da minha persona andando por aí por conta própria, dizendo coisas que os amigos e colegas me relatavam na manhã seguinte. (Apesar do disfarce, Carson — um astrônomo amador sério — frequentemente fazia a minha imitação falar sobre ciência real.)

Espantosamente, "bilhões e bilhões" pegou. As pessoas gostaram do som da expressão. Mesmo hoje em dia, ainda me param na rua, num avião ou numa festa, e me perguntam, um pouco timidamente, se eu não diria — apenas para elas — "bilhões e bilhões".

"Sabem, eu realmente não disse isso", eu lhes respondo.

"OK", replicam. "Mas diga de qualquer maneira."

Fiquei sabendo que Sherlock Holmes nunca disse "Elementar, meu caro Watson" (pelo menos nos livros de Arthur Conan Doyle); Jimmy Cagney nunca disse "Seu rato sujo"; e Humphrey Bogart nunca disse "Toque de novo, Sam". Mas bem que poderiam ter dito, porque esses apócrifos se insinuaram firmemente na cultura popular.

Ainda me citam como tendo dito essa expressão estúpida em revistas de computadores ("Como diria Carl Sagan, são necessários bilhões e bilhões de bytes"), artigos elementares de economia nos jornais, discussões sobre salários de jogadores de esportes profissionais e coisas do gênero.

Durante algum tempo, por um ressentimento infantil, não pronunciava nem escrevia a expressão, mesmo quando me pediam. Mas superei essa fase. Assim, para ficar registrado, aqui vai:

"Bilhões e bilhões."

O que torna "bilhões e bilhões" tão popular? Antes era "milhões" a alcunha para um número grande. Os imensamente ricos eram milionários. A população da Terra na época de Jesus consistia talvez em 250 milhões de pessoas. Havia quase 4 milhões de norte-americanos na época da Convenção Constituinte de 1787; no início da Segunda Guerra Mundial, havia 132 milhões. Existem 93 milhões de milhas (150 milhões de quilômetros) da Terra até o Sol. Aproximadamente 40 milhões de pessoas foram mortas na Primeira Guerra Mundial; 60 milhões na Segunda Guerra Mundial. Há 31,7 milhões de segundos num ano (como é bastante fácil verificar). Os arsenais nucleares globais no fim da década de 1980 continham um poder explosivo suficiente para destruir 1 milhão de Hiroshimas. Para muitos fins e por um longo tempo, o "milhão" era a quintessência dos números grandes.

Mas os tempos mudaram. Agora o mundo tem um grupo de bilionários — e não somente por causa da inflação. A idade da Terra está bem determinada em 4,6 bilhões de anos. A população humana está se aproximando de 6 bilhões de pessoas. Cada aniversário representa outros bilhões de quilômetros ao redor do Sol (a Terra gira ao redor do Sol muito mais rapidamente do que a nave espacial *Voyager* se afasta da Terra). Quatro bombardeiros B-2 custam 1 bilhão de dólares. (Alguns dizem 2 ou até 4 bilhões.) Quando se computam os custos secretos, o orçamento de defesa dos Estados Unidos importa em mais de 300 bilhões de dólares por ano. A estimativa das mortes imediatas numa guerra nuclear total entre os Estados Unidos e a Rússia é de mais ou menos 1 bilhão de pessoas. Algumas polegadas são 1 bilhão de átomos lado a lado. E há todos aqueles bilhões de estrelas e galáxias.

Em 1980, quando a série de televisão *Cosmos* foi ao ar pela primeira vez, as pessoas estavam preparadas para os bilhões. Meros milhões tinham se tornado um pouco diminutos, fora de moda, mesquinhos. Na realidade, as duas palavras têm um som tão parecido que é preciso fazer um grande esforço para distingui-las. É por isso que, em *Cosmos*, eu pronunciava "bilhões" com um "b" bastante explosivo, o que algumas pessoas tomaram por um sotaque idiossincrático ou defeito de fala. A alternativa, proposta pioneiramente por comentadores de TV — dizer "É bilhões com *b*"—, parecia mais incômoda.

Há uma antiga piada sobre o expositor de planetário que relata à sua plateia que, em 5 bilhões de anos, o Sol vai aumentar até se tornar um gigante vermelho inchado, que engolfará os planetas Mercúrio e Vênus e finalmente engolirá até a Terra. Mais tarde, um ansioso membro da plateia o aborda:

"Desculpe-me, doutor, o senhor disse que o Sol vai arrebentar a Terra em 5 bilhões de anos?"

"Sim, mais ou menos."

"Graças a Deus. Por um momento pensei que tivesse dito 5 *m*ilhões."

Sejam 5 milhões ou 5 bilhões, isso tem pouca importância

para nossas vidas pessoais, por mais interessante que possa ser o destino final da Terra. Mas a distinção entre milhões e bilhões é muito mais vital em questões como orçamentos nacionais, população mundial e mortes na guerra nuclear.

Embora a popularidade de "bilhões e bilhões" ainda não tenha desaparecido completamente, esses números também estão se tornando um pouco diminutos, estreitos e *passés*. Um número muito mais elegante está agora aparecendo no horizonte, ou perto dele. O *trilhão* está quase entre nós.

Os gastos militares mundiais são, hoje em dia, de quase 1 trilhão de dólares por ano. O endividamento total de todas as nações subdesenvolvidas para com os bancos ocidentais está chegando aos 2 trilhões de dólares (era de 60 bilhões em 1970). O orçamento anual do governo dos Estados Unidos também se aproxima de 2 trilhões de dólares. A dívida nacional é de cerca de 5 trilhões. A estimativa de custo do plano tecnicamente duvidoso da Guerra nas Estrelas na era Reagan ficava entre 1 trilhão e 2 trilhões de dólares. Todas as plantas na Terra pesam 1 trilhão de toneladas. As estrelas e os trilhões têm uma afinidade natural: a distância do nosso sistema solar até a estrela mais próxima, a Alfa do Centauro, é de 25 trilhões de milhas (cerca de 40 trilhões de quilômetros).

A confusão entre milhões, bilhões e trilhões ainda é endêmica na vida diária, e rara é a semana que se passa sem uma dessas trapalhadas no noticiário da TV (em geral, uma confusão entre milhões e bilhões). Assim, eu talvez possa ser desculpado por perder algum tempo distinguindo: 1 milhão é mil milhares, ou o número 1 seguido de seis zeros; 1 bilhão é mil milhões, ou o número 1 seguido de nove zeros; e 1 trilhão é mil bilhões (ou, equivalentemente, 1 milhão de milhões), que é o número 1 seguido de doze zeros.

Essa é a convenção norte-americana. Por muito tempo, a palavra britânica "bilhão" correspondia ao "trilhão" norte-americano, os britânicos usando — com bastante razão — "mil milhões" para 1 bilhão. Na Europa, "*milliard*" era a palavra para 1 bilhão. Como colecionador de selos desde a infância, tenho um selo de correio não carimbado, do auge da inflação alemã de 1923, em que se lê "50 *milliarden*". Enviar uma carta custava 50 trilhões de marcos. (Era na época em que as pessoas levavam um carrinho de mão cheio de moedas para a padaria ou a mercearia.) Mas, devido à presente influência mundial dos Estados Unidos, essas convenções alternativas estão em retirada, e "*milliard*" quase desapareceu.

Um modo inequívoco de determinar o número grande que está em discussão é simplesmente contar os zeros depois do número 1. Mas se há muitos zeros, isso pode se tornar aborrecido. É por essa razão que colocamos pontos ou espaços depois de cada grupo de três zeros. Assim, 1 trilhão é 1.000.000.000.000 ou 1 000 000 000 000. (Nos Estados Unidos, colocam-se vírgulas no lugar dos pontos.) Para números maiores que 1 trilhão, é preciso contar quantos grupos de três números existem. Seria ainda mais fácil se, ao nomear um número grande, pudéssemos apenas dizer diretamente quantos zeros existem depois do número 1.

Como são pessoas práticas, os cientistas e os matemáticos fazem exatamente isso. Chama-se notação exponencial. Você escreve o número 10; depois um número pequeno, alçado à direita do 10 como um sobrescrito, informa quantos zeros existem depois do número 1. Assim, $10^6 = 1\,000\,000$; $10^9 = 1\,000\,000\,000$; $10^{12} = 1\,000\,000\,000\,000$; e assim por diante. Esses pequenos sobrescritos são chamados expoentes ou potências; por exemplo, 10^9 é descrito como "10 elevado à potência 9" ou, equivalentemente, "10 elevado à nona" (à exceção de 10^2 e 10^3, que são chamados "10 ao quadrado" e "10 ao cubo", respectivamente). Essa expressão, "à potência" — como "parâmetro" e vários outros termos científicos e matemáticos —, está entrando na linguagem de todos os dias, mas com o significado cada vez mais obscuro e distorcido.

Além da clareza, a notação exponencial tem um maravilhoso benefício colateral: é possível multiplicar dois números quaisquer simplesmente somando-se os expoentes apropriados. Assim, $1000 \times 1\,000\,000\,000$ é $10^3 \times 10^9 = 10^{12}$. Ou vamos tomar alguns números maiores: se existem 10^{11} estrelas numa galáxia típica e 10^{11} galáxias, há 10^{22} estrelas no cosmos.

Porém, ainda há resistência à notação exponencial por parte de pessoas um pouco assustadas com a matemática (embora a notação não complique, mas simplifique, a nossa compreensão) e por parte dos compositores de texto, que parecem ter uma necessidade compulsiva de imprimir 10^9 como 109.

Os primeiros seis números grandes que têm seus próprios nomes são mostrados no quadro da página 18. Cada um é mil vezes maior que o anterior. Acima de 1 trilhão, os nomes quase nunca são usados. Contando-se um número a cada segundo, dia e noite, levaríamos mais de uma semana para contar de um a 1 milhão. Um bilhão nos custaria metade da vida. E não se conseguiria contar 1 quintilhão, nem que se tivesse a idade do universo para fazê-lo.

Depois de se dominar a notação exponencial, pode-se lidar sem esforço com números imensos, como o número aproximado de micróbios numa colher de chá cheia de terra (10^8); de grãos de areia em todas as praias da Terra (talvez 10^{20}); de seres vivos sobre a Terra (10^{29}); de átomos em toda a vida sobre a Terra (10^{41}); de núcleos atômicos no Sol (10^{57}); ou o número de partículas elementares (elétrons, prótons, nêutrons) em todo o cosmos (10^{80}). Isso não significa que se possa *imaginar* 1 bilhão ou 1 quintilhão de objetos — ninguém pode. Mas, com a notação exponencial, podemos *pensar* sobre esses números e calculá-los. Bastante bom para seres autodidatas que começaram a partir do nada e que contavam os amigos com os dedos das mãos e dos pés.

Na realidade, os números grandes são parte integrante da ciência moderna. Mas não quero deixar a impressão de que foram inventados na nossa época.

A aritmética indiana tem sido igual a números grandes há muito tempo. Hoje em dia encontram-se facilmente nos jornais indianos referências a multas ou gastos de *lakh* ou *crore* rúpias. O padrão é: *das* =10; *san* = 100; *hazar* = 1000; *lakh* = 10^5; *crore* = 10^7; *arahb* = 10^9; *carahb* = 10^{11}; *nie* = 10^{13}; *padham* = 10^{15}; e *sankh* = 10^{17}. Antes que sua cultura fosse aniquilada pelos europeus, os maias do antigo México projetaram uma escala de tempo mundial que eclipsava os insignificantes milhares de anos que, segundo os europeus, tinham se passado desde a criação do mundo. Entre os monumentos em ruínas de Coba, em Quintana Roo, existem inscrições mostrando que os maias imaginavam um universo com aproximadamente 10^{29} anos. Os hindus sustentavam que a presente encarnação do universo tem $8,6 \times 10^9$ anos — acertando quase na mosca. E Arquimedes, o matemático siciliano do século III a.C., em seu livro *O contador de grãos de areia*, estimava que seriam necessários 10^{63} grãos de areia para encher o cosmos. Sobre as questões realmente grandes, bilhões e bilhões eram meros trocados mesmo naquela época.

NÚMEROS GRANDES

Nome (EUA)	Número (por extenso)	Número (notação científica)	Quanto tempo levaria para contar esse número a partir de 0 (um número por segundo, dia e noite)
Um	1	10^0	1 segundo
Mil	1 000	10^3	17 minutos
Milhão	1 000 000	10^6	12 dias
Bilhão	1 000 000 000	10^9	32 anos
Trilhão	1 000 000 000 000	10^{12}	32 mil anos (mais tempo do que a idade da civilização sobre a Terra)
Quatrilhão	1 000 000 000 000 000	10^{15}	32 milhões de anos (mais tempo do que a existência de humanos sobre a Terra)
Quintilhão	1 000 000 000 000 000 000	10^{18}	32 bilhões de anos (mais tempo do que a idade do universo)

Números maiores são chamados 1 sextilhão (10^{21}), 1 setilhão (10^{24}), 1 octilhão (10^{27}), 1 nonilhão (10^{30}) e 1 decilhão (10^{33}). A Terra tem uma massa de 6 octilhões de gramas.

Essa notação científica ou exponencial é também descrita por palavras. Assim, um elétron tem um femtômetro (10^{-15} m) de extensão; a luz amarela tem um comprimento de onda de meio micrômetro (0,5 um); o olho humano mal consegue ver um micróbio com um décimo de milímetro de extensão (10^{-4} m); a Terra tem um raio de 6300 quilômetros (6300 km = 6,3 Mm); e uma montanha pode pesar cem petagramas (100 pg = 10^{15} g). A lista completa dos prefixos é a seguinte:

atto-	a	10^{-18}	deca-	—	10^1
femto-	f	10^{-15}	hecto-	—	10^2
pico-	p	10^{-12}	quilo-	k	10^3
nano-	n	10^{-9}	mega-	M	10^6
micro-	μ	10^{-6}	giga-	G	10^9
mili-	m	10^{-3}	tera-	T	10^{12}
centi-	c	10^{-2}	peta-	P	10^{15}
deci-	d	10^{-1}	exa-	E	10^{18}

2. O TABULEIRO DE XADREZ PERSA

> *Não há linguagem mais universal e mais simples, mais livre de erros e de obscuridades, isto é, mais digna de expressar as relações invariáveis das coisas naturais* [...] [*A matemática*] *parece ser uma faculdade da mente humana destinada a suplementar a brevidade da vida e a imperfeição dos sentidos.*
>
> Joseph Fourier, *Teoria analítica do calor*, Discurso preliminar (1822)

Segundo o modo como ouvi pela primeira vez a história, aconteceu na Pérsia antiga. Mas podia ter sido na Índia ou até na China. De qualquer forma, aconteceu há muito tempo. O grão-vizir, o principal conselheiro do rei, tinha inventado um novo jogo. Era jogado com peças móveis sobre um tabuleiro quadrado que consistia em 64 quadrados vermelhos e pretos. A peça mais importante era o rei. A segunda peça mais importante era o grão-vizir — exatamente o que se esperaria de um jogo inventado por um grão-vizir. O objetivo era capturar o rei inimigo, e por isso o jogo era chamado, em persa, *shahmat* — *shah* para rei, *mat* para morto. Morte ao rei. Em russo é ainda chamado *shakhmat*, expressão que talvez transmita um remanescente sentimento revolucionário. Até em inglês há um eco desse nome — o lance final é chamado "*checkmate*" (xeque-mate). O jogo, claro, é o xadrez. Ao longo do tempo, as peças, seus movimentos, as regras do jogo, tudo evoluiu. Por exemplo, já não existe um grão-vizir — que se metamorfoseou numa rainha, com poderes muito mais terríveis.

A razão de um rei se deliciar com a invenção de um jogo chamado "Morte ao Rei" é um mistério. Mas reza a história que ele ficou tão encantado que mandou o grão-vizir determinar sua própria recompensa por ter criado uma invenção tão magnífica.

O grão-vizir tinha a resposta na ponta da língua: era um homem modesto, disse ao xá. Desejava apenas uma recompensa simples. Apontando as oito colunas e as oito filas de quadrados no tabuleiro que tinha inventado, pediu que lhe fosse dado um único grão de trigo no primeiro quadrado, o dobro dessa quantia no segundo, o dobro *dessa quantia* no terceiro e assim por diante, até que cada quadrado tivesse o seu complemento de trigo. Não, protestou o rei, era uma recompensa demasiado modesta para uma invenção tão importante. Ofereceu joias, dançarinas, palácios. Mas o grão-vizir, com os olhos apropriadamente baixos, recusou todas as ofertas. Só desejava pequenos montes de trigo. Assim, admirando-se secretamente da humildade e comedimento de seu conselheiro, o rei consentiu.

No entanto, quando o mestre do Celeiro Real começou a contar os grãos, o rei se viu diante de uma surpresa desagradável. O número de grãos começa bem pequeno: 1, 2, 4, 8, 16, 32, 64, 128, 256, 512, 1024... mas quando se chega ao 64º quadrado, o número se torna colossal, esmagador. Na realidade, o número é (veja quadro na página 30) quase 18,5 quintilhões. Talvez o grão-vizir estivesse fazendo uma dieta rica em fibras.

Quanto pesam 18,5 quintilhões de grãos de trigo? Se cada grão tivesse o tamanho de um milímetro, todos os grãos juntos pesariam cerca de 75 bilhões de toneladas métricas, o que é muito mais do que poderia ser armazenado nos celeiros do xá. Na verdade, esse número equivale a cerca de 150 anos da produção de trigo mundial *no presente*. O relato do que aconteceu a seguir

não chegou até nós. Se o rei, inadimplente, culpando-se pela falta de atenção nos seus estudos de aritmética, entregou o reino ao vizir, ou se o último experimentou as aflições de um novo jogo chamado *viziermat*, não temos o privilégio de saber.

A história do Tabuleiro de Xadrez Persa pode ser apenas uma fábula. Mas os persas e indianos antigos foram brilhantes pioneiros na matemática e conheciam muito bem os enormes números resultantes, quando se continua a dobrar os valores. Se o xadrez tivesse sido inventado com cem (10×10) quadrados em vez de 64 (8×8), a dívida resultante em grãos de trigo teria pesado o mesmo que a Terra. Uma sequência de números desse tipo, quando cada número é um múltiplo fixo do anterior, é chamada progressão geométrica, e o processo se chama aumento exponencial.

As exponenciais aparecem em todo tipo de áreas importantes, familiares e não familiares — por exemplo, no juro composto. Se, por exemplo, um antepassado seu tivesse depositado dez dólares no banco para você há duzentos anos, isto é, logo depois da Revolução Americana, e o depósito acumulasse um juro anual constante de 5%, a essa altura o dinheiro valeria dez dólares $\times (1,05)^{200}$, isto é, 172 925,81 dólares. Mas poucos antepassados são tão solícitos quanto à fortuna de seus descendentes remotos, e dez dólares era muito dinheiro naqueles dias. [$(1,05)^{200}$ significa simplesmente 1,05 multiplicado por si mesmo duzentas vezes.] Se o antepassado tivesse conseguido uma taxa de 6%, você teria agora 1 milhão de dólares; a uma taxa de 7%, mais de 7,5 milhões; e a uma taxa extorsiva de 10%, a soma considerável de 1,9 bilhão.

Vale o mesmo para a inflação. Se a taxa é de 5% ao ano, um dólar vale 0,95 *cents* depois de um ano; $(0,95)^2 = 0,91$ *cents* depois de dois anos; 0,61 depois de dez anos; 0,37 depois de vinte; e assim por diante. É uma questão muito prática para os aposentados que recebem pensões equivalentes a um número fixo de dólares por ano sem reajuste da inflação.

A circunstância mais comum em que ocorrem repetidas duplicações, e portanto crescimento exponencial, é na reprodução biológica. Vamos considerar primeiro o simples caso de uma bactéria que se reproduz dividindo-se em duas. Depois de certo tempo, cada uma das duas bactérias filhas também se divide. Desde que exista bastante alimento e não haja nenhum veneno no ambiente, a colônia de bactérias vai crescer exponencialmente. Em circunstâncias muito favoráveis, pode haver uma duplicação a cada quinze minutos aproximadamente. Isso significa quatro duplicações numa hora e 96 duplicações num dia. Embora uma bactéria só pese aproximadamente um trilionésimo de grama, as suas descendentes, depois de um dia de selvagem abandono sexual, vão pesar coletivamente o mesmo que uma montanha; em pouco mais que um dia e meio, o mesmo que a Terra; em dois dias, mais que o Sol... Em breve tudo no universo será composto de bactérias. Não é uma perspectiva muito agradável, e felizmente nunca acontece. Por que não? Porque o crescimento exponencial desse tipo sempre bate em algum obstáculo natural. Os micróbios ficam sem alimento, ou se envenenam mutuamente, ou têm vergonha de se reproduzir quando não têm privacidade. As exponenciais não podem continuar para sempre, porque vão engolir tudo. Muito antes disso, encontram algum impedimento. A curva exponencial se horizontaliza (veja a ilustração ao lado).

Essa é uma distinção muito importante no que diz respeito à epidemia da AIDS. No momento, em muitos países o número de pessoas com sintomas de AIDS está crescendo exponencialmente. O tempo de duplicação é mais ou menos de um ano. Isto é, a cada ano há duas vezes mais casos de AIDS do que havia no ano anterior. Essa doença já nos cobrou um tributo desastroso em mortes. Se fosse continuar exponencialmente, seria uma catástrofe sem precedentes. Em dez anos, haveria mil vezes mais casos de AIDS, e em vinte anos, 1 milhão de vezes mais. Mas 1 milhão de vezes o número de pessoas que já contraíram AIDS é muito mais que o número de pessoas sobre a Terra. Se não houvesse impedimentos naturais à duplicação contínua da AIDS a cada ano e a doença fosse invariavelmente fatal (e não se encontrasse a cura), todo mundo sobre a Terra morreria de AIDS, e muito em breve.

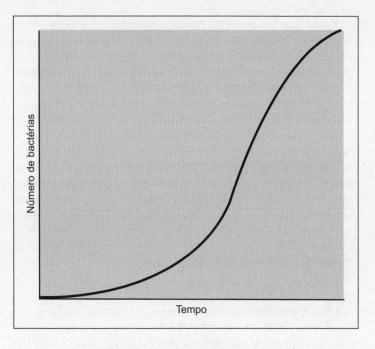

No entanto, algumas pessoas parecem ser naturalmente imunes à AIDS. Além disso, segundo o Centro de Notificação de Doenças do Serviço de Saúde Pública dos Estados Unidos, no início a duplicação nos Estados Unidos estava restrita, quase em sua totalidade, a grupos vulneráveis, sexualmente bem isolados do resto da população — em especial homossexuais masculinos, hemofílicos e usuários de drogas intravenosas. Se não se encontrar a cura para a AIDS, a maioria dos usuários de drogas intravenosas que partilham agulhas hipodérmicas vai morrer — nem todos, porque há uma pequena porcentagem de pessoas que são resistentes por natureza, mas vamos dizer quase todos. O mesmo vale para os homossexuais masculinos que têm muitos parceiros e não se previnem ao fazer sexo — mas não vale para os que usam preservativos adequadamente, para os que têm relações monógamas de longo prazo e, mais uma vez, para a pequena fração dos que possuem natureza resistente. Casais heterossexuais com relações monógamas duradouras desde o início dos anos 1980, ou que têm o cuidado de prevenir-se ao praticar sexo e não partilham agulhas — e são muitos — estão essencialmente a salvo da AIDS. Depois que as curvas dos grupos demográficos de maior risco se horizontalizarem, outros grupos vão tomar o seu lugar — hoje em dia, nos Estados Unidos, parecem ser os heterossexuais jovens que veem a prudência ser dominada pela paixão e se dedicam a práticas sexuais pouco seguras. Muitos deles vão morrer, alguns terão sorte, outros são naturalmente imunes ou abstêmios, e serão substituídos por outro grupo de maior risco — talvez a próxima geração de homossexuais masculinos. Espera-se que, por fim, a curva exponencial se horizontalize para todos nós, depois de ter matado muito menos gente do que todo o mundo sobre a Terra. (Pequeno consolo para as muitas vítimas da doença e seus entes queridos.)

As exponenciais também constituem a ideia central por trás da crise da população mundial. Durante a maior parte da existência humana sobre a Terra, a população era estável, com os nascimentos e as mortes quase em equilíbrio. Essa situação é chamada "estado estacionário". Depois da invenção da agricultura — incluindo o plantio e a colheita daqueles grãos de trigo que o grão-vizir tanto desejava —, a população humana deste planeta começou a aumentar, entrando numa fase exponencial, que está muito longe do estado estacionário. No presente, o tempo de duplicação da população mundial é de cerca de quarenta anos. A cada quarenta anos haverá o dobro de seres humanos. Como o clérigo inglês Thomas Malthus apontou em 1798, uma população que cresce exponencialmente — Malthus a descreveu como uma progressão geométrica — vai superar qualquer aumento concebível de alimentos. Nenhuma Revolução Verde, nenhum cultivo de plantas fora do solo, nenhum método que faça os desertos florescerem, nada disso poderá dar conta de um crescimento populacional exponencial.

Não há tampouco solução extraterrestre para esse problema. Atualmente, há mais 240 mil seres humanos nascendo do que morrendo a cada dia. Estamos muito longe de poder enviar 240 mil pessoas para o espaço a cada dia. Nenhuma colônia na órbita da Terra, na Lua ou em outros planetas pode provocar uma diminuição perceptível da explosão da população. Mesmo que fosse possível enviar todo o mundo sobre a Terra para planetas de estrelas distantes em naves que viajassem a uma velocidade maior que a da luz, quase nada mudaria — todos os planetas habitáveis na galáxia da Via Láctea estariam lotados em aproximadamente um milênio. A menos que diminuamos nossa taxa de reprodução. Nunca subestime uma exponencial.

O crescimento da população da Terra ao longo do tempo é mostrado na figura seguinte. Estamos claramente numa (ou

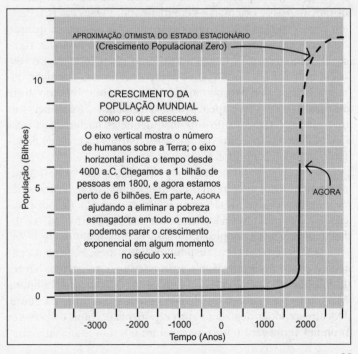

prestes a sair de uma) fase de crescimento exponencial elevado. Mas muitos países — os Estados Unidos, a Rússia e a China, por exemplo — alcançaram ou estão prestes a alcançar uma situação em que parou o seu crescimento populacional, chegando perto de um estado estacionário. Isso é também chamado de crescimento populacional zero (ZPG). Ainda assim, como as exponenciais são tão poderosas, se até uma pequena fração da comunidade humana continua por algum tempo a se reproduzir de forma exponencial, a situação continua essencialmente a mesma — a população mundial cresce de forma exponencial, mesmo que muitas nações estejam numa fase de ZPG.

Há uma correlação bem documentada em todo o mundo entre a pobreza e as altas taxas de natalidade. Em países pequenos e grandes, capitalistas e comunistas, católicos e muçulmanos, ocidentais e orientais — em quase todos esses casos, o crescimento exponencial da população diminui ou cessa quando desaparece a pobreza esmagadora. A isso se dá o nome de transição demográfica. A longo prazo, é do maior interesse da espécie humana que todo lugar na Terra atinja essa transição demográfica. É por isso que ajudar outros países a se tornarem autossuficientes não é apenas um ato elementar de decência humana, mas é também do interesse daquelas nações mais ricas que podem ajudar. Uma das questões centrais na crise da população mundial é a pobreza.

As exceções à transição demográfica são interessantes. Algumas nações com altas rendas *per capita* ainda têm altas taxas de natalidade. Mas nelas não existem anticoncepcionais à disposição, e/ou as mulheres não têm poder político efetivo. Não é difícil compreender a conexão.

Atualmente, há cerca de 6 bilhões de humanos. Em quarenta anos, se o tempo de duplicação continuar constante, haverá 12 bilhões; em oitenta anos, 24 bilhões; em 120 anos, 48 bilhões... Mas poucos acreditam que a Terra possa suportar tanta gente. Devido ao poder desse aumento exponencial, tratar da pobreza mundial agora será muito mais barato e muito mais humanitário, ao que parece, do que quaisquer soluções que nos serão propostas daqui a muitas décadas. Nossa tarefa é provocar uma transição demográfica em todo o mundo e horizontalizar aquela curva exponencial — eliminando a pobreza esmagadora, tornando amplamente disponíveis métodos seguros e eficazes de controle da natalidade e estendendo o poder político real (executivo, legislativo, judiciário, militar, e em instituições que influenciam a opinião pública) às mulheres. Se falharmos, algum outro processo, muito menos sujeito ao nosso controle, fará a tarefa por nós.

Por falar nisso...
Em Londres, em setembro de 1933, o físico húngaro emigrado Leo Szilard foi quem pela primeira vez imaginou a fissão nuclear. Ele andara conjeturando se os experimentos humanos não poderiam liberar as vastas energias escondidas no núcleo do átomo. Perguntava-se o que aconteceria se um nêutron fosse disparado contra um núcleo atômico. (Como não tem carga elétrica, o nêutron não seria eletricamente repelido pelos prótons no núcleo, e colidiria diretamente com o núcleo.) Enquanto esperava que o sinal de tráfego mudasse num cruzamento em Southampton Row, Szilard começou a pensar que talvez houvesse alguma substância, algum elemento químico, que cuspisse para fora dois nêutrons, quando fosse atingido por um nêutron. Cada um desses nêutrons poderia ejetar mais nêutrons, e então, de repente apareceu na mente de Szilard a visão de uma reação nuclear em cadeia, com nêutrons sendo produzidos exponencialmente e átomos caindo aos pedaços à direita e à esquerda. Naquela noite, em seu pequeno quarto no Strand Palace Hotel, ele calculou que somente alguns quilos de matéria, se submetidos a uma controlada reação em cadeia de nêutrons, poderiam liberar energia suficiente para suprir as necessidades de uma pequena cidade durante um ano... ou, se a energia fosse liberada de súbito, o suficiente para destruir completamente aquela cidadezinha. Szilard acabou emigrando para os Estados Unidos e come-

çou uma pesquisa sistemática de todos os elementos químicos, para ver se algum produzia mais nêutrons além daqueles que colidiam com ele. O urânio parecia um candidato promissor. Szilard convenceu Albert Einstein a escrever sua famosa carta ao presidente Roosevelt, pressionando os Estados Unidos a construírem a bomba atômica. Szilard desempenhou um papel importante na primeira reação em cadeia com urânio, realizada em Chicago em 1942, que na verdade levou à bomba atômica. Passou o resto da sua vida alertando sobre os perigos da arma que fora o primeiro a conceber. Tinha descoberto, ainda que de forma diferente, o poder terrível das exponenciais.

Todo o mundo tem dois pais, quatro avós, oito bisavós, dezesseis trisavós etc. A cada geração que retrocedemos, temos duas vezes mais antepassados em linha direta. Pode-se ver que é um problema muito semelhante ao do Tabuleiro de Xadrez Persa. Se cada geração tem, vamos dizer, 25 anos, 64 gerações atrás equivalem a $64 \times 25 = 1600$ anos atrás, isto é, pouco antes da queda do Império Romano. Assim (veja o quadro), cada um de nós que está vivo hoje tinha, no ano 400, uns 18,5 quintilhões de ancestrais — ou é o que parece. E isso sem falar dos parentes colaterais. Mas é muito mais que a população da Terra, então ou agora; é muito mais que o número total de seres humanos que já viveram. Alguma coisa está errada com o nosso cálculo. O quê? Bem, supusemos que todos esses ancestrais em linha direta fossem pessoas diferentes. Mas, claro, não é o caso. O mesmo ancestral está relacionado conosco por muitas linhas diferentes. Somos repetida e multiplamente ligados a cada um de nossos parentes — um imenso número de vezes, no caso dos parentes mais distantes.

Algo parecido vale para toda a população humana. Se retrocedermos o bastante, quaisquer duas pessoas sobre a Terra têm um ancestral comum. Sempre que um novo presidente americano é eleito, é quase certo que alguém — geralmente na Inglaterra — descubra que o novo presidente tem um certo parentesco com a rainha ou o rei da Inglaterra. É uma forma de supostamente unir os povos de língua inglesa. Quando duas pessoas provêm da mesma nação ou cultura, ou do mesmo pequeno canto do mundo, e suas genealogias estão bem registradas, é provável que o último antepassado comum seja descoberto. Mas, descobertas ou não, as relações são claras. Somos todos primos — todo o mundo sobre a Terra.

Outra manifestação comum das exponenciais é a ideia da meia-vida. Um elemento radioativo "pai" — plutônio ou rádio — se desintegra, formando um outro elemento "filho", talvez mais seguro, mas isso não se dá de repente. Ele se desintegra estatisticamente. Há um certo tempo em que metade do elemento se desintegrou, e esse é chamado de sua meia-vida. A metade do que resta se desintegra, formando outra meia-vida, e metade do restante forma ainda outra meia-vida, e assim por diante. Por exemplo, se a meia-vida fosse de um ano, metade se desintegraria num ano, metade da metade ou tudo menos um quarto desapareceria em dois anos, tudo menos um oitavo em três anos, tudo menos um milésimo em dez anos etc. Elementos diferentes têm meias-vidas diferentes. A meia-vida é uma ideia importante quando se tenta decidir o que fazer com o lixo radioativo das usinas nucleares ou quando se pensa sobre a precipitação radioativa na guerra nuclear. Representa uma desintegração exponencial, assim como o Tabuleiro de Xadrez Persa representa um aumento exponencial.

A desintegração radioativa é um método importante para datar o passado. Se conseguimos medir numa amostra a quantidade do material radioativo pai e a quantidade do produto de desintegração filho, podemos determinar há quanto tempo a amostra existe. Foi assim que descobrimos que o assim chamado Sudário de Turim não é a mortalha de Jesus, mas uma fraude piedosa do século XIV (quando foi denunciada pelas autoridades da Igreja); que os humanos faziam acampamentos ao redor do fogo há milhões de anos; que os fósseis mais antigos da vida sobre a Terra têm pelo menos 3,5 bilhões de anos; e que a própria Terra tem 4,6 bilhões de anos. O cosmos, claro, ainda tem muitos outros bilhões de anos. Quando compreendemos as exponenciais, a chave para muitos dos segredos do universo está em nossas mãos.

Se conhecemos um objeto apenas qualitativamente, nós o conhecemos apenas de maneira vaga. Se o conhecemos quantitativamente — entendendo alguma medida numérica que o distingue de um número infinito de outras possibilidades —, começamos a conhecê-lo profundamente. Percebemos parte da sua beleza e temos acesso ao seu poder e à compreensão que ele propicia. Ter medo da quantificação equivale a renunciar aos nossos direitos civis, abrindo mão de uma das esperanças mais potentes de compreender e transformar o mundo.

O CÁLCULO QUE O REI DEVIA TER SOLICITADO AO SEU VIZIR

Não se apavore. É muito fácil. Queremos calcular quantos grãos de trigo havia sobre todo o Tabuleiro de Xadrez Persa.

Um cálculo elegante (e perfeitamente exato) é o seguinte:

O expoente simplesmente indica quantas vezes multiplicamos 2 por si mesmo. $2^2 = 4$. $2^4 = 16$. $2^{10} = 1024$, e assim por diante. Vamos chamar de S o número total de grãos no tabuleiro de xadrez, desde o 1, no primeiro quadrado, até o 2^{63} no 64º quadrado. Depois, simplesmente,

$$S = 1 + 2 + 2^2 + 2^3 + \ldots + 2^{62} + 2^{63}.$$

Duplicando ambos os lados dessa equação, encontramos

$$2S = 2 + 2^2 + 2^3 + 2^4 + \ldots + 2^{63} + 2^{64}.$$

Subtraindo a primeira equação da segunda, obtemos

$$2S - S = S = 2^{64} - 1,$$

que é a resposta exata.

Quanto é isso aproximadamente, em notação decimal comum? 2^{10} é quase 1000, ou 10^3 (dentro de uma margem de 2,4%). Assim, $2^{20} = 2^{(10 \times 2)} = (2^{10})^2 =$ aproximadamente $(10^3)^2 = 10^6$, que é 10 multiplicado por si mesmo seis vezes, ou 1 milhão. Da mesma forma, $2^{60} = (2^{10})^6 =$ aproximadamente $(10^3)^6 = 10^{18}$. Assim, $2^{64} = 2^4 \times 2^{60} =$ aproximadamente 16×10^{18}, ou 16 seguido por 18 zeros, que são 16 quintilhões de grãos. Um cálculo mais preciso produz a resposta de 18,6 quintilhões de grãos.

3. OS CAÇADORES DE SEGUNDA-FEIRA À NOITE

> *O* instinto de caça *tem* [*uma*] [...] *origem remota na evolução da raça. Os instintos de caça e pesca se combinam em muitas manifestações* [...]. *A sede de sangue humana faz parte de nosso lado primitivo, e é justamente por isso que é tão difícil de ser erradicada, especialmente quando uma luta ou uma caçada é prometida como parte do divertimento.*
> William James, *Psicologia*, XXIV (1890)

Não podemos evitar. Nas tardes de domingo e nas noites de segunda-feira, no outono de cada ano, abandonamos tudo para observar as pequenas imagens em movimento de 22 homens — colidindo uns com os outros, caindo, levantando e chutando um objeto alongado feito com a pele de um animal. De vez em quando, tanto os jogadores como os espectadores sedentários são levados ao êxtase ou ao desespero pela evolução do jogo. Em toda parte, nos Estados Unidos, as pessoas (quase exclusivamente homens), paradas diante das telas de vidro, torcem ou resmungam em uníssono. Descrito dessa forma, parece estúpido. Mas, quando se adquire o gosto pela coisa, é difícil resistir, e falo por experiência própria.

Os atletas correm, saltam, batem, deslizam, lançam, chutam, derrubam — e há uma emoção em ver os humanos fazerem tudo isso tão bem. Eles brigam entre si até caírem no chão. Gostam de agarrar, tacar ou chutar um veloz objeto marrom ou branco. Em alguns jogos, tentam levar o objeto para o que é chamado de "gol"; em outros, os jogadores se afastam e depois retornam "para casa". O trabalho de equipe é quase tudo, e admiramos como as partes se encaixam para formar um todo triunfante.

Mas essas não são as habilidades com as quais a maioria de nós ganha o pão diário. Por que nos sentiríamos compelidos a observar pessoas correndo ou dando golpes? Por que essa necessidade aparece em todas as culturas? (Os egípcios, persas, gregos, romanos, maias e astecas antigos também jogavam bola. O polo vem do Tibete.)

Há craques dos esportes que ganham cinquenta vezes o salário anual do presidente; outros que são eleitos para altos cargos depois de aposentados. São heróis nacionais. Por que exatamente? Há algo nessa questão que transcende a diversidade dos sistemas político, social e econômico. Algo primevo nos atrai.

A maioria dos esportes mais importantes está associada a uma nação ou cidade, e eles contêm elementos de patriotismo e orgulho cívico. O nosso time *nos* representa — o lugar onde vivemos, o nosso povo — contra aqueles outros sujeitos de um lugar diferente, habitado por um pessoal desconhecido, talvez hostil. (É verdade, a maioria dos "nossos" jogadores não é *realmente* do lugar onde jogam. São mercenários, que em sã consciência regularmente abandonam cidades adversárias por vencimentos mais rendosos. Um Pirata de Pittsburgh se regenera e passa a ser um Anjo da Califórnia; um Padre de San Diego é promovido a Cardeal de St. Louis; um Guerreiro de Golden State é coroado Rei de Sacramento. De vez em quando, todo um time decide migrar para outra cidade.)

Os esportes competitivos são conflitos simbólicos, mal disfarçados. Isso não é uma ideia nova. Os cherokees chamavam sua antiga forma de *lacrosse* de "o irmão pequeno da guerra". Ou, passando a palavra a Max Rafferty, ex-superintendente da Instrução Pública na Califórnia, que, depois de chamar os críticos do futebol universitário de "malucos, desmiolados, comunistas, *beatniks* cabeludos e falastrões", declara: "Os jogadores de futebol [...] possuem um espírito de luta claro e luminoso que é os próprios Estados Unidos". (Isso merece reflexão.) Um sentimento frequentemente citado do falecido técnico de futebol profissional Vince Lombardi é que o importante é vencer. O ex-técnico dos Washington Redskins, George Allen, dizia o mesmo da seguinte maneira: "Perder é como morrer".

Na realidade, falamos de ganhar ou perder uma guerra tão

naturalmente como falamos de vencer e perder um jogo. Numa propaganda televisiva de recrutamento do Exército dos Estados Unidos, vemos as consequências de um exercício de guerra armada, em que um tanque destrói outro. Como slogan, o comandante do tanque vitorioso diz: "Quando vencemos, todo o time vence — e não apenas uma pessoa". A conexão entre o esporte e o combate fica bem clara. Sabe-se que os fãs (a palavra é a abreviatura de "fanáticos") do esporte têm cometido agressão, e às vezes homicídio, quando escarnecidos por causa de um time perdedor; ou quando não podem torcer por um time vencedor; ou quando sentem que o juiz cometeu uma injustiça.

Em 1985, o primeiro-ministro britânico foi obrigado a denunciar o comportamento embriagado e desordeiro dos fãs de futebol britânicos que atacaram um contingente italiano por ter o atrevimento de torcer pelo seu próprio time. Muitos foram mortos, quando as arquibancadas vieram abaixo. Em 1969, depois de três jogos difíceis de futebol, os tanques de San Salvador invadiram a fronteira hondurenha, e bombardeiros salvadorenhos atacaram portos e bases militares em Honduras. Nessa "Guerra do Futebol", as baixas chegaram aos milhares.

Os homens das tribos afegãs jogavam polo com as cabeças cortadas de antigos adversários. E há seiscentos anos, no lugar em que é hoje a Cidade do México, havia uma quadra de jogar bola em que nobres magnificamente vestidos observavam a competição de times uniformizados. O capitão do time perdedor era decapitado, e os crânios dos outros capitães perdedores eram exibidos em grades.

Vamos supor que você esteja mexendo à toa no botão da sua televisão e encontre uma competição em que não tenha nenhum investimento emocional particular — vamos dizer, uma partida amistosa de voleibol entre Myanmar e Tailândia. Como é que você decide para quem torcer? Mas espere um minuto: para que torcer por algum dos times? Por que não se divertir apenas observando o jogo? A maioria de nós tem problemas com essa postura distanciada. Queremos tomar parte da competição, queremos nos sentir membros do time. O sentimento simplesmente nos arrebata, e começamos a torcer: "Vamos, Myanmar!". No início, nossa lealdade pode oscilar, primeiro incitando um dos times e depois o outro. Às vezes torcemos pelo que está perdendo. Outras, vergonhosamente, até viramos casaca, abandonando o perdedor e torcendo pelo vencedor, quando o resultado se torna claro. (Quando há uma série de campeonatos perdidos, a lealdade dos fãs tende a se transferir para outro time.) O que procuramos é a vitória sem esforço. Desejamos ser envolvidos em algo parecido com uma guerra pequena, segura e bem-sucedida.

Em 1996, Mahmoud Abdul-Rauf, então integrante da defesa dos Denver Nuggets, foi suspenso pela Associação Nacional de Basquetebol. Por quê? Porque Abdul-Rauf se recusava a ficar de pé para a execução obrigatória do hino nacional. A bandeira norte-americana representava para ele um "símbolo de opressão" ofensivo às suas crenças muçulmanas. Embora não partilhassem as crenças de Abdul-Rauf, a maioria dos outros jogadores apoiava o seu direito a expressá-las. Harvey Araton, um ilustre comentarista esportivo do *New York Times*, ficou perplexo. Tocar o hino nacional num evento esportivo "é, vamos ser francos, uma tradição completamente idiota no mundo de hoje", explica, "em oposição aos tempos em que começou a ser praticada, antes dos jogos de beisebol, durante a Segunda Guerra Mundial. Ninguém vai a um evento esportivo para expressar seu patriotismo". Ao contrário, eu afirmaria que grande parte do significado dos eventos esportivos tem algo a ver com patriotismo e nacionalismo.*

Os primeiros eventos atléticos organizados de que se tem notícia remontam à Grécia pré-clássica de 3500 anos atrás. Durante os Jogos Olímpicos originais, um armistício suspendeu todas as guerras entre as cidades-estados gregas. Os jogos eram mais importantes que as guerras. Os homens participavam nus; não era permitida a presença de espectadoras. No século VIII a.C.,

---

* A crise foi resolvida quando o sr. Abdul-Rauf concordou em ficar de pé durante o hino, mas para rezar em vez de cantar.

os Jogos Olímpicos consistiam em corrida (*muita* corrida), salto, lançamento de objetos (inclusive dardos) e luta (às vezes até a morte). Embora nenhum desses eventos fosse esporte de equipe, todos eles são claramente significativos para os esportes de equipe modernos.

Eram também importantes para a caçada primitiva. A caçada é tradicionalmente considerada esporte, desde que não se coma o que se captura — uma condição que os ricos têm muito mais facilidade em satisfazer do que os pobres. Desde os primeiros faraós, a caçada tem sido associada com as aristocracias militares. O aforismo de Oscar Wilde sobre a caça à raposa na Inglaterra, "o inqualificável em plena perseguição ao incomível", parece igualmente apontar esses dois aspectos. Os precursores do futebol americano, futebol, hóquei e outros esportes semelhantes eram desdenhosamente chamados "jogos de multidão", reconhecidos como substitutos para a caçada — porque os jovens que trabalhavam para viver eram barrados nas caçadas.

As armas das primeiras guerras foram instrumentos de caça. Os esportes de equipe não são apenas ecos estilizados das guerras antigas. Eles também satisfazem um desejo quase esquecido de caçar. Como as nossas paixões pelos esportes são tão profundas e tão amplamente distribuídas, é provável que façam parte de nosso *hardware* — não estão em nossos cérebros, mas em nossos genes. Os 10 mil anos que se passaram desde a invenção da agricultura não são tempo suficiente para que essas predisposições tenham evoluído e desaparecido. Se quisermos entendê-las, devemos retroceder ainda mais.

A espécie humana tem centenas de milhares de anos (a família humana tem vários milhões de anos). Levamos uma vida sedentária — baseada no cultivo da terra e na domesticação dos animais — apenas nos últimos 3% desse período, no qual se encontra registrada toda a nossa história. Nos primeiros 97% de nossa existência sobre a Terra, quase tudo o que é caracteristicamente humano veio a ser. Assim, um pouco de aritmética sobre a nossa história sugere que podemos aprender alguma coisa sobre aqueles tempos com as poucas comunidades de caçadores-

-coletores que ainda restam sem terem sido corrompidas pela civilização.

Andamos por aí. Com nossos filhos e todos os nossos pertences nas costas, seguimos em frente — perseguindo a caça, procurando os buracos de água. Armamos um acampamento por algum tempo, depois partimos de novo. Para providenciar os alimentos para o grupo, os homens em geral caçam, as mulheres em geral colhem. Carne e batatas. Um típico bando itinerante, geralmente uma família extensa de parentes de sangue e de afinidade que chega a algumas dúzias. Anualmente, muitos de nós, com a mesma língua e cultura, se reúnem — para cerimônias religiosas, para comerciar, arranjar casamentos, contar histórias.

Estou me atendo aos caçadores, que são homens. Mas as mulheres têm poder social, cultural e econômico. Elas colhem os produtos essenciais — as castanhas, as frutas, os tubérculos, as raízes —, bem como as ervas medicinais, caçam pequenos animais e fornecem informações estratégicas sobre os movimentos dos animais grandes. Os homens também colhem alguma coisa e fazem grande parte do "trabalho doméstico" (mesmo que não existam casas). Mas a caça — só para obter alimento, nunca por esporte — é a ocupação constante de todo macho capaz.

Os meninos pré-adolescentes caçam pássaros e pequenos mamíferos com arcos e flechas. Já adultos, são peritos em conseguir armas; em aproximar-se furtivamente da presa, matá-la e abatê-la; e em carregar os pedaços de carne de volta para o acampamento. O primeiro abate bem-sucedido de um grande mamífero indica que o jovem se tornou adulto. Em sua iniciação, incisões rituais são feitas em seu peito ou braços, e uma erva é esfregada nos cortes para que, quando cicatrizados, apareça uma tatuagem desenhada. É como as fitas de campanha — só de olhar para o seu peito, já se sabe alguma coisa de sua experiência de combate.

Dentre uma confusão de marcas de casco, podemos dizer com precisão quantos animais passaram; a espécie, os sexos e as idades; se algum estava manco; há quanto tempo passaram; a que distância estão agora. Alguns animais jovens podem ser capturados por luta em cam-

po aberto; outros, com arremessos de estilingue ou bumerangues ou apenas por um lançamento de pedras preciso e forte. É possível abordar animais que ainda não aprenderam a temer o homem e matá-los a pauladas. Em distâncias maiores, contra presas mais cautelosas, atiramos lanças ou flechas envenenadas. Às vezes temos sorte e, com um ataque habilidoso, conseguimos forçar um bando de animais a cair numa emboscada ou a se precipitar de um penhasco.

O trabalho de equipe entre os caçadores é essencial. Para não assustar a caça, devemos nos comunicar por uma linguagem de sinais. Pela mesma razão, precisamos manter nossas emoções sob controle; tanto o medo como o júbilo são perigosos. Somos ambivalentes a respeito da presa. Respeitamos os animais, reconhecemos nosso parentesco comum, nos identificamos com eles. Mas se refletimos muito sobre sua inteligência ou sua dedicação aos filhotes, se sentimos pena deles, se reconhecemos profundamente que são nossos parentes, nossa dedicação à caçada esmorece. Levamos para casa menos alimentos, e nosso bando pode se ver mais uma vez em perigo. Somos obrigados a criar uma distância emocional entre nós e eles.

Por isso, considerem o seguinte: durante milhões de anos, nossos ancestrais masculinos andaram correndo por toda parte, atirando pedras nos pombos, perseguindo filhotes de antílopes e agarrando-os em luta corpo a corpo, formando uma única linha de caçadores a correr e a gritar contra o vento para aterrorizar um bando de javalis perplexos. Imaginem que a vida deles depende de seu talento de caçador e do trabalho em equipe. Grande parte da sua cultura é tecida no tear da caçada. Bons caçadores são bons guerreiros. Então, depois de um longo período — digamos, alguns milhares de séculos —, uma predisposição natural tanto para a caça como para o trabalho em equipe vai aparecer em muitos meninos recém-nascidos. Por quê? Porque caçadores incompetentes e pouco entusiasmados têm prole menor. Não acho que a maneira de lascar uma pedra para formar a ponta de uma lança ou o modo de emplumar uma flecha esteja em nossos genes. Tudo isso é ensinado ou inventado. Mas o gosto pela caçada... aposto que isso *faz parte* de nosso *hardware*. A seleção natural ajudou a transformar nossos ancestrais em caçadores magníficos.

A evidência mais clara do sucesso do estilo de vida caçador--coletor é o simples fato de que se espalhou para seis continentes e durou milhões de anos (para não falar das tendências à caça dos primatas não humanos). Esses números têm um profundo significado. Depois de 10 mil gerações em que a matança de animais foi a nossa defesa contra a ameaça de morrer de fome, essas inclinações ainda devem estar conosco. Sentimos vontade de empregá-las, mesmo vicariamente. Os esportes de equipe nos fornecem um meio de satisfazer esse desejo.

Alguma parte de nosso ser deseja se juntar a um pequeno grupo de irmãos para realizar uma aventura ousada e intrépida. Podemos observar essa característica nos jogos de computador e nos RPGs que fazem sucesso entre os meninos pré-púberes e adolescentes. As virtudes viris tradicionais — a taciturnidade, a engenhosidade, a modéstia, a precisão, a coerência, o profundo conhecimento dos animais, o trabalho em equipe, o amor pela vida ao ar livre — eram todas comportamento de adaptação nos tempos dos caçadores-coletores. Ainda admiramos essas características, embora quase tenhamos nos esquecido da razão.

Além dos esportes, há poucas saídas para dar vazão a essas tendências. Nos meninos adolescentes, ainda podemos reconhecer o jovem caçador, o aspirante a guerreiro — pulando pelos telhados das casas; andando sem capacete em motocicletas; criando encrenca para o time vencedor numa celebração depois do jogo. Na ausência de um controle moderador, esses antigos instintos podem ter consequências um pouco desastrosas (embora a nossa taxa de homicídios seja mais ou menos igual à dos caçadores-coletores que ainda existem). Tentamos assegurar que qualquer gosto residual pela matança não se volte contra os humanos. Nem sempre temos sucesso.

Penso no poder desses instintos de caça e me preocupo. A minha preocupação é que o futebol das noites de segunda-feira não seja suficiente para o caçador moderno, vestido de macacão, jeans ou um terno de três peças. Penso naquele antigo legado de não expressar os nossos sentimentos, de manter uma distância emocional daqueles que matamos, e isso tira do jogo parte da diversão.

Os caçadores-coletores em geral não representavam perigo para si mesmos, por vários motivos: suas economias tendiam a ser saudáveis (muitos dispunham de mais tempo livre do que nós); tinham poucas posses por serem nômades, assim, quase não havia roubo e experimentavam muito pouca inveja; a ganância e a arrogância eram consideradas não só males sociais, mas também quase doenças mentais; as mulheres tinham um poder político real e tendiam a ser uma influência estabilizadora e moderadora, antes que os meninos começassem a se ocupar das flechas envenenadas; e, se crimes sérios fossem cometidos — vamos dizer, assassinato —, o bando, coletivamente, julgava e punia o criminoso. Muitos caçadores-coletores organizaram democracias igualitárias. Não tinham chefes. Não havia hierarquia política ou corporativa que sonhassem galgar. Não havia ninguém contra quem se revoltar.

Assim, se estamos a algumas centenas de séculos do período em que gostaríamos de estar — se (por nenhuma falha nossa) nos descobrimos numa era de poluição ambiental, hierarquia social, desigualdade econômica, armas nucleares e perspectivas em declínio, com emoções do Plistoceno, mas sem as salvaguardas sociais do Plistoceno —, talvez possamos ser desculpados por um pouco de futebol nas noites de segunda-feira.

TIMES E TOTENS

Os times associados com as cidades têm nomes: os Leões de Seibu, os Tigres de Detroit, os Ursos de Chicago. Leões, tigres e ursos [...] águias e gaivotas de rapina [...] labaredas e sóis. Em que pese a diferença de ambiente e cultura, os grupos de caçadores-coletores em todo o mundo têm nomes semelhantes — às vezes chamados de totens.

Uma lista típica de totens, principalmente do período anterior ao contato com os europeus, foi registrada pelo antropólogo Richard Lee durante os muitos anos que viveu entre os "bosquímanos" !Kung do deserto Kalahari, em Botswana (veja abaixo, à extrema direita). Os Pés Pequenos, a meu ver, são primos dos Meias Vermelhas e Meias Brancas; os Lutadores, dos Incursores; os Gatos Selvagens, dos Bengalas; os Cortadores, dos Tosquiadores. É claro que há diferenças — devido às diferenças tecnológicas e, talvez, às qualidades variáveis de sinceridade, autoconhecimento e senso de humor. É difícil imaginar um time esportivo norte-americano chamado Diarreias ("Dá-lhe, 'D'..."). Ou — o meu caso predileto, um grupo de homens sem problemas de autoestima — os Falastrões. E aquele cujos jogadores são chamados Donos provavelmente teria motivos de consternação no escritório da chefia.

Os nomes "totêmicos" são listados, de cima para baixo, nas seguintes categorias: pássaros, peixes, mamíferos e outros animais; plantas e minerais; tecnologia; povos, roupas e ocupações; alusões míticas, religiosas, astronômicas e geológicas; cores.

BASQUETEBOL NORTE--AMERICANO NBA	FUTEBOL DOS ESTADOS UNIDOS NFL	BEISEBOL JAPONÊS DA LIGA PRINCIPAL	BEISEBOL NORTE--AMERICANO DA LIGA PRINCIPAL	NOMES DE GRUPOS !KUNG
Gaviões *Hawks*	Cardeais *Cardinals*	Gaviões *Hawks*	Gaios *Blue Jays*	Tamanduás--bandeiras *Ant Bears*
Raptores *Raptors*	Águias *Eagles*	Andorinhas *Swallows*	Cardeais *Cardinals*	Elefantes *Elephants*
Cervos *Bucks*	Falcões *Falcons*	Carpas *Carp*	Papa-figos *Orioles*	Girafas *Giraffes*
Touros *Bulls*	Corvos *Ravens*	Búfalos *Bufalloes*	Arraias-mantas *Devil rays*	Grandes Antílopes
Ursos Pardos *Grizzlies*		Leões *Lions*	Macaíras *Marlins*	Africanos *Impalas*

40

BASQUETEBOL NORTE-AMERICANO NBA	FUTEBOL DOS ESTADOS UNIDOS NFL	BEISEBOL JAPONÊS DA LIGA PRINCIPAL	BEISEBOL NORTE-AMERICANO DA LIGA PRINCIPAL	NOMES DE GRUPOS !KUNG
Lobos Cinzentos *Timberwolves*	Gaivotas de Rapina *Seahaws*	Tigres *Tigers*	Filhotes *Cubs*	Chacais *Jackals*
Vespões *Hornets*	Golfinhos *Dolphins*	Baleias *Whales*	Tigres *Tigers*	Rinocerontes *Rhinos*
Pepitas *Nuggets*	Ursos *Bears*	Estrelas da Baía *BayStars*	Cascavéis *Diamondbacks*	Pequenos Antílopes Africanos *Steenboks*
Tosquiadores *Clippers*	Bengalas *Bengals*	Fuzileiros Navais *Marines*	Exposições *Expos*	Gatos Selvagens *Wildcats*
Calor *Heat*	Bicos *Bills*	Dragões *Dragons*	Bravos *Braves*	
Pistões *Pistons*	Potros Xucros *Broncos*	Gigantes *Giants*	Cervejeiros *Brewers*	Formigas *Ants*
Foguetes *Rockets*	Potros *Colts*	Órions *Orions*	Trapaceiros *Dodgers*	Piolhos *Lice*
Esporas *Spurs*	Jaguares *Jaguars*	Onda Azul *Blue Wave*	Índios *Indians*	Escorpiões *Scorpions*
Supersônicos *Supersonics*	Leões *Lions*		Gêmeos *Twins*	Cágados *Tortoises*
Cavaleiros *Cavaliers*	Panteras *Panthers*		Ianques *Yankees*	Melões Amargos *Bitter Melons*
Celtas *Celtics*	Carneiros *Rams*		Meias Vermelhas *Red Sox*	Raízes Longas *Long Roots*
Reis *Kings*	Jatos *Jets*		Meias Brancas *White Sox*	Raízes Medicinais *Medicine Roots*
Calções Presos nos Joelhos (nova-iorquinos) *Knickerbockers*	Bucaneiros *Buccaneers*		Atletismo *Athletics*	
	Atacantes *Chargers*		Metais *Mets*	

BASQUETEBOL NORTE--AMERICANO NBA	FUTEBOL DOS ESTADOS UNIDOS NFL	BEISEBOL JAPONÊS DA LIGA PRINCIPAL	BEISEBOL NORTE--AMERICANO DA LIGA PRINCIPAL	NOMES DE GRUPOS !KUNG
Rebeldes *Mavericks*	Chefes *Chiefs*		Reais *Royals*	Carregadores de Canga *Carrying Yokes*
Trabalhadores em Navegação Lacustre *Lakers*	Caubóis *Cowboys*		Os da Filadélfia *Phillies*	Cortadores *Cutters*
Redes *Nets*	Os de 49 *49ers*		Piratas *Pirates*	Falastrões *Big Talkers*
Aqueles que Andam a Passo *Pacers*	Lubrificadores *Oilers*		Marinheiros *Mariners*	Frios *Cold Ones*
Os de 76 *76ers*	Empacotadores *Packers*		Guardas--florestais *Rangers*	Diarreias *Diarrheas*
Pioneiros *Trail Blazers*	Patriotas *Patriots*		Gigantes *Giants*	Dedos Sujos *Dirty Fighters*
Guerreiros *Warriors*	Incursores *Raiders*		Anjos *Angels*	Lutadores *Fighters*
Jazz *Jazz*	Peles-vermelhas *Redskins*		Padres *Padres*	Donos *Owners*
Magia *Magic*	Santos *Saints*		Astros *Astros*	Pênis *Penises*
Sóis *Suns*	Cuteleiros *Steelers*		Rochosos *Rockies*	Pés Pequenos *Short Feet*
Mágicos *Wizards*	Vikings *Vikings*		Vermelhos *Reds*	
	Gigantes *Giants*			
	Marrons *Browns*			

4. O OLHAR DE DEUS E A TORNEIRA QUE PINGA

> *Quando nasces no horizonte a leste*
> *Cobres toda a terra com a tua beleza...*
> *Embora longínquo, teus raios estão na Terra.*
> Akhenaton, *Hino ao Sol* (cerca de 1370 a.C.)

No Egito faraônico dos tempos de Akhenaton, segundo uma religião monoteísta agora extinta que adorava o Sol, a luz era considerada o olhar de Deus. Naqueles tempos remotos, imaginava-se que a visão fosse uma espécie de emanação que partia *do* olho. A visão era parecida com um radar. Prolongava-se para fora do olho e tocava no objeto que estava sendo visto. O Sol — sem o qual pouco mais do que as estrelas é visível — acariciava, iluminava e aquecia o vale do Nilo. Dada a física da época, e uma geração que cultuava o Sol, fazia sentido descrever a luz como o olhar de Deus. Três mil e trezentos anos mais tarde, uma metáfora mais profunda, embora muito mais prosaica, nos propicia um melhor entendimento da luz.

Você está sentado na banheira, e a torneira está pingando. A cada segundo, vamos supor, um pingo cai na banheira. Gera uma pequena onda que se espalha ao redor, formando um belo círculo perfeito. Quando atinge os lados da banheira, é refletida de volta. A onda refletida é mais fraca, e, depois de uma ou mais reflexões, você não a consegue perceber mais.

Novas ondas chegam à sua extremidade da banheira, cada uma gerada por outro pingo de água. O seu patinho de borracha balança para cima e para baixo sempre que nova frente de ondas passa por ele. É claro que a água é um pouco mais elevada na crista da onda em movimento, e mais baixa no pequeno declive entre as ondas, a depressão.

A "frequência" das ondas é simplesmente quantas vezes as cristas passam pelo seu ponto de observação — nesse caso, uma onda a cada segundo. Como cada pingo forma uma onda, a frequência é igual à taxa de pingos. O "comprimento de onda" das ondas é simplesmente a distância entre as sucessivas cristas de ondas — nesse caso, talvez dez centímetros (cerca de quatro polegadas). Mas se uma onda passa a cada segundo, e elas têm uma distância de dez centímetros entre si, a velocidade das ondas é dez centímetros por segundo. Depois de pensar um pouco, você conclui que a velocidade de uma onda é a frequência vezes o comprimento de onda.

As ondas na banheira e as ondas no oceano são bidimensionais. Elas se espalham de um ponto de origem, formando círculos sobre a superfície da água. As ondas sonoras, ao contrário, são tridimensionais, espalhando-se no ar em todas as direções a partir da fonte do som. Na crista da onda, o ar é um pouco comprimido; na depressão, o ar é um pouco rarefeito. O seu ouvido detecta essas ondas. Quanto mais vezes elas chegam ao seu ouvido (mais elevada é a frequencia), mais elevada é a altura do som que você ouve.

Os tons musicais são apenas uma questão de quantas vezes as ondas sonoras atingem o seu ouvido. O dó central é o modo como descrevemos 263 ondas sonoras nos atingindo a cada segundo; é chamado de 263 hertz.* Qual seria o comprimento de onda do dó central? Se as ondas sonoras fossem diretamente visíveis, qual seria a distância de crista a crista? Ao nível do mar, o som viaja a cerca de 340 metros por segundo (cerca de setecentas milhas por hora). Assim como na banheira, o comprimento de onda será a velocidade da onda dividida por sua frequência, isto é, cerca de 1,3 metro para o dó central — aproximadamente, a altura de um ser humano de nove anos.

Há uma espécie de enigma que alguns consideram capaz de confundir a ciência. Ele propõe mais ou menos o seguinte: "Qual é o dó central para uma pessoa que nasceu surda?". Bem,

---

* Uma oitava acima do dó central é 526 hertz; duas oitavas, 1052 hertz, e assim por diante.

é o mesmo que para todos nós: 263 hertz, uma frequência precisa e única de som que pertence a essa nota e a nenhuma outra. Se alguém não pode ouvi-lo de forma direta, pode detectá-lo inequivocamente com um amplificador de som e um osciloscópio. É claro que não é o mesmo que experienciar a percepção humana comum das ondas do ar — utiliza-se a visão em vez do som —, mas e daí? Todas as informações estão ali. Você pode perceber as cordas e os *staccatos*, os *pizzicatos* e o timbre. Pode associar esses dados com outras vezes em que "escutou" o dó central. Talvez a representação eletrônica do dó central não seja emocionalmente igual ao que uma pessoa experiencia ouvindo, mas até isso pode ser uma questão de experiência. Mesmo deixando de lado gênios como Beethoven, é possível ser surdo como uma porta e perceber a música.

Essa é também a solução para o velho enigma de saber se um som é produzido, quando uma árvore cai na floresta e não há ninguém para escutar. É claro que, se definirmos o som em termos de alguém que o escuta, por definição não há som. Mas essa é uma definição excessivamente antropocêntrica. É evidente que, se a árvore cai, ela forma ondas sonoras, que logo podem ser detectadas, vamos dizer, por um gravador de CD, e quando se toca o CD, o som seria reconhecivelmente o de uma árvore caindo na floresta. Não há mistério nisso.

Mas o ouvido humano não é um detector perfeito de ondas sonoras. Há frequências (menos de vinte ondas a cada segundo) que são baixas demais para serem percebidas por nós, embora as baleias se comuniquem facilmente nesses tons baixos. Da mesma forma, há frequências (mais de 20 mil ondas a cada segundo) demasiado elevadas para os ouvidos humanos detectarem, embora os cães não tenham dificuldade (e respondam, quando chamados nessas frequências por um apito). Existem campos sonoros — vamos dizer, 1 milhão de ondas por segundo — que são, e sempre serão, desconhecidos para a percepção humana direta. Os nossos órgãos dos sentidos, por mais maravilhosamente adaptados que sejam, têm limitações físicas fundamentais.

É natural que nos comuniquemos pelo som. É o que certamente faziam os nossos parentes primatas. Somos gregários e mutuamente interdependentes — há uma necessidade real por trás de nossos talentos de comunicação. Assim, como o nosso cérebro cresceu num ritmo sem precedentes nos últimos milhões de anos, e como regiões especializadas do córtex cerebral a cargo da linguagem evoluíram, o nosso vocabulário proliferou. Sempre havia mais elementos que podíamos traduzir em sons.

Quando éramos caçadores-coletores, a linguagem se tornou essencial para planejar as atividades do dia, ensinar as crianças, fortalecer as amizades, alertar os outros sobre perigos e sentar-se ao redor da fogueira depois do jantar para olhar as estrelas e contar histórias. Por fim, inventamos a escrita fonética para que pudéssemos colocar os nossos sons no papel e, com um rápido olhar pela página, escutar alguém falando em nossa cabeça — uma invenção que se tornou tão difundida nos últimos milhares de anos que quase nunca paramos para considerar o quanto é espantosa.

O discurso não é realmente comunicado de forma instantânea. Quando produzimos um som, estamos criando ondas que viajam no ar à velocidade do som. Para fins práticos, esse processo é quase instantâneo. Mas o problema é que o grito de um ser humano vai apenas até uma certa distância. É muito raro que uma pessoa consiga manter uma conversa coerente com alguém que se encontre mesmo a cem metros de distância.

Até épocas relativamente recentes, as densidades da população humana eram muito baixas. Não havia razão para se comunicar com alguém a mais de cem metros de distância. Quase ninguém — exceto membros de nosso grupo familiar itinerante — chegava bastante perto para se comunicar conosco. Nas raras ocasiões em que alguém se aproximava, éramos geralmente hostis. O etnocentrismo — a ideia de que nosso pequeno grupo, seja qual for, é melhor do que todos os outros — e a xenofobia — o medo de estranhos na base de "atire primeiro, pergunte depois" — estão profundamente incorporados em nossos seres. Não são de modo algum peculiarmente humanos. Todos os nossos primos macacos e chimpanzés se comportam de forma semelhante, bem como muitos outros mamíferos. Essas atitudes são pelo menos favorecidas e incitadas pelas curtas distâncias em que é possível a fala.

Se ficamos isolados por longos períodos daqueles outros sujeitos, nós e eles progredimos lentamente em direções diferentes. Por exemplo, os seus guerreiros começam a usar peles de jaguatirica em vez de cocares de penas de águia — que todo o mundo ao nosso redor sabe que são elegantes, apropriados e sensatos. A sua linguagem acaba se tornando diferente da nossa, seus deuses têm nomes estranhos e exigem cerimônias e sacrifícios bizarros. O isolamento gera a diversidade, e o nosso pequeno número e o alcance limitado de comunicação garantem o isolamento. A família humana — que se originou numa pequena localidade no leste da África há alguns milhões de anos — errou pela Terra, se separou, se diversificou e se tornou estranha entre si.

A inversão dessa tendência — o movimento em direção ao reconhecimento e reunificação das tribos perdidas da família humana, a união da espécie — só tem ocorrido em tempos bastante recentes e apenas por causa dos progressos tecnológicos. A domesticação do cavalo nos permitiu enviar mensagens (e nossas próprias pessoas) a lugares que se encontram a centenas de milhas de distância em poucos dias. Os progressos na tecnologia do barco a vela possibilitaram viagens aos pontos mais distantes do planeta — mas eram lentas. No século XVIII, uma viagem da Europa à China levava quase dois anos. A essa altura, as comunidades humanas extensas podiam enviar embaixadores às cortes umas das outras e permutar produtos de importância econômica. Entretanto, para a grande maioria dos chineses do século XVII, os europeus não poderiam ser mais exóticos, se vivessem na Lua, e vice-versa. A verdadeira união e desprovincianização do planeta requer uma tecnologia que estabeleça comunicações mais rápidas que as do cavalo e barco a vela, que transmita informações por todo o mundo e seja bastante barata para poder estar à disposição, pelo menos ocasionalmente, do indivíduo médio. Essa tecnologia começou com a invenção do telégrafo e a instalação de cabos submarinos; foi muito expandida pela invenção do telefone, que usa os mesmos cabos; e depois proliferou enormemente com a criação do rádio, da televisão e da tecnologia de comunicação via satélite.

Hoje em dia nós nos comunicamos — rotineira, casualmente, sem nem pensar duas vezes — à velocidade da luz. Da velocidade do cavalo e barco a vela para a velocidade da luz é um melhoramento multiplicado por um fator de quase 100 milhões. Por razões fundamentais no âmago do funcionamento do mundo, codificado na teoria especial da relatividade de Einstein, sabemos que não há como enviar informações a uma velocidade mais rápida que a da luz. Em um século, alcançamos o limite de velocidade máximo. A tecnologia é tão poderosa, suas implicações tão importantes, que evidentemente nossas sociedades não acompanharam o progresso.

Ao fazermos uma ligação internacional, sentimos aquele breve intervalo entre o momento em que acabamos de fazer uma pergunta e o momento em que a pessoa com quem falamos começa a responder. Essa demora é o tempo que leva para que o som produzido pela nossa voz entre no telefone, corra eletricamente ao longo dos fios, atinja uma estação de transmissão, seja emitido por micro-ondas para um satélite de comunicações em órbita geossíncrona, seja emitido de volta para uma estação receptora de sinais de satélites, corra ao longo dos fios mais uma vez, agite um diafragma num fone de mão (existente, talvez, na metade do mundo), crie ondas sonoras num comprimento muito curto de ar, entre no ouvido de alguém, leve uma mensagem eletroquímica do ouvido ao cérebro e seja compreendido.

O tempo da viagem de ida e volta da luz entre a Terra e uma altitude geossíncrona é um quarto de segundo. Quanto mais distantes estiverem o transmissor e o receptor, mais tempo leva. Em conversas com os astronautas da *Apollo* sobre a Lua, a demora entre a pergunta e a resposta era maior. Isso porque o tempo da viagem de ida e volta da luz (ou rádio) entre a Terra e a Lua é 2,6 segundos. Receber uma mensagem de uma nave espacial situada em posição favorável na órbita marciana leva vinte minutos. Em agosto de 1989, recebemos fotografias, tiradas pela nave espacial *Voyager 2*, de Netuno, suas luas e anéis — dados que nos foram enviados das fronteiras planetárias do sistema solar, levando cinco horas para chegar até nós à velocidade da luz. Foi um dos mais demorados telefonemas de longa distância já feitos pela espécie humana.

Em muitos contextos, a luz se comporta como uma onda. Por exemplo, imaginem a luz que passa por duas fendas paralelas num quarto escurecido. Que imagem ela projeta numa tela atrás das fendas? Resposta: a imagem das fendas — mais exatamente, uma série de imagens paralelas brilhantes e escuras das fendas — um "padrão de interferência". Em vez de se deslocar como um projétil em linha reta, as ondas se espalham a partir das duas fendas em vários ângulos. Onde crista incide sobre crista, temos uma imagem brilhante da fenda: interferência "construtiva"; e onde crista incide sobre depressão, temos a escuridão: interferência "destrutiva". Esse é o comportamento característico de uma onda. Você pode observar que a mesma coisa acontece com as ondas de água e dois buracos cortados ao nível da superfície nas estacas de um píer numa praia.

Entretanto, a luz *também* se comporta como uma corrente de pequenos projéteis, chamados fótons. É assim que funciona uma célula fotoelétrica comum (numa máquina fotográfica, por exemplo, ou numa calculadora fotoelétrica). Cada fóton que chega ejeta um elétron de uma superfície sensível; muitos fótons geram muitos elétrons, um fluxo de corrente elétrica. Como a luz pode ser simultaneamente uma onda e uma partícula? Talvez fosse melhor considerá-la alguma outra coisa — nem onda, nem partícula —, algo que não tem equivalente no mundo cotidiano palpável, que em algumas circunstâncias possui as propriedades de uma onda e, em outras, as de uma partícula. Esse dualismo onda-partícula nos lembra mais uma vez um fato humilhante fundamental: a natureza nem sempre se ajusta às nossas predisposições e preferências, ao que consideramos confortável e fácil de compreender.

Ainda assim, para a maioria dos fins, a luz é semelhante ao som. As ondas luminosas são tridimensionais, têm uma frequência, um comprimento de onda e uma velocidade (a velocidade da luz). Mas, espantosamente, elas não requerem um meio, como a água ou o ar, para se propagar. Recebemos luz do Sol e das estrelas distantes, mesmo que o espaço intermediário seja um vácuo quase perfeito. No espaço, os astronautas sem uma ligação de rádio não podem escutar um ao outro, ainda que estejam a alguns centímetros de distância. Não existe ar para carregar o som. Mas eles podem se ver perfeitamente bem. Se alguém mandar que se inclinem até os capacetes se tocarem, eles *podem* se escutar. Se você tirar todo o ar de um quarto, não vai poder escutar as queixas de um conhecido, embora por um momento não tenha dificuldade em vê-lo se debatendo e arfando.

Para a luz visível comum — o tipo a que nossos olhos são sensíveis — a frequência é muito elevada, cerca de 600 trilhões (6×10^{14}) de ondas que atingem nossos globos oculares a cada segundo. Como a velocidade da luz é de 30 bilhões (3×10^{10}) de centímetros por segundo (186 mil milhas por segundo), o comprimento de onda da luz visível é cerca de 30 bilhões dividido por 600 trilhões, ou 0,00005 ($3 \times 10^{10} \div 6 \times 10^{14} = 0,5 \times 10^{-4}$) centímetros — muito pequeno para ser visto pelos nossos olhos, se fosse possível que as próprias ondas fossem iluminadas.

Assim como os humanos percebem frequências diferentes de som como tons musicais diferentes, frequências diferentes de luz são percebidas como cores diferentes. A luz vermelha tem uma frequência de cerca de 460 trilhões ($4,6 \times 10^{12}$) de ondas por segundo; a luz violeta, de aproximadamente 710 trilhões ($7,1 \times 10^{12}$) de ondas por segundo. Entre elas estão as cores familiares do arco-íris. Cada cor corresponde a uma frequência.

Da mesma forma que existe a questão do significado de um tom musical para uma pessoa que nasceu surda, há a questão complementar do significado da cor para uma pessoa que nasceu cega. Mais uma vez, a resposta é única e inequivocamente uma frequência de onda — que pode ser medida por via óptica e detectada, se quisermos, como um tom musical. Uma pessoa cega, com treinamento em física e aparelhos apropriados, pode distinguir o vermelho-rosa do vermelho-maçã e do vermelho-sangue. Com a biblioteca espectrométrica adequada, ela teria mais capacidade de estabelecer distinções compositivas do que o olho humano não treinado. Sim, há uma sensação de vermelho que as pessoas com visão sadia experienciam ao redor de 460 trilhões de hertz. Mas não acho que seja algo mais do que a sensação provocada por 460 trilhões de hertz. Não há magia no fenômeno, por mais belo que possa ser.

Assim como há sons altos demais e baixos demais para o ouvido humano, há frequências de luz, ou cores, fora do alcance de nossa visão. Elas se estendem a frequências muito mais elevadas (cerca de 1 bilhão de bilhões* — 10^{18} — de ondas por segundo para os raios gama) e a muito mais baixas (menos de uma onda por segundo para ondas de rádio longas). Passando pelo espectro da luz, das altas para as baixas frequências, estão

---

* Eu sei, eu sei, mas não posso evitar: é essa a quantidade.

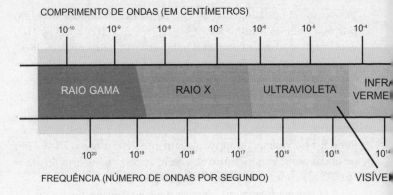

largas faixas chamadas raios gama, raios X, luz ultravioleta, luz visível, luz infravermelha e ondas de rádio. São todas ondas que viajam pelo vácuo. Cada uma é um tipo tão legítimo de luz quanto a luz visível.

Há uma astronomia para cada uma dessas faixas de frequência. O céu parece bem diferente em cada regime de luz. Por exemplo, estrelas brilhantes são invisíveis à luz dos raios gama. Mas as enigmáticas explosões de raios gama, detectadas por observatórios de raios gama em órbita, são, até o momento, quase inteiramente indetectáveis à luz visível comum. Se víssemos o universo apenas à luz visível — como aconteceu durante a maior parte de nossa história —, não saberíamos da existência das fontes de raios gama no céu. O mesmo se pode dizer das fontes de raios X, ultravioletas, infravermelhas e de rádio (bem como das fontes mais exóticas dos raios cósmicos e neutrinos e — talvez — das fontes da onda gravitacional).

Somos preconceituosos a favor da luz visível. Somos os chauvinistas da luz visível. É o único tipo de luz a que nossos olhos são sensíveis. Mas se nossos corpos pudessem transmitir e receber ondas de rádio, os humanos primitivos poderiam ter se comunicado entre si a grandes distâncias; se pudessem perceber os raios X, nossos ancestrais poderiam ter examinado proveitosamente o interior oculto de plantas, pessoas, outros animais e mi-

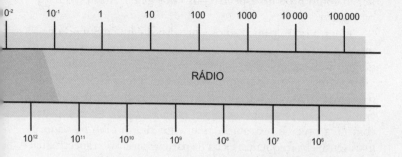

nerais. Então por que não desenvolvemos olhos sensíveis a essas outras frequências da luz?

Qualquer material que se examinar gosta de absorver a luz de certas frequências, mas não a de outras. Uma substância diferente tem uma preferência diferente. Há uma ressonância natural entre a luz e a química. Algumas frequências, como os raios gama, são tragadas de forma indiscriminada por praticamente todos os materiais. Se você tivesse uma lanterna de raios gama, a luz logo seria absorvida pelo ar ao longo de sua trajetória. Os raios gama que vêm do espaço, atravessando um caminho muito mais longo pela atmosfera da Terra, seriam inteiramente absorvidos antes que chegassem ao chão. Aqui na Terra, é muito escuro em raios gama — exceto ao redor de objetos como armas nucleares. Se quisermos ver os raios gama que vêm do centro da galáxia, devemos levar nossos instrumentos para o espaço. Pode-se dizer algo semelhante dos raios X, da luz ultravioleta e da maioria das frequências infravermelhas.

Por outro lado, a maioria dos materiais absorve pouco a luz visível. Por exemplo, o ar é geralmente transparente à luz visível. Assim, uma das razões para vermos à luz de frequências visíveis é que esse é o tipo de luz que passa pela nossa atmosfera até o ponto em que nos encontramos. Olhos de raios gama teriam emprego limitado numa atmosfera que torna tudo negro como breu no espectro dos raios gama. A seleção natural é sábia.

A outra razão para vermos à luz visível é que o Sol produz a maior parte de sua energia nessa frequência. Uma estrela muito quente emite grande parte de sua luz na frequência ultravioleta. Uma estrela muito fria emite principalmente na frequência infravermelha. Mas o Sol, sob alguns aspectos uma estrela média, emite a maior parte de sua energia na luz visível. Na realidade, com uma precisão extraordinariamente alta, o olho humano é mais sensível à frequência exata da parte amarela do espectro, na qual o Sol é mais brilhante.

Os seres de algum outro planeta veriam sobretudo em frequências muito diferentes? Não me parece nem um pouco provável. Virtualmente todos os gases abundantes no cosmos tendem a ser transparentes à luz visível e opacos nas frequências próximas. À exceção das estrelas muito frias, todas emitem grande parte, se não a maior parte, de sua energia nas frequências visíveis. Parece ser apenas uma coincidência que a transparência da matéria e a luminosidade das estrelas preferiram a mesma faixa estreita de frequências. Essa coincidência não se aplica apenas ao nosso sistema solar, mas a todo o universo. Deriva das leis fundamentais da radiação, mecânica quântica e física nuclear. Poderia haver exceções ocasionais, mas acho que os seres de outros mundos, se existirem, enxergarão provavelmente mais ou menos nas mesmas frequências que nós.*

A vegetação absorve a luz vermelha e azul, reflete a luz verde, e por isso nos parece verde. Poderíamos traçar um quadro da quantidade de luz refletida em cores diferentes. Algo que ab-

---

* Ainda me preocupo com a possibilidade de essa afirmação abrigar algum tipo de chauvinismo da luz visível: seres como nós, que só veem à luz visível, deduzem que todos no universo devem ver à luz visível. Sabendo o quanto nossa história é pródiga em chauvinismos, não posso deixar de suspeitar da minha conclusão. Mas, pelo que posso observar, ela é tirada da lei física, e não da vaidade humana.

sorve a luz azul e reflete a vermelha nos parece vermelho; algo que absorve a luz vermelha e reflete a azul nos parece azul. Vemos um objeto como branco, quando ele reflete a luz de forma mais ou menos igual nas cores diferentes. Mas isso também vale para os materiais cinza e pretos. A diferença entre o preto e o branco não é uma questão de cor, mas de quanta luz eles refletem. Os termos são relativos, e não absolutos.

Talvez o material natural mais brilhante seja a neve recém-caída. Mas ela reflete apenas cerca de 75% da luz do Sol que a atinge. O material mais escuro com que comumente temos contato — vamos dizer, o veludo preto — reflete apenas uma pequena porcentagem da luz que o atinge. "Tão diferentes quanto preto e branco" é um erro conceitual: preto e branco são fundamentalmente a mesma coisa; a diferença está apenas nas quantidades relativas de luz refletida, e não na sua cor.

Entre os humanos, a maioria dos "brancos" não são tão brancos como a neve recém-caída (nem mesmo como uma geladeira branca); a maioria dos "negros" não são tão negros como o veludo preto. Os termos são relativos, vagos, desorientadores. A fração de luz incidente que a pele humana reflete (a reflexividade) varia muito de indivíduo para indivíduo. A pigmentação da pele é produzida principalmente por uma molécula orgânica chamada melanina, que o corpo produz da tirosina, um aminoácido comum nas proteínas. Os albinos sofrem de uma doença hereditária que impede a produção de melanina. Sua pele e seus cabelos são brancos como leite. As íris de seus olhos são cor-de-rosa. Os animais albinos são raros na natureza, porque sua pele fornece pouca proteção contra a radiação solar e porque eles ficam sem camuflagem protetora. Os albinos tendem a morrer cedo.

Nos Estados Unidos, quase todo mundo é moreno. Nossa pele reflete um pouco mais de luz em direção à ponta vermelha do espectro da luz visível do que em direção à azul. Não tem mais sentido descrever indivíduos com elevado teor de melanina como "negros" do que descrever indivíduos com baixo teor de melanina como "brancos".

Só nas frequências visíveis e nas imediatamente adjacentes é que se tornam manifestas diferenças significativas na reflexividade da pele. Os povos vindos do norte da Europa e os povos provenientes da África central são igualmente negros na ultravioleta e na infravermelha, quando quase todas as moléculas orgânicas, e não apenas a melanina, absorvem a luz. Só na luz visível, quando muitas moléculas são transparentes, é que a anomalia da pele branca se torna até possível. Na maior parte do espectro, todos os humanos são negros.*

A luz do Sol é composta de uma mistura de ondas com frequências correspondentes a todas as cores do arco-íris. Há um pouco mais de luz amarela do que vermelha ou azul, o que é em parte a razão de o Sol parecer amarelo. Todas essas cores incidem, digamos, sobre a pétala de uma rosa. Então por que a rosa parece vermelha? Porque todas as cores que não sejam vermelho são preferencialmente absorvidas dentro da pétala. Uma mistura de ondas de luz atinge a rosa. As ondas são ricocheteadas de forma confusa abaixo da superfície da pétala. Assim como acontece com uma onda na banheira, depois de cada ricochete a onda fica mais fraca. Mas, em cada reflexão, as ondas azuis e amarelas são mais absorvidas do que as vermelhas. O resultado líquido depois de muitos ricochetes interiores é o fato de ser refletida mais luz vermelha do que a luz de qualquer outra cor, e por essa razão é que percebemos a beleza de uma rosa vermelha. Nas flores azuis e violetas, acontece exatamente a mesma coisa, só que agora as luzes vermelha e amarela são preferencialmente absorvidas depois de múltiplos ricochetes interiores, e as luzes azul e violeta são preferencialmente refletidas.

Há um pigmento orgânico específico responsável pela absorção da luz em flores como rosas e violetas — flores tão extraordinariamente coloridas que têm o nome de seus matizes. É

* É uma das razões pelas quais "afro-americano" (ou palavras compostas equivalentes em outros países) é um termo descritivo mais apropriado do que "preto" ou — a mesma palavra em espanhol [e português] — "negro".

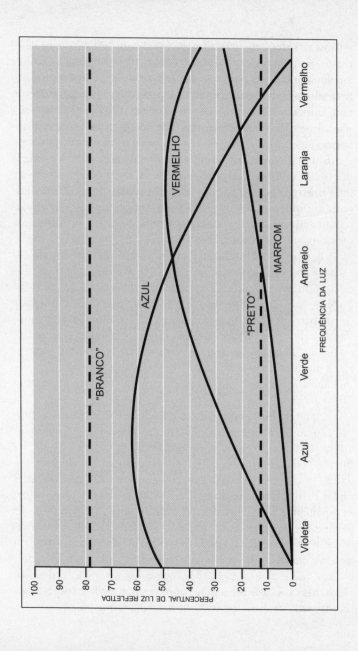

chamado antociano. De forma visível, um antociano típico é vermelho quando colocado em ácido, azul em álcali, e violeta em água. Assim, as rosas são vermelhas porque contêm antociano e são levemente acidíferas; as violetas são azuis porque contêm antociano e são levemente alcalinas. (Tenho tentado falar sobre esses fenômenos em versos de pé-quebrado, mas sem sucesso.)

É difícil encontrar pigmentos azuis na natureza. A raridade de rochas azuis ou areias azuis na Terra e em outros mundos é uma ilustração desse fato. Os pigmentos azuis têm de ser bastante complicados; os antocianos são compostos de aproximadamente vinte átomos, cada um mais pesado que o hidrogênio, arranjados numa estrutura específica.

Os seres vivos foram inventivos no uso que fizeram da cor — para absorver a luz do Sol e, por meio da fotossíntese, produzir alimentos do ar e da água; para lembrar às mães pássaros onde ficam as goelas de seus filhotes; para despertar o interesse de um parceiro; para atrair um inseto polinizador; para se camuflar e se disfarçar; e, pelo menos entre os humanos, pelo prazer da beleza. Mas tudo isso só foi possível graças à física das estrelas, à química do ar e ao mecanismo elegante do processo evolucionário, que nos levou a uma harmonia tão magnífica com nosso ambiente físico.

E quando estudamos outros mundos e examinamos a composição química de suas atmosferas ou superfícies — quando lutamos para compreender por que a névoa superior da lua de Saturno, Titã, é marrom e o terreno rugoso da lua de Netuno, Tritão, é rosa —, estamos nos baseando nas propriedades das ondas de luz, que não são muito diferentes das ondulações que se espalham na banheira. Como todas as cores que vemos — na Terra e em qualquer outro lugar — são uma questão de conhecer os comprimentos de onda da luz solar que são mais bem refletidos, há mais do que poesia em pensar que o Sol acaricia tudo o que está ao seu alcance, que a luz do Sol é o olhar de Deus. Mas você vai conseguir compreender melhor o que acontece se, em vez disso, pensar numa torneira que pinga.

5. QUATRO QUESTÕES CÓSMICAS

Quando no alto o céu ainda não fora nomeado,
Nem o chão firme embaixo recebera nome [...]
A cabana de junco não fora entretecida, o charco
   [*não surgira,*
Quando nenhum dos deuses fora criado,
Nem era invocado pelo nome, seus destinos indeter-
   [*minados —*
Foi então que os deuses foram formados [...]
Enuma elish, o mito da criação babilônico (final do terceiro milênio a.C.)*

Toda cultura tem o seu mito da criação — uma tentativa de compreender de onde veio o universo e tudo o que ele contém. Quase sempre esses mitos são pouco mais que histórias inventadas por contadores de história. Em nossa época, temos também um mito da criação. Mas está baseado em evidências científicas sólidas. Diz mais ou menos o seguinte...

Vivemos num universo em expansão, cuja vastidão e antiguidade estão além do entendimento humano. As galáxias que ele contém estão se afastando velozmente umas das outras, restos de uma imensa explosão, o Big Bang. Alguns cientistas acham que o universo pode ser um dentre um imenso número — talvez um número infinito — de outros universos fechados. Uns podem crescer e sofrer um colapso, viver e morrer, num instante. Outros podem se expandir para sempre. Outros ainda podem ser delicadamente equilibrados e passar por um grande número — talvez um número infinito — de expansões e contrações. O nosso próprio universo tem cerca de 15 bilhões de

---

* "*Enuma elish*" são as primeiras palavras do mito, como se o Livro do Gênesis fosse chamado "No princípio" — o que na realidade é quase o significado da palavra grega "*genesis*".

anos desde a sua origem ou, pelo menos, desde a sua presente encarnação, o Big Bang.

Talvez haja leis diferentes da natureza e formas diferentes de matéria nesses outros universos. Em muitos deles a vida talvez seja impossível, pois não há sóis nem planetas, nem mesmo elementos químicos mais complicados do que o hidrogênio e o hélio. Outros talvez tenham uma complexidade, diversidade e riqueza que eclipsam as nossas. Se esses outros universos existem, nunca seremos capazes de sondar seus segredos, muito menos visitá-los. Mas há muito a explorar no nosso.

O nosso universo é composto de algumas centenas de bilhões de galáxias, uma das quais é a Via Láctea. "A *nossa* galáxia", como gostamos de chamá-la, embora ela certamente não nos pertença. É composta de gás, poeira e aproximadamente 400 bilhões de sóis. Um deles, num braço obscuro da espiral, é o Sol, a estrela local — e, pelo que sabemos, insípida, trivial, comum. Acompanhando o Sol em sua viagem de 250 milhões de anos ao redor do centro da Via Láctea, existe um séquito de pequenos mundos. Alguns são planetas, outros são luas, uns asteroides, outros cometas. Nós, humanos, somos uma das 50 bilhões de espécies que cresceram e evoluíram num pequeno planeta, o terceiro a partir do Sol, que chamamos Terra. Temos enviado naves espaciais para examinar setenta dos outros mundos em nosso sistema, e para entrar nas atmosferas ou pousar na superfície de quatro deles — a Lua, Vênus, Marte e Júpiter. Estamos empenhados em realizar uma tarefa mítica.

A profecia é uma arte que perdemos. Apesar de nosso "desejo ansioso de penetrar na espessa escuridão do futuro", nas palavras de Charles McKay, em geral não somos muito bons nisso. Na ciência, as descobertas mais importantes são frequentemente as mais inesperadas — não uma simples extrapolação do que conhecemos no momento, mas algo completamente diferente. A razão é que a natureza é muito mais inventiva, sutil e elegante do que os humanos. Assim, é de certa maneira tolice tentar prever quais seriam as descobertas mais significativas em astronomia nas próximas décadas, o futuro esboço do nosso mito da criação. Mas, por outro lado, há tendências discerníveis no desenvolvimento de novos instrumentos, que indicam pelo menos a possibilidade de novas descobertas de arrepiar os cabelos.

A escolha de qualquer astrônomo quanto aos quatro problemas mais interessantes será idiossincrática, e sei que muitos fariam escolhas diferentes da minha. Entre outros candidatos a mistérios, podemos citar a composição de 90% do universo (ainda não sabemos do que é composto); a identificação do buraco negro mais próximo; o suposto resultado bizarro de que as distâncias das galáxias são quantizadas — isto é, as galáxias estão a certas distâncias e seus múltiplos, mas não a distâncias intermediárias; a natureza das explosões de raio gama, em que o equivalente de sistemas solares inteiros episodicamente explode; o aparente paradoxo de que a idade do universo pode ser menor que a idade das estrelas mais antigas nele existentes (provavelmente resolvido pela recente conclusão, usando dados do Telescópio Espacial Hubble, de que o universo tem 15 bilhões de anos); a investigação em laboratórios terrestres de amostras vindas de cometas; a busca de aminoácidos interestelares; e a natureza das galáxias mais antigas.

Amenos que haja cortes significativos no financiamento da astronomia e exploração do espaço em todo o mundo — uma triste possibilidade que não é de modo algum impensável —, eis quatro questões* muito promissoras.

1. JÁ HOUVE VIDA EM MARTE?

O planeta Marte é hoje um deserto congelado inteiramente seco. Mas em todo o planeta existem, claramente preservados, antigos vales de rios. Há também sinais de antigos lagos e até, quem sabe, de oceanos. Pela quantidade de crateras no terreno, podemos

---

* Uma quinta questão é descrita no capítulo seguinte.

estimar aproximadamente a época em que Marte era mais quente e mais úmido. (O método tem sido calibrado pela formação de crateras em nossa Lua e pela datação radioativa das meias-vidas de elementos em amostras lunares recolhidas pelos astronautas da *Apollo*.) A resposta é cerca de 4 bilhões de anos atrás. Mas 4 bilhões de anos atrás é justamente a época em que a vida estava surgindo sobre a Terra. Será possível que havia dois planetas vizinhos com ambientes muito semelhantes, e que a vida surgiu num deles, mas não no outro? Ou será que a vida nasceu no Marte primitivo, só para ser eliminada quando o clima misteriosamente mudou? Ou talvez haja oásis ou refúgios, quem sabe embaixo da superfície, onde algumas formas de vida subsistem até os nossos dias. Assim, Marte nos propõe dois enigmas importantes — a possível existência de vida passada ou presente e a razão de um planeta semelhante à Terra ter se fechado numa era glacial permanente. Essa última questão pode ter interesse prático para nós, uma espécie que está diligentemente agredindo seu próprio meio ambiente com muito pouca compreensão das consequências.

Quando a *Viking* pousou em Marte em 1976, cheirou a atmosfera e descobriu muitos dos mesmos gases que existem na atmosfera da Terra — dióxido de carbono, por exemplo — e uma escassez de gases também prevalecente na atmosfera da Terra — ozônio, por exemplo. Além do mais, a variedade particular das moléculas, sua composição isotópica, foi determinada, sendo em muitos casos diferente da composição isotópica das moléculas comparáveis na Terra. Tínhamos descoberto a marca característica da atmosfera marciana.

Ocorreu então um fato curioso. Meteoritos — rochas do espaço — tinham sido encontrados na camada de gelo da Antártida, pousados em cima da neve congelada. Alguns já haviam sido descobertos na época da *Viking*, outros foram descobertos mais tarde; todos tinham caído na Terra antes da missão *Viking*, muitas vezes dezenas de milhares de anos antes. Na limpa camada de gelo antártica, não foi difícil discerni-los. A maioria dos meteoritos assim coletados foi levada para o que nos dias da *Apollo* fora o Laboratório Receptor Lunar, em Houston.

Mas os fundos de financiamento são muito escassos na NASA nos dias de hoje, e durante anos não se fez nem mesmo um exame preliminar em todos esses meteoritos. Alguns mostraram ser da Lua — um meteorito ou cometa causa impacto na Lua, espalhando rochas lunares pelo espaço, uma ou algumas das quais pousaram na Antártida. Um ou dois desses meteoritos provêm de Vênus. E, espantosamente, alguns deles, a julgar pela marca atmosférica marciana oculta em seus minerais, provêm de Marte.

Em 1995-6, cientistas do Centro de Voo Espacial Johnson da NASA finalmente conseguiram examinar um dos meteoritos — ALH84001 —, que mostrou ser de Marte. Não parecia de modo algum extraordinário, assemelhando-se a uma batata amarronzada. Quando a microquímica foi examinada, descobriram-se certas espécies de moléculas orgânicas, sobretudo hidrocarbonetos aromáticos policíclicos (PAHs). Em si, eles não são assim tão excepcionais. Estruturalmente, parecem os padrões hexagonais dos pisos de banheiro, com um átomo de carbono em cada vértice. Os PAHs são encontrados em meteoritos comuns, em grãos interestelares, e há suspeitas de que existam em Júpiter e Titã. Absolutamente não indicam vida. Mas os PAHs estavam arranjados de tal modo que havia maior quantidade deles nas partes mais profundas do meteorito antártico, sugerindo que não era contaminação de rochas terrestres (nem de gases de automóveis), mas algo intrínseco ao meteorito. Ainda assim, os PAHs em meteoritos não contaminados não indicam vida. Outros minerais também associados com a vida na Terra foram igualmente encontrados. Mas o resultado mais provocador foi a descoberta do que alguns cientistas estão chamando de nanofósseis — minúsculas esferas ligadas entre si, como colônias de bactérias muito pequenas sobre a Terra. Mas podemos ter certeza de que não existem minerais terrestres ou marcianos que tenham forma semelhante? A evidência é adequada? Há anos venho frisando, em relação aos UFOs, que afirmações extraordinárias requerem evidência extraordinária. A evidência de vida em Marte ainda não é bastante excepcional.

Mas é um primeiro passo. Que nos aponta outras partes desse meteorito marciano específico. Que nos guia para outros meteoritos marcianos. Que sugere a busca de meteoritos bem diferentes no campo de gelo da Antártida. Que nos indica que não deveríamos buscar apenas outras rochas profundamente enterradas, obtidas de ou sobre Marte, mas rochas bem pouco profundas. Que nos impõe uma reconsideração dos resultados enigmáticos dos experimentos biológicos na *Viking*, alguns dos quais foram interpretados por certos cientistas como sinais da presença de vida. Que sugere o envio de missões espaciais para locais especiais em Marte, que podem ter sido os últimos a perder o calor e a umidade. Que abre todo o campo da exobiologia marciana.

E se tivermos a sorte de encontrar até mesmo um simples micróbio em Marte, teremos a maravilhosa circunstância de dois planetas vizinhos, ambos com vida na mesma época primitiva. É verdade, talvez a vida tenha sido transportada de um mundo para o outro por impacto de meteoritos, e não tenha tido origem independente em cada um deles. Deveríamos ser capazes de verificar essa hipótese, examinando a química orgânica e a morfologia das formas de vida descobertas. Talvez a vida tenha surgido apenas num desses mundos, evoluindo separadamente em ambos. Teríamos então um exemplo de vários bilhões de anos de evolução independente, um tesouro biológico que de outra maneira seria inatingível.

E se tivermos ainda mais sorte, vamos descobrir formas de vida realmente independentes. Os ácidos nucleicos são a base de seu código genético? As proteínas são a base de sua catálise enzimática? Que código genético usam? Sejam quais forem as respostas para essas perguntas, quem ganha é toda a ciência da biologia. E seja qual for o resultado, a implicação é que a vida pode ser muito mais difundida do que a maioria dos cientistas imaginara.

Na próxima década, muitas nações têm planos vigorosos de enviar a Marte naves robóticas que orbitem ao redor do planeta e pousem na sua superfície, levando veículos exploradores e penetradores do subsolo, com o objetivo de estabelecer os fundamentos necessários para responder a essas perguntas; e — talvez — em 2005 parta uma missão robótica para trazer de volta para a Terra amostras do solo e do subsolo de Marte.

2. TITÃ É UM LABORATÓRIO PARA A ORIGEM DA VIDA?

Titã é a grande lua de Saturno, um mundo extraordinário com uma atmosfera dez vezes mais densa que a da Terra e composta principalmente de nitrogênio (como aqui) e metano (CH_4). As duas naves espaciais norte-americanas *Voyager* detectaram um certo número de moléculas orgânicas simples na atmosfera de Titã — compostos químicos com estrutura baseada em átomos de carbono que estão ligados à origem da vida sobre a Terra. Essa lua é circundada por uma camada opaca de névoa avermelhada, que tem propriedades idênticas às de um sólido vermelho-marrom fabricado em laboratório, quando se aplica energia a uma atmosfera simulada de Titã. Quando analisamos do que é feito esse material, descobrimos muitos dos tijolos essenciais da vida na Terra. Como Titã está muito longe do Sol, qualquer água ali deve ser congelada — assim, é de se pensar que, na melhor das hipóteses, a lua é um equivalente incompleto da Terra na época da origem da vida. Entretanto, impactos ocasionais de cometas são capazes de derreter a superfície, e parece que boa parte de Titã esteve debaixo da água durante um milênio, mais ou menos, na sua história de 4,5 bilhões de anos. No ano 2004, a nave espacial da NASA *Cassini* vai chegar ao sistema de Saturno; uma sonda de entrada chamada *Huygens*, construída pela Agência Espacial Europeia, vai se separar da nave e afundar lentamente na atmosfera de Titã até a sua enigmática superfície. Poderemos então ficar sabendo até onde Titã chegou no caminho para a vida.*

---

* A sonda *Huygens* entrou na atmosfera de Titã em 14 de janeiro de 2005. (N. E.)

3. HÁ VIDA INTELIGENTE EM OUTROS LUGARES?

As ondas de rádio viajam à velocidade da luz. Nada viaja mais rápido. À frequência correta, elas passam sem problemas pelo espaço interestelar e pelas atmosferas planetárias. Se o maior telescópio de rádio/radar na Terra estivesse apontado para um telescópio equivalente num planeta de outra estrela, os dois telescópios poderiam escutar os sinais um do outro, mesmo que estivessem separados por milhares de anos-luz. Por essas razões, os radiotelescópios existentes estão sendo usados para ver se alguém não está nos enviando uma mensagem. Até agora não encontramos nada de definitivo, mas têm ocorrido "eventos" tantalizadores — sinais registrados que satisfazem todos os critérios para a existência de inteligência extraterrestre, à exceção de um: volta-se a virar o telescópio e apontá-lo para aquele pedaço do céu, minutos mais tarde, meses mais tarde, anos mais tarde, e o sinal nunca se repete. Estamos apenas no início do programa de busca. Uma busca realmente completa levaria uma ou duas décadas. Se a inteligência extraterrestre for encontrada, nossa visão do universo e de nós mesmos vai mudar para sempre. E, se depois de uma busca longa e sistemática não encontrarmos nada, teremos talvez calibrado um pouco da raridade e preciosidade da vida sobre a Terra. De qualquer modo, é uma pesquisa que vale a pena.

4. QUAL É A ORIGEM E O DESTINO DO UNIVERSO?

Espantosamente, a astrofísica moderna está prestes a determinar percepções fundamentais da origem, natureza e destino de todo o universo. O universo está em expansão. Todas as galáxias estão se afastando velozmente umas das outras no que é chamado de fluxo de Hubble, uma das três principais evidências de uma enorme explosão na época em que o universo teve início — ou, pelo menos, sua presente encarnação. A gravidade da Terra é bastante forte para atrair de volta uma pedra atirada para o céu, mas não um foguete com velocidade de escape. E assim acontece com o universo: se ele contém uma grande quantidade de matéria, a gravidade exercida por toda essa matéria vai diminuir e deter a expansão. Um universo em expansão será convertido num universo em colapso. E se não há bastante matéria, a expansão vai continuar para sempre. O presente inventário de matéria no universo é insuficiente para diminuir a expansão, mas há razões para pensar que talvez exista uma grande quantidade de matéria escura que não trai a sua existência emitindo luz, para a conveniência dos astrônomos. Se o universo em expansão se revelar apenas temporário, sendo finalmente substituído por um universo em contração, isso certamente criará a possibilidade de que o universo passa por um número infinito de expansões e contrações, sendo infinitamente antigo. Um universo infinitamente antigo não tem necessidade de ser criado. Sempre esteve ali. Por outro lado, se não há matéria suficiente para reverter a expansão, isso seria coerente com um universo criado do nada. Essas são questões profundas e difíceis que toda cultura humana tem de algum modo tentado enfrentar. Mas é só na nossa época que temos uma perspectiva real de desvendar algumas das respostas. Não por meio de conjecturas ou histórias — mas por observações reais, verificáveis, passíveis de repetição.

Acho que há uma chance razoável de que se possam esperar revelações surpreendentes em todas essas quatro áreas nas próximas duas décadas. Mais uma vez, há muitas outras questões na astronomia moderna que eu poderia ter mencionado em seu lugar, mas a predição que posso fazer com a maior confiança é que as descobertas mais espantosas serão aquelas que atualmente ainda não temos conhecimento suficiente para prever.

6. TANTOS SÓIS, TANTOS MUNDOS

> *Que maravilhoso e surpreendente esquema temos aqui da magnífica imensidão do universo. Tantos Sóis, tantas Terras...!*
> Christian Huygens, *Novas conjeturas sobre os mundos planetários, seus habitantes e produções* (cerca de 1670)

Em dezembro de 1995, uma sonda de entrada, separada da nave *Galileo* em órbita ao redor de Júpiter, entrou em sua atmosfera turbulenta e turvada e afundou para uma morte ígnea. Ao longo do caminho, mandou de volta pelo rádio informações sobre o que encontrava. Quatro naves espaciais anteriores tinham examinado Júpiter ao passarem velozmente pelo planeta. Esse também fora estudado por telescópios com base na Terra e no espaço. Ao contrário da Terra, que é composta principalmente de rocha e metal, Júpiter é composto principalmente de hidrogênio e hélio. É tão grande que comportaria mil Terras. Nas camadas profundas, sua pressão atmosférica se torna tão elevada que os elétrons são espremidos para fora dos átomos e o hidrogênio se torna um metal quente. Considera-se que por essa razão a energia que jorra do planeta é duas vezes maior do que a energia que Júpiter recebe do Sol. Os ventos que fustigaram a sonda *Galileo* no seu ponto de entrada mais profundo provavelmente não provêm da luz do Sol, mas da energia que se origina no interior profundo do planeta. Bem no âmago de Júpiter, parece haver um mundo de rochas e ferro muitas vezes maior que a massa da Terra, encimado pelo imenso oceano de hidrogênio e hélio. Visitar o hidrogênio metálico — ainda mais o núcleo rochoso — está além das capacidades humanas pelo menos nos próximos séculos ou milênios.

As pressões são tão grandes no interior de Júpiter que é difícil imaginar vida ali — mesmo uma vida muito diferente da nossa. Alguns cientistas, entre os quais me incluo, tentaram, só de brincadeira, imaginar uma ecologia que pudesse evoluir na atmosfera de um planeta como Júpiter, algo parecido com os micróbios e os peixes nos oceanos da Terra. A origem da vida seria difícil num ambiente desses, mas agora sabemos que impactos de asteroides e cometas transferem material da superfície de um mundo para outro, sendo até possível que impactos na história primeva da Terra tenham transferido vida primitiva de nosso planeta para Júpiter. No entanto, isso é mera especulação.

Júpiter está a cinco unidades astronômicas do Sol. Uma unidade astronômica (abreviada como UA) é a distância entre a Terra e o Sol, cerca de 93 milhões de milhas, ou 150 milhões de quilômetros. Se não fosse pelo calor interior e pelo efeito estufa na imensa atmosfera de Júpiter, as temperaturas no planeta estariam a cerca de 160° abaixo de zero Celsius. Essa é aproximadamente a temperatura na superfície das luas de Júpiter — muito frias para abrigarem vida.

Júpiter e a maioria dos outros planetas em nosso sistema solar giram em torno do Sol no mesmo plano, como se estivessem confinados em sulcos separados de um disco fonográfico ou compacto. Por que deve ser assim? Por que os planos das órbitas não são inclinados em todos os ângulos? Isaac Newton, o gênio matemático que foi o primeiro a compreender como a gravidade cria o movimento dos planetas, ficou perplexo com a ausência de inclinações nos planos das órbitas dos planetas, e deduziu que, no início do sistema solar, Deus devia ter posto todos os planetas a funcionar no mesmo plano.

Mas o matemático Pierre Simon, o marquês de Laplace, e mais tarde o famoso filósofo Immanuel Kant, descobriram como isso teria acontecido, sem recorrer à intervenção divina. Ironicamente, eles se basearam nas próprias leis da física que Newton tinha descoberto. Um breve resumo da hipótese Kant-Laplace é o seguinte: imaginem uma nuvem irregular de gás e poeira, em rotação lenta, posicionada entre as estrelas. Há muitas dessas nuvens. Se a sua densidade é suficientemente elevada, a atração gravitacional mútua das várias partes da nuvem vai esmagar o movimento aleatório interno, e a nuvem começará a se contrair. Ao fazê-lo, ela vai girar mais rapidamente, como uma patinadora que ao dar uma pirueta encolhe os braços. O giro não retardará o colapso da nuvem ao longo do eixo de rotação, mas diminuirá a contração no plano de rotação. A nuvem, inicialmente irregular, se converte num disco chato. Assim, os planetas que se incorporam ou condensam a partir desse disco vão todos girar mais ou menos no mesmo plano. As leis da física são suficientes, sem intervenção sobrenatural.

Mas predizer que essa nuvem em forma de disco existia antes de os planetas serem formados é uma história; confirmar a predição vendo realmente esses discos ao redor de outras estrelas é outra bem diferente. Quando outras galáxias espirais como a Via Láctea foram descobertas, Kant achou que *esses* eram os discos pré-planetários preditos, e que a "hipótese nebular" da origem dos planetas fora confirmada. (*Nébula* vem da palavra grega para "nuvem".) Mas essas formas espirais se revelaram galáxias distantes salpicadas de estrelas, e não campos vizinhos para o nascimento de estrelas e planetas. Os discos circunestelares vieram a ser difíceis de encontrar.

Foi só mais de um século depois, usando equipamento que incluía observatórios em órbita, que a hipótese nebular foi confirmada. Quando examinamos jovens estrelas semelhantes ao Sol, como o nosso Sol de 4 ou 5 bilhões de anos atrás, descobrimos que mais da metade estão rodeadas por discos chatos de poeira e gás. Em muitos casos, as partes próximas à estrela parecem estar esvaziadas de poeira e gás, como se planetas ali já tivessem se formado, engolindo a matéria interplanetária. Não é evidência definitiva, mas sugere com bastante força que estrelas como a nossa são frequentemente, se não invariavelmente, acompanhadas de planetas. Essas descobertas expandem o provável número de planetas na galáxia da Via Láctea até pelo menos bilhões.

Mas e quanto a detectar realmente outros planetas? Certo, as estrelas estão muito distantes — a mais próxima está quase a 1 milhão de UA —, e à luz visível elas brilham apenas como reflexo. Mas a nossa tecnologia está se aperfeiçoando a passos largos. Não seríamos capazes de detectar pelo menos grandes primos de Júpiter ao redor das estrelas vizinhas, talvez na luz infravermelha, se não na luz visível?

Nos últimos anos, inauguramos uma nova era na história humana, em que somos capazes de detectar os planetas de outras estrelas. O primeiro sistema planetário confiavelmente descoberto acompanha uma estrela muito improvável: a B 1257 + 12 é uma estrela de nêutrons em rápida rotação, os restos de uma estrela, outrora maior que o Sol, que explodiu numa colossal explosão de supernova. O campo magnético dessa estrela de nêutrons capta os elétrons, forçando-os a se mover por tais caminhos que, como um farol, eles emitem um raio de rádio pelo espaço interestelar. Por acaso, o raio intercepta a Terra — a cada 0,0062185319388187 segundo. É por isso que a B 1257 + 12 é chamada de pulsar. A constância de seu período de rotação é espantosa. Graças à alta precisão das medições, Alex Wolsczan, atualmente em Penn State University, foi capaz de descobrir "*glitches*" [mudanças repentinas no período de rotação de uma estrela de nêutrons] — irregularidades nas últimas casas decimais. O que as causa? Abalos estelares ou outros fenômenos na própria estrela de nêutrons? Ao longo dos anos, essas irregularidades têm variado exatamente como seria de esperar, se houvesse planetas girando em torno da B 1257 + 12, puxando de leve, primeiro para um lado e depois para o outro. A concordância quantitativa é tão exata que a conclusão é imperiosa: Wolsczan descobriu os primeiros planetas conhecidos que não giram ao redor do Sol. Além do mais, eles não são planetas grandes do tamanho de Júpiter. Dois deles são provavelmente apenas um pouco maiores que a Terra, e suas órbitas ao redor da estrela estão a distâncias que não são muito diferentes da distância entre a Terra e o Sol, 1 UA. Seria de esperar que exista vida nesses planetas? Infelizmente, sai da estrela de nêutrons uma rajada de partículas carregadas colidindo entre si, o que vai aumentar a temperatura de seus planetas semelhantes à Terra muito acima do ponto de ebulição da água. A 1300 anos-luz de distância, não vamos viajar para esse sistema em breve. É um mistério atual saber se esses planetas sobreviveram à explosão da supernova que formou o pulsar, ou se foram formados com os escombros da explosão da supernova.

Pouco depois do achado de Wolsczan, que marcou época, vários outros objetos de massa planetária foram descobertos (principalmente por Geoff Marcy e Paul Butler, da Universidade do Estado de San Francisco) girando em torno de outras estrelas — nesse caso, estrelas comuns como o nosso Sol. A técnica usada foi diferente e muito mais difícil de ser aplicada. Esses planetas foram descobertos por telescópios ópticos convencionais que monitoravam as mudanças periódicas nos espectros de estrelas vizinhas. Às vezes uma estrela pode estar se movendo por algum tempo em direção a nós, e depois afastando-se de nós, conforme determinado pelas mudanças no comprimento de onda de suas linhas espectrais, o Efeito Doppler — semelhante às mudanças na frequência da buzina de um carro, quando ele se aproxima ou se afasta de nós. Algum corpo invisível está puxando a estrela. Mais uma vez, um mundo não visto é descoberto por uma concordância quantitativa — entre os leves movimentos periódicos que se observam na estrela e o que seria de esperar se a estrela tivesse um planeta próximo.

Os planetas responsáveis giram em torno das estrelas 51 Pegasi, 70 Virginis e 47 Ursae Majoris, respectivamente nas constelações Pégaso, Virgem e Ursa Maior. Em 1996, outros planetas foram também descobertos girando em torno da estrela 55 Cancri na constelação de Câncer, o Caranguejo: Tau Bootis e Upsilon Andromedae. Tanto a 47 Ursae Majoris como a 70 Virginis podem ser vistas a olho nu no céu noturno da primavera. Elas estão muito próximas em termos de estrelas. As massas desses planetas parecem estar na faixa de um pouco menores que Júpiter ou várias vezes maiores que Júpiter. O que é muito surpreendente a seu respeito é o fato de estarem muito perto da sua estrela, uma distância de 0,05 UA, para a 51 Pegasi, e pouco mais que 2 UAs, para Ursae Majoris. Esses sistemas também podem conter planetas menores semelhantes à Terra, ainda não descobertos, mas o seu traçado não é igual ao nosso.

Em nosso sistema solar, temos os pequenos planetas semelhantes à Terra na parte interna e os grandes planetas semelhantes a Júpiter na parte externa. Para essas quatro estrelas, os planetas com a massa de Júpiter parecem estar na parte interna. Como isso é possível, ninguém atualmente compreende. Nem sequer sabemos se eles são planetas verdadeiramente semelhantes a Júpiter, com imensas atmosferas de hidrogênio e hélio, hidrogênio metálico em camadas mais profundas e um núcleo semelhante à Terra em camadas ainda mais profundas. Mas sabemos que as atmosferas de planetas semelhantes a Júpiter que estejam muito próximos de suas estrelas não vão se evaporar. Parece implausível que tenham se formado na periferia de seus sistemas solares, e que depois, de algum modo, se desviaram e se aproximaram de suas estrelas. Mas talvez alguns grandes planetas primitivos tenham sido retardados pelo gás nebular e levados para dentro da espiral. A maioria dos especialistas sustenta que Júpiter não poderia ter se formado tão perto de uma estrela.

Por que não? A nossa compreensão padrão da origem de Júpiter é mais ou menos a seguinte: nas partes mais externas do disco nebular, nas quais as temperaturas eram muito baixas, pequenos mundos de gelo e rocha se condensaram, algo parecido com os cometas e as luas geladas nas partes externas de nosso sistema solar. Esses pequenos mundos frios colidiram em velocidades baixas, grudaram-se uns nos outros, e gradativamente se tornaram bastante grandes para atrair gravitacionalmente os gases hidrogênio e hélio predominantes na nébula, formando um Júpiter de dentro para fora. Em oposição, mais perto da estrela, considera-se que as temperaturas nebulares seriam elevadas demais para que o gelo em primeiro lugar se condensasse, e assim todo o processo sofre um curto-circuito. Mas eu me pergunto se alguns discos nebulares não estavam abaixo do ponto de congelamento da água mesmo em pontos muito próximos da estrela local.

De qualquer modo, agora que descobrimos planetas com a massa da Terra ao redor de um pulsar e quatro novos planetas com a massa de Júpiter ao redor de estrelas como o Sol, segue-

-se que a nossa espécie de sistema solar pode não ser típica. Esta é a chave, se temos alguma esperança de construir uma teoria geral da origem dos sistemas planetários: ela agora deve abranger uma diversidade desses sistemas.

Ainda mais recentemente, uma técnica chamada astrometria foi usada para detectar dois e possivelmente três planetas semelhantes à Terra ao redor de uma estrela muito próxima de nosso Sol, a Lalande 21185. Nesse caso, o movimento preciso da estrela é monitorado durante muitos anos, e o recuo devido a algum planeta em órbita ao seu redor é cuidadosamente observado. Os desvios das órbitas circulares ou elípticas traçadas pela Lalande 21185 nos permitem detectar a presença de planetas. Assim, temos um sistema planetário parecido, ou pelo menos um pouco parecido, com o nosso. Parece haver pelo menos duas e talvez mais categorias de sistemas planetários no espaço interplanetário adjacente.

Quanto à vida nesses mundos semelhantes a Júpiter, não é mais provável que no próprio Júpiter. Mas o que é provável é que esses outros Júpiteres tenham luas, como as dezesseis que giram em torno do nosso Júpiter. Uma vez que essas luas, assim como os mundos gigantescos em torno dos quais giram, estão próximas da estrela local, sua temperatura, em especial no caso da 70 Virginis, poderia ser favorável à vida. A uma distância de 35 a 40 anos-luz, esses mundos estão suficientemente perto de nós para começarmos a sonhar que um dia mandaremos naves espaciais muito velozes visitá-los, sendo os dados recebidos pelos nossos descendentes.

Enquanto isso, está surgindo toda uma gama de outras técnicas. Além dos *glitches* de tempo nas rotações do pulsar e das medições Doppler das velocidades radiais das estrelas, interferômetros na Terra ou, ainda melhor, no espaço; telescópios na Terra que eliminam a turbulência da atmosfera da Terra; observações feitas na Terra usando o efeito da lente gravitacional de grandes objetos distantes; e medições muito precisas, feitas no espaço, do ofuscamento de uma estrela, quando um de seus planetas passa pela sua frente. Todas parecem prontas a produzir resultados significativos nos próximos anos. Estamos agora prestes a rodar por milhares de estrelas vizinhas, procurando seus companheiros. Acho provável que, nas próximas décadas, tenhamos informações sobre pelo menos centenas de outros sistemas planetários perto de nós na imensa galáxia da Via Láctea — e talvez até sobre alguns pequenos mundos azuis agraciados com oceanos de água, atmosferas de oxigênio e sinais indicadores da maravilhosa vida.

Parte II
O QUE OS CONSERVADORES ESTÃO CONSERVANDO?

7. O MUNDO QUE CHEGOU PELO CORREIO

O mundo? Gotas
De luar sacudidas
Do bico de uma garça.
Dogen (1200-1253), "Vigília em torno da impermanência", de Lucien Stryk e Takashi Ikemoto, *Zen poems of Japan: The Crane's Bill*

O mundo chegou pelo correio. Estava marcado "Frágil". No embrulho, havia um adesivo com a figura de um pequeno globo partido. Eu o abri cuidadosamente, temendo ouvir o tilintar de cristal quebrado ou descobrir cacos de vidro. Mas estava intacto. Com as duas mãos, tirei-o da caixa e o ergui à luz do Sol. Era uma esfera transparente, com água mais ou menos pela metade. O número 4210 estava indicado numa etiqueta não muito visível. Mundo número 4210: devia haver muitos desses mundos. Cautelosamente, eu o instalei no suporte de acrílico que veio junto e fiquei observando.

Podia ver a vida lá dentro — uma rede de ramos, alguns incrustados com algas verdes filamentosas, e seis ou oito pequenos animais, a maioria cor-de-rosa, saltando, ao que parecia, entre os ramos. Além disso, havia centenas de outras espécies de seres, tão abundantes nessas águas quanto os peixes nos oceanos da Terra. Mas eram todos micróbios, muito pequenos para que eu pudesse vê-los a olho nu. Evidentemente, os animais rosa eram camarões de uma variedade apropriadamente despretensiosa. Eles logo atraíam a atenção, porque estavam muito *ocupados*. Alguns tinham pousado nos ramos e estavam caminhando sobre dez patas e abanando muitos outros apêndices. Um deles estava dedicando toda a sua atenção, além de um considerável número de patas, ao ato de comer um filamento de planta. Entre os ramos, cobertos de algas assim como as árvores na Geórgia e no norte da Flórida se cobrem de barbas-de-pau, podia-se ver outro camarão movendo-se como se tivesse um compromisso urgente em algum outro lugar. Às vezes eles mudavam de cor, ao passarem nadando de um ambiente para outro. Um era pálido, quase transparente; outro laranja, com um constrangido rubor vermelho.

Sob alguns aspectos, é claro, eram muito diferentes de nós. Tinham seus esqueletos de fora, respiravam água, e uma espécie de ânus estava desconcertadoramente localizado perto de suas bocas. (Mas eram exigentes no que dizia respeito à aparência e limpeza, possuindo um par de patas especializadas com cerdas semelhantes a escovas. De vez em quando, um camarão dava em si mesmo uma boa esfregadela.)

Mas, sob outros aspectos, eles eram como nós. Era difícil não perceber. Tinham cérebro, coração, sangue e olhos. Aquela agitação de apêndices natatórios impulsionando-os pela água traía o que parecia ser um evidente sinal de propósito. Quando chegavam ao seu destino, atiravam-se aos filamentos de alga com a precisão, delicadeza e diligência de um *gourmet* aficionado. Dois deles, mais aventureiros que o resto, erravam pelo oceano desse mundo, nadando bem acima das algas, explorando languidamente o seu domínio.

Depois de algum tempo, começamos a poder distinguir os indivíduos. Um camarão está na muda, abandonando seu velho esqueleto para criar espaço para o novo. Mais tarde, podemos ver o que restou — a casca transparente, como uma mortalha, pendendo rigidamente de um ramo, seu antigo ocupante cuidando de seus afazeres com uma nova carapaça luzidia. Eis um ao qual está faltando uma pata. Teria havido um furioso combate pata a pata, talvez por causa do afeto de uma devastadora beldade casadoura?

De certos ângulos, o topo da água é um espelho, e um camarão vê o seu próprio reflexo. Será que consegue se reconhecer? Mais provavelmente, apenas vê o reflexo como mais um camarão. De outros ângulos, a espessura do vidro curvo os amplifica, e então posso ver como eles realmente são. Observo, por exemplo, que têm bigodes. Dois deles correm para o topo da água e, incapazes de romper a tensão da superfície, batem no menisco. Depois, aprumados — um pouco espantados, imagino —, afundam suavemente para o fundo da esfera. Suas patas estão cruzadas de modo casual, pelo menos é o que quase parece, como se a façanha fosse rotina, nada digno de contar na carta para a família. Eles são senhores de si.

Se consigo ver claramente um camarão pelo cristal curvo, imagino que ele deve ser capaz de me ver, ou pelo menos o meu olho — um grande disco preto avultando, com uma coroa marrom e verde. Na verdade, às vezes, quando estou observando um que mexe agitadamente nas algas, ele parece se enrijecer e olhar para mim. Temos feito contato ocular. Eu me pergunto o que ele acha que vê.

Depois de um ou dois dias de preocupações com o trabalho, acordo, dou uma olhada no mundo de cristal... Todos parecem ter desaparecido. Eu me censuro. Não preciso alimentá-los, dar-lhes vitaminas, mudar a sua água, nem levá-los ao veterinário. Tudo o que tenho de fazer é cuidar para que não fiquem muito na luz, nem muito tempo no escuro, e que estejam sempre a temperaturas entre 40° e 85° F. (Acima dessas temperaturas, acho que eles viram sopa, deixando de ser um ecossistema.) Por falta de atenção, eu os teria matado? Mas então vejo um deles colocando a antena para fora atrás de um ramo, e compreendo que eles ainda estão com boa saúde. São apenas camarões, porém depois de algum tempo começamos a nos preocupar com eles, a torcer por eles.

Se ficamos a cargo de um pequeno mundo como esse, e conscienciosamente nos preocupamos com a sua temperatura e níveis de luz, então — fosse qual fosse a nossa intenção no início — acabamos por nos importar com aqueles que estão lá *dentro*. No entanto, se estiverem doentes ou morrendo, não podemos fazer muita coisa para salvá-los. De certo modo, somos mais poderosos que eles, mas eles fazem coisas — como respirar água — que não fazemos. Somos limitados, poderosamente limitados. Até nos perguntamos se não é cruel colocá-los nessa prisão de cristal. Mas nos tranquilizamos com o pensamento de que pelo menos ali eles estão a salvo das baleias com barbatanas na boca, dos vazamentos de óleo e do molho de coquetel.

As fantasmagóricas cascas mortalhas e o raro corpo morto de um camarão não permanecem por muito tempo. São comidos, em parte pelos outros camarões, em parte pelos microrganismos invisíveis que proliferam no oceano desse mundo. E assim nos lembramos de que essas criaturas não trabalham sozinhas. Elas *precisam* umas das outras. Elas cuidam umas das outras — de um modo que não sou capaz de fazê-lo. Os camarões tiram oxigênio da água e exalam dióxido de carbono. As algas tiram dióxido de carbono da água e exalam oxigênio. Eles respiram mutuamente os gases que são refugos dos outros. Seus refugos sólidos também passam pelas plantas, animais e microrganismos. Nesse pequeno Éden, os moradores têm um relacionamento extremamente íntimo.

A existência dos camarões é muito mais tênue e precária que a de outros seres. As algas podem viver muito mais tempo sem os camarões do que os camarões podem viver sem as algas. Os camarões comem as algas, mas as algas se alimentam principalmente de luz. Por fim — até hoje não sei a razão —, os camarões começaram a morrer, um a um. Chegou o momento em que restava apenas um deles, mordiscando mal-humorado — assim parecia — um raminho de alga até morrer. Um pouco para minha surpresa, eu me peguei chorando a morte de todos eles. Acho que foi em parte porque eu chegara a conhecê-los um pouco. Mas em parte, eu sabia, foi porque eu temia um paralelismo entre o seu mundo e o nosso.

Ao contrário de um aquário, esse pequeno mundo é um sistema ecológico fechado. A luz entra no mundo, mas ele não recebe nada mais — nem alimento, nem água, nem substâncias nutritivas. Tudo deve ser reciclado. Exatamente como na Terra. Em nosso mundo maior, nós também — plantas, animais e microrganismos — vivemos uns dos outros, respiramos e comemos os refugos uns dos outros, dependemos uns dos outros. A vida em nosso mundo é também energizada pela luz. A luz do Sol, que passa pelo ar claro, é colhida pelas plantas e lhes dá força para combinar dióxido de carbono com água e assim formar carboidratos e outros materiais comestíveis, que por sua vez constituem a dieta principal dos animais.

O nosso mundo grande é muito semelhante a esse mundo pequeno, e somos muito parecidos com os camarões. Mas há, pelo menos, uma diferença importante: ao contrário dos camarões, somos capazes de mudar o nosso meio ambiente. Podemos fazer conosco o que um dono descuidado daquela esfera de cristal pode fazer com os camarões. Se não cuidarmos, podemos aquecer o nosso planeta pelo efeito estufa atmosférico ou esfriá-lo e escurecê-lo com as consequências de uma guerra nuclear ou de um grande incêndio num campo petrolífero (ou ignorar o perigo de um impacto causado por um asteroide ou um cometa). Com a chuva ácida, a diminuição da camada de ozônio, a poluição química, a radioatividade, a destruição das florestas tropicais, e uma dúzia de outros ataques ao meio ambiente, estamos puxando e esticando o nosso pequeno mundo em direções bem pouco compreendidas. A nossa civilização pretensamente avançada pode estar alterando o delicado equilíbrio ecológico que evoluiu com dificuldade ao longo do período de 4 bilhões de anos da vida sobre a Terra.

Os crustáceos, como os camarões, são muito mais antigos que as pessoas, os primatas ou até os mamíferos. As algas remontam a 3 bilhões de anos atrás, muito antes dos animais, quase até a origem da vida sobre a Terra. Todos têm trabalhado juntos — plantas, animais, micróbios — por muito tempo. O arranjo de organismos na minha esfera de cristal é antigo, muito mais antigo que as instituições culturais que conhecemos. A tendência a cooperar tem sido dolorosamente extraída por meio do processo evolucionário. Aqueles organismos que não cooperaram, que não trabalharam uns com os outros, morreram. A cooperação está codificada nos genes dos sobreviventes. Faz parte da sua *natureza* cooperar. É a chave para a sua sobrevivência.

Mas nós, humanos, somos recém-chegados, pois só surgimos há uns poucos milhões de anos. A nossa presente civilização técnica tem apenas algumas centenas de anos. Não tivemos muitas experiências recentes de cooperação voluntária entre as espécies (ou até entre a mesma espécie). Somos muito inclinados ao curto prazo e quase nunca pensamos no longo prazo. Não há garantia de que seremos bastante sábios para compreender o nosso sistema ecológico fechado em todo o planeta, ou para modificar o nosso comportamento de acordo com esse entendimento.

O nosso planeta é indivisível. Na América do Norte, respiramos oxigênio gerado na floresta tropical brasileira. A chuva ácida das indústrias poluentes no meio-oeste norte-americano destrói florestas canadenses. A radioatividade de um acidente nuclear na Ucrânia compromete a economia e a cultura na Lapônia. A queima de carvão na China aquece a Argentina. Os clorofluorcarbonetos liberados por um ar-condicionado na Terra-Nova ajudam a causar câncer de pele na Nova Zelândia. Doenças se espalham rapidamente até os pontos mais remotos do planeta e requerem um trabalho médico global para serem erradicadas. E, sem dúvida, a guerra nuclear e um impacto de asteroide representam um perigo para todo o mundo. Gostando ou não, nós, humanos, estamos ligados com nossos colegas humanos e com as outras plantas e animais em todo o mundo. As nossas vidas estão entrelaçadas.

Se não fomos agraciados com um conhecimento instintivo que nos mostre o que fazer para que nosso mundo regido pela tecnologia seja um ecossistema seguro e equilibrado, devemos *descobrir* como fazê-lo. Precisamos de mais pesquisa científica e mais controle tecnológico. É provavelmente muito cômodo esperar que um grande Zelador do Ecossistema venha à Terra e corrija os nossos abusos ambientais. Cabe a nós a tarefa.

Não deve ser tão difícil assim. Os pássaros — cuja inteligência tendemos a denegrir — sabem o que fazer para não sujar o ninho. Os camarões, com cérebro do tamanho de partículas de fiapos, sabem o que fazer. As algas sabem. Os microrganismos unicelulares sabem. Já é hora de sabermos também.

8. O MEIO AMBIENTE: ONDE RESIDE A PRUDÊNCIA?

> *Este novo mundo pode ser mais seguro, se for infor-*
> [*mado*
> *sobre os perigos das doenças do antigo.*
> John Donne, "An anatomie of the world —
> The first anniversary" (1611)

Há um certo momento no crepúsculo em que as esteiras de vapor dos aviões são cor-de-rosa. E se o céu estiver claro, o seu contraste com o azul circundante é inesperadamente encantador. O Sol já se pôs, e há um brilho rosado no horizonte, lembrando o ponto onde o Sol está escondido. Mas os aviões a jato voam tão alto que *eles* ainda podem ver o Sol — bem vermelho, antes de se pôr. A água soprada para fora de seus motores se condensa instantaneamente. Às temperaturas frígidas das altas altitudes, cada um dos motores deixa para trás uma pequena nuvem linear, iluminada pelos raios vermelhos do Sol poente.

Às vezes há várias esteiras de vapor de aviões diferentes, e elas se cruzam, formando uma espécie de escrita aérea. Quando os ventos estão fortes, as esteiras de vapor logo se espalham para os lados, e em vez de uma linha elegante traçando o seu caminho pelo céu, há um longo, irregular e difuso ornamento rendilhado, vagamente linear, que se dissipa diante de nossos olhos. Se pegamos a esteira quando está sendo gerada, podemos frequentemente distinguir o objeto minúsculo do qual emana. Para muitas pessoas, as asas ou os motores não são visíveis. Veem apenas um ponto móvel um pouco separado da esteira de vapor, que é de alguma forma a sua fonte.

Quando escurece mais, pode-se ver que o ponto tem luz própria. Há nele uma luz branca brilhante. Às vezes há também um lampejo de luz vermelha ou verde, ou de ambas.

De vez em quando, eu me imagino um caçador-coletor — ou até meus avós quando eram crianças — olhando para o céu e vendo essas maravilhas desnorteadoras e terríveis do futuro. Apesar dos muitos dias dos seres humanos sobre a Terra, foi somente no século XX que nos tornamos uma presença no céu. Embora o tráfego aéreo no norte do estado de Nova York, onde moro, seja certamente mais denso que em muitos lugares da Terra, não há nenhum lugar no planeta em que não se possa, pelo menos ocasionalmente, olhar para o alto e ver as nossas máquinas escrevendo as suas mensagens misteriosas no mesmo céu que pensávamos há tanto tempo ser fonte exclusiva dos deuses. A nossa tecnologia atingiu proporções espantosas para as quais, no fundo de nossos corações, não estamos bem preparados, mental ou emocionalmente.

Um pouco mais tarde, quando as estrelas começam a aparecer, posso distinguir entre elas uma ocasional luz brilhante em movimento, às vezes bem cintilante. Seu brilho pode ser firme, ou pode piscar para mim, frequentemente duas luzes uma atrás da outra. Já não há caudas como as de cometas arrastando-se atrás delas. Há momentos em que 10% ou 20% das "estrelas" que vejo são artefatos da humanidade que se acham bastante próximos e que podem ser confundidos, por um momento, com os sóis chamejantes, extremamente distantes. Mais raro é quando, bem depois do crepúsculo, vejo um ponto de luz, em geral bastante fraco, que se move muito lenta e sutilmente. Tenho de me assegurar de que passa por esta estrela e depois por aquela — porque o olho tem uma tendência a pensar que todo ponto de luz isolado, rodeado apenas pela escuridão, está em movimento. Não são aviões. Construímos máquinas que giram ao redor da Terra a cada hora e meia. Se elas são especialmente grandes ou refletoras, podemos vê-las a olho nu. Estão muito acima da atmosfera, na escuridão do espaço próximo. Estão numa altitude tão elevada que podem ver o Sol, mesmo quando já está escuro como breu aqui embaixo. Ao contrário dos aviões, não têm luz própria. Como a Lua e os planetas, elas brilham apenas por refletirem a luz do Sol.

O céu começa num ponto não muito acima de nossas cabeças. Abrange tanto a fina atmosfera da Terra como toda a imensidão do cosmos mais além. Temos construído máquinas que voam nesses domínios. Estamos tão acostumados com essa realidade, tão aclimatizados, que frequentemente deixamos de reconhecer a façanha mítica que realizamos. Mais do que qualquer outra característica de nossa civilização técnica, esses voos ora prosaicos são símbolos dos poderes que agora possuímos.

Mas grandes poderes vêm sempre acompanhados de grandes responsabilidades.

A nossa tecnologia tem se tornado tão poderosa que — não só consciente, mas também inadvertidamente — estamos nos tornando um perigo para nós mesmos. A ciência e a tecnologia têm salvo bilhões de vidas, melhorado o bem-estar de muitas mais, ligado o planeta numa união lentamente anastomosante — e ao mesmo tempo têm mudado o mundo de tal forma que muitas pessoas já não se sentem em casa na Terra. Criamos uma gama de novos males: difíceis de ver, difíceis de entender, problemas que não podem ser resolvidos imediatamente — e que, sem dúvida, não poderão ser solucionados sem desafiarmos aqueles que detêm o poder.

Nesse ponto, mais do que em qualquer outro, a compreensão pública da ciência é essencial. Muitos cientistas alegam que há perigos reais em continuarmos a fazer o que temos feito, que a nossa civilização industrial é uma armadilha. Mas se fôssemos levar esses alertas medonhos muito a sério, seria dispendioso. As indústrias afetadas perderiam lucros. A nossa própria ansiedade aumentaria. Há muitas razões naturais para tentar rejeitar os alertas. Talvez o grande número de cientistas que avisam sobre catástrofes iminentes seja formado de pessimistas. Talvez sintam um prazer perverso em assustar as pessoas restantes. Talvez seja um modo de conseguir tirar dinheiro do governo para pesquisas. Afinal, há outros cientistas que afirmam não haver motivo para preocupação, que as afirmações não foram provadas, que o meio ambiente vai se curar por si. Naturalmente, queremos acreditar neles, quem não desejaria? Se estiverem certos, nossa carga vai ser muito aliviada. Assim, não vamos nos precipitar. Vamos ser cautelosos. Vamos agir com calma. Vamos nos certificar.

Por outro lado, talvez aqueles que nos tranquilizam sobre o meio ambiente sejam Polianas, tenham medo de enfrentar os que estão no poder ou sejam sustentados por aqueles que lucram depredando o meio ambiente. Portanto, é preciso que nos apressemos. Vamos reparar os erros antes que se tornem irreparáveis.

Como decidir?

Há argumentos e contra-argumentos a respeito de abstrações, invisibilidades, conceitos e termos desconhecidos. Às vezes até palavras como "fraude" ou "trapaça" são pronunciadas sobre os roteiros terríveis. De que serve a ciência nesse ponto? Como a pessoa comum pode ser informada de quais são as questões em discussão? Não poderíamos manter uma neutralidade aberta, mas desapaixonada, deixando os grupos contenciosos decidirem a questão, ou esperar até que as evidências sejam absolutamente inequívocas? Afinal, afirmações extraordinárias requerem evidência extraordinária. Em suma, por que aqueles que, como eu, pregam o ceticismo e alertam sobre *algumas* alegações extraordinárias afirmam que outras alegações extraordinárias devem ser levadas a sério e consideradas urgentes?

Toda geração acha que seus problemas são únicos e potencialmente fatais. No entanto, toda geração tem sobrevivido na próxima.

Qualquer que seja o mérito que esse argumento possa ter tido no passado — e ele certamente fornece um contrapeso útil à histeria —, a sua força convincente está muito diminuída hoje em dia. Às vezes ouvimos falar sobre o "oceano" de ar que circunda a Terra. Mas a espessura da maior parte da atmosfera — inclusive toda a atmosfera envolvida no efeito estufa — é de apenas 0,1% do diâmetro da Terra. Mesmo incluindo a alta estratosfera, a atmosfera não chega a 1% do diâmetro da Terra.

"Oceano" parece grande, imperturbável. Mas, comparada com o tamanho da Terra, a espessura do ar é como a espessura da película de goma-laca num grande globo escolar, comparada com o próprio globo. Se a camada protetora de ozônio fosse trazida da estratosfera para a superfície da Terra, sua espessura, comparada com o diâmetro da Terra, seria uma parte em 4 bilhões. Seria totalmente invisível. Muitos astronautas têm relatado que, ao verem a aura fina, delicada e azul no horizonte do hemisfério iluminado pela luz do dia — que representa a espessura da atmosfera inteira —, logo pensam espontaneamente na sua fragilidade e vulnerabilidade. Eles se preocupam com a atmosfera. Têm razão em se preocupar.

Hoje enfrentamos uma circunstância absolutamente nova, sem precedentes em toda a história humana. Quando começamos, há centenas de milhares de anos, com uma densidade populacional média de um centésimo de pessoa por quilômetro quadrado ou menos, os triunfos de nossa tecnologia eram os machados de mão e o fogo; éramos incapazes de provocar mudanças importantes no meio ambiente global. A ideia nunca teria nos ocorrido. Éramos poucos, e nossos poderes eram fracos. Mas com o passar do tempo, à medida que a tecnologia se aperfeiçoava, os nossos números cresciam exponencialmente, e temos agora uma média de umas dez pessoas por quilômetro quadrado, nossos números estão concentrados nas cidades, e temos à mão um terrível arsenal tecnológico — cujos poderes compreendemos e controlamos apenas imperfeitamente.

Como nossas vidas dependem de quantidades minúsculas de gases como o ozônio, um estrago ambiental importante pode ser provocado — até numa escala planetária — pelas máquinas da indústria. As proibições impostas ao uso irresponsável da tecnologia são fracas, frequentemente tíbias, e quase sempre, em todo o mundo, subordinadas ao interesse nacional ou corporativo de curto prazo. Somos agora capazes de, intencional ou inadvertidamente, alterar o meio ambiente global. Até que ponto já chegamos na trajetória rumo às várias catástrofes planetárias profetizadas, é ainda uma questão de debate acadêmico. Mas que somos capazes de provocá-las, já não há mais dúvida.

Talvez os produtos da ciência sejam simplesmente poderosos demais, perigosos demais para nós. Talvez ainda não estivéssemos suficientemente crescidos para recebê-los. Seria prudente dar um revólver de presente a um bebê de berço? E a uma criança que está aprendendo a andar, a uma criança pré-adolescente ou a um adolescente? Ou talvez, como alguns têm afirmado, não se deva dar arma a ninguém na vida civil, porque todos nós experimentamos paixões cegas, ainda que infantis, num ou noutro momento. Se ao menos a arma não estivesse por perto, assim parece muito frequentemente, a tragédia não teria acontecido. (É claro que as pessoas apresentam razões para ter revólveres, e pode haver circunstâncias em que essas razões são válidas. O mesmo se pode dizer dos perigosos produtos da ciência.) Agora mais uma complicação: vamos imaginar que, ao se puxar o gatilho de uma pistola, décadas se passem antes que a vítima ou o agressor reconheça que alguém foi atingido. Nesse caso, é até mais difícil compreender o perigo de ter armas por perto. A analogia é imperfeita, mas algo parecido se aplica às consequências ambientais globais da moderna tecnologia industrial.

Na minha opinião, há boas razões para questionar, falar claro, projetar novas instituições e novas maneiras de pensar. Sim, a civilidade é uma virtude e pode convencer um adversário surdo às súplicas filosóficas mais fervorosas. Sim, é absurdo tentar converter todos a uma nova maneira de pensar. Sim, poderíamos estar errados e nossos adversários certos. (Já aconteceu antes.) E sim, é raro que uma das partes numa discussão convença a outra. (Thomas Jefferson disse que nunca vira tal coisa acontecer, mas sua conclusão parece severa demais. Acontece na ciência o tempo todo.) Mas essas não são razões adequadas para fugir ao debate público.

Pelas melhorias na prática médica, nos produtos farmacêuticos, na agricultura, nos métodos anticoncepcionais, pelo progresso no transporte e nas comunicações, pelas novas e devastadoras armas de guerra, pelos efeitos colaterais involuntários da indústria e pelos desafios inquietantes a visões de mundo há muito tempo adotadas, a ciência e a tecnologia têm alterado dramaticamente as nossas vidas. Muitos de nós estamos suando para acompanhar o ritmo do progresso, às vezes compreendendo apenas lentamente as implicações dos novos desenvolvimentos. Segundo antiga tradição humana, os jovens compreendem as mudanças mais rápido do que o restante de nós — não apenas sabendo usar os microcomputadores e programando os videocassetes, mas também adaptando-se às novas visões de nosso mundo e de nós mesmos. O atual ritmo de mudança é muito mais rápido que a duração de uma vida humana, tão veloz a ponto de causar a ruptura das gerações. Esta parte central do livro trata de compreender e conciliar as transformações ambientais — tanto para o bem como para o mal — provocadas pela ciência e pela tecnologia.

Vou me concentrar na diminuição da camada de ozônio e no aquecimento global — como representativos dos dilemas que enfrentamos. Mas há muitas outras consequências preocupantes da tecnologia e de nossa capacidade de expansão: a extinção de um imenso número de espécies, quando remédios desesperadamente necessários para o câncer, as doenças do coração e outras doenças fatais provêm de espécies raras e em perigo de extinção; a chuva ácida; as armas nucleares, biológicas e químicas; e os produtos químicos tóxicos (e venenos radioativos) — frequentemente localizados perto dos mais pobres e menos poderosos dentre nós. Uma nova descoberta inesperada, questionada por outros cientistas, é um declínio acentuado no número de espermatozoides nos Estados Unidos, na Europa ocidental e em outros lugares — possivelmente causado por plásticos e produtos químicos que imitam os hormônios sexuais femininos. (O declínio é tão abrupto, dizem alguns, que, se continuar nesse ritmo, os homens do Ocidente podem começar a se tornar estéreis por volta da metade do século XXI.)

A Terra é uma anomalia. Em todo o sistema solar, ao que se saiba, é o único planeta habitado. Nós, humanos, somos uma entre milhões de espécies que vivem num mundo em florescência, transbordando de vida. No entanto, a maioria das espécies que existiram não existe mais. Depois de prosperarem por 180 milhões de anos, os dinossauros foram extintos. Todos sem exceção. Não sobrou nenhum. Nenhuma espécie tem garantido o seu lugar neste planeta. E estamos aqui há apenas 1 milhão de anos, nós, a primeira espécie que projetou os meios para a sua autodestruição. Somos raros e preciosos porque estamos vivos, porque podemos pensar dentro de nossas possibilidades. Temos o privilégio de influenciar e talvez controlar o nosso futuro. Acredito que temos a obrigação de lutar pela vida na Terra — não apenas por nós mesmos, mas por todos aqueles, humanos e de outras espécies, que vieram antes de nós e a quem devemos favores, e por todos aqueles que, se formos inteligentes, virão depois de nós. Não há nenhuma causa mais urgente, nenhuma tarefa mais apropriada do que proteger o futuro de nossa espécie. Quase todos os nossos problemas são provocados pelos humanos e podem ser resolvidos pelos humanos. Nenhuma convenção social, nenhum sistema político, nenhuma hipótese econômica, nenhum dogma religioso é mais importante.

No fundo, cada um experimenta ao menos um conjunto vago de ansiedades variadas. Elas quase nunca desaparecem de todo. A maioria delas diz respeito, é claro, à nossa vida cotidiana. Há um claro valor de sobrevivência nesse zumbido de lembretes sussurrados, recordações atemorizadoras de passos em falso no passado, testes mentais de possíveis respostas a problemas iminentes. Para muitos de nós, a ansiedade diz respeito a ter o suficiente para dar de comer aos filhos. A ansiedade é uma daquelas soluções de compromisso evolucionárias — otimizada para que haja uma próxima geração, mas dolorosa para a geração atual. O truque, se conseguimos realizá-lo, é ficar com as ansiedades certas. Em algum ponto entre os bobalhões alegres e os pessimistas nervosos, há um estado de espírito que devemos adotar.

À exceção dos milenaristas de várias seitas e dos tabloides, o único grupo de pessoas que parece se preocupar rotineiramente com as novas previsões de desastres — catástrofes ainda não vistas em toda a história escrita de nossa espécie — são os cientistas. Eles chegam a compreender como é o mundo, e ocorre-

-lhes que ele poderia ser diferente. Um pequeno empurrão aqui, um pequeno puxão ali, e grandes mudanças poderiam acontecer. Como nós, humanos, somos geralmente bem adaptados às nossas circunstâncias — desde o clima global ao clima político —, qualquer mudança vai ser provavelmente perturbadora, dolorosa e dispendiosa. Por isso, temos naturalmente a tendência de exigir dos cientistas que estejam bem certos do que nos afirmam, antes de sair correndo para nos proteger de um perigo imaginário. Mas alguns dos alegados perigos parecem tão sérios que surge espontaneamente o pensamento de que talvez fosse prudente levar a sério até a pequena possibilidade de um perigo muito grave.

As ansiedades da vida cotidiana funcionam de forma semelhante. Compramos apólices de seguro e avisamos as crianças sobre o perigo de falar com estranhos. Apesar de todas as ansiedades, às vezes não percebemos os perigos de forma alguma: "Todos os meus motivos de preocupação nunca se concretizaram. As coisas ruins me caíram do céu", disse um conhecido à minha esposa, Annie, e a mim.

Quanto pior a catástrofe, mais difícil é manter o equilíbrio. Queremos muito ignorá-la por completo ou empregar todos os nossos recursos para contorná-la. É difícil considerar sobriamente as nossas circunstâncias e deixar de lado por um momento as ansiedades associadas. Muito parece estar em jogo. Nas páginas seguintes, tento descrever algumas das ações atuais de nossa espécie que parecem perturbadoras — no modo como cuidamos do planeta e no modo como organizamos a nossa política. Tento mostrar os dois lados das questões, mas — admito abertamente — tenho um ponto de vista determinado pela minha avaliação do peso das evidências. Se os humanos criam problemas, os humanos podem encontrar soluções, e tentei indicar como alguns de nossos problemas poderiam ser resolvidos. O leitor talvez ache que um grupo diferente de problemas deveria ter maior prioridade, ou que há um conjunto diferente de problemas. Mas espero que, ao ler esta parte do livro, o leitor se sinta provocado a pensar um pouco mais sobre o futuro. Não quero acrescentar desnecessariamente novos elementos à nossa carga de ansiedades — quase todos nós já temos uma carga suficiente —, mas há algumas questões que, a meu ver, não estão sendo examinadas por um número suficiente de pessoas. O ato de pensar sobre as consequências futuras das ações presentes tem uma linhagem orgulhosa entre nós, primatas, sendo um dos segredos do que ainda é, de modo geral, a história espantosamente bem-sucedida dos humanos sobre a Terra.

9. CRESO E CASSANDRA

É preciso coragem para sentir medo.
Montaigne, *Ensaios*, III, 6 (1588)

Apolo, um olímpico, era o deus do Sol. Ele também se encarregava de outras questões, entre as quais a profecia. Era uma de suas especialidades. Todos os deuses olímpicos podiam ver um pouco do futuro, mas Apolo era o único que sistematicamente oferecia esse dom aos humanos. Ele estabeleceu oráculos, sendo o mais famoso o de Delfos, onde santificou a sacerdotisa. Ela era chamada de pítia, em referência ao píton, que era uma de suas encarnações. Reis e aristocratas — e de vez em quando pessoas comuns — iam a Delfos e suplicavam para saber o que estava por vir.

Entre os suplicantes estava Creso, rei da Lídia. Nós o lembramos na expressão "rico como Creso", que ainda é quase corrente. Talvez tenha se tornado sinônimo de riqueza, porque foi na sua época e reinado que as moedas foram inventadas — cunhadas por Creso no século VII a.C. (Lídia ficava na Anatólia, a atual Turquia.) Dinheiro de argila foi uma invenção sumeriana muito mais antiga. A ambição de Creso não podia ser contida dentro dos limites de sua pequena nação. E assim, segundo a *História* de Heródoto, ele imaginou que seria uma boa ideia invadir e subjugar a Pérsia, então a superpotência da Ásia ocidental. Ciro unira os persas e os medas, forjando o poderoso Império Persa. Naturalmente, Creso tinha alguns temores.

Para julgar a conveniência da invasão, mandou emissários consultarem o oráculo de Delfos. Podemos imaginá-los carregados de presentes opulentos — que, por sinal, ainda estavam expostos em Delfos um século mais tarde, na época de Heródoto. A pergunta que os emissários fizeram em nome de Creso foi: "O que acontecerá, se Creso declarar guerra à Pérsia?".

Sem hesitar, a pítia respondeu: "Ele vai destruir um poderoso império".

"Os deuses estão conosco", pensou Creso, ou alguma outra coisa nesse sentido. "É hora de invadir!"

Lambendo os beiços e contando as suas satrapias, ele reuniu os seus exércitos de mercenários. Creso invadiu a Pérsia — e foi humilhantemente derrotado. Não só o poder lídio foi destruído, mas ele próprio se tornou, no resto da sua vida, um patético funcionário na corte persa, oferecendo pequenos conselhos a autoridades quase sempre indiferentes — um ex-rei parasito. É um pouco como se o imperador Hiroíto fosse viver o resto de seus dias como consultor na área de Washington, DC.

Bem, ele acabou realmente sentindo a injustiça de toda a situação. Afinal, observara as regras do jogo. Tinha pedido o conselho da pítia, pagara generosamente, e ela lhe causara danos. Por isso, mandou outro emissário ao oráculo (com presentes muito mais modestos dessa vez, apropriados às suas circunstâncias mais mesquinhas) e perguntou: "Como você pôde fazer isso comigo?". Eis a resposta, tirada da *História* de Heródoto:

> A profecia dada por Apolo dizia que, se declarasse guerra à Pérsia, Creso destruiria um poderoso império. Ora, diante dessa resposta, se tivesse sido bem aconselhado, ele deveria ter mandado emissários fazer mais perguntas, para saber se a sacerdotisa se referia ao seu próprio império ou ao de Ciro. Mas Creso não compreendeu o que foi dito, nem fez novas perguntas. Por isso não deve culpar ninguém a não ser a si mesmo.

Se o oráculo de Delfos fosse apenas um embuste para espoliar monarcas crédulos, é claro que precisaria de desculpas para explicar os erros inevitáveis. Ambiguidades disfarçadas eram a sua principal mercadoria. Ainda assim, a lição da pítia é pertinente: mesmo a oráculos devemos fazer perguntas, perguntas inteligentes — mesmo quando eles parecem nos dizer exatamente o que queremos ouvir. Os traçadores de políticas não devem aceitar cegamente; devem compreender. E não devem permitir que suas próprias ambições criem obstáculos para o entendimento. A conversão da profecia em política deve ser feita com cuidado.

Esse conselho é perfeitamente aplicável aos oráculos modernos: os cientistas, os grupos *think tank*, as universidades, os institutos financiados pela indústria e os comitês consultivos da Academia Nacional de Ciências. Os traçadores de políticas enviam, às vezes relutantemente, as perguntas aos oráculos e recebem de volta a resposta. Nos dias de hoje, os oráculos muitas vezes oferecem voluntariamente as suas profecias, mesmo quando ninguém pergunta. Seus pronunciamentos são, em geral, muito mais detalhados que as perguntas — envolvendo o brometo de metila ou o vórtice circumpolar, os hidroclorofluorcarbonetos ou a geleira da Antártida ocidental. As estimativas são às vezes expressas em termos de probabilidades numéricas. Parece quase impossível que o político honesto consiga ouvir um simples sim ou não. Os traçadores de políticas devem decidir o que fazer em resposta, se é que devem agir. A primeira coisa a fazer é compreender. E devido à natureza dos oráculos modernos e suas profecias, os traçadores de políticas precisam — mais do que nunca — compreender a ciência e a tecnologia. (Em resposta a essa necessidade, o Congresso Republicano aboliu tolamente o seu Departamento de Avaliação de Tecnologia. E quase não há cientistas entre os membros do Congresso dos Estados Unidos. Situação muito semelhante acontece nos outros países.)

Mas há outra história sobre Apolo e os oráculos, ao menos igualmente famosa, ao menos igualmente relevante. É a história de Cassandra, a princesa de Troia. (Começa pouco antes de os gregos micênicos invadirem Troia, dando início à Guerra de Troia.) Ela era a mais inteligente e a mais bela das filhas do rei Príamo. Apolo, sempre à espreita de humanas atraentes (como aliás todos os deuses e deusas gregos), apaixonou-se por ela. Estranhamente — isso quase nunca acontece nos mitos gregos —, ela resistiu às suas propostas amorosas. Por isso, ele tentou suborná-la. Mas o que poderia lhe dar? Ela já era uma princesa. Era rica e bela. Era feliz. Mesmo assim, Apolo tinha uma ou duas coisinhas a oferecer. Ele lhe prometeu o dom da profecia. A oferta era irresistível. Ela concordou. *Quid pro quo*. Apolo fez tudo o que os deuses fazem para transformar meros mortais em videntes, oráculos e profetas. Mas então, escandalosamente, Cassandra roeu a corda. Ela recusou as propostas de um deus.

Apolo ficou furioso. Mas não podia retirar o dom da profecia, porque, afinal, ele era um deus. (Digam o que disserem deles, os deuses cumprem as promessas.) Em vez disso, condenou Cassandra a um destino cruel e astucioso: que ninguém acreditaria nas suas profecias. (O que estou contando é tirado em grande parte da peça *Agamenon*, de Ésquilo.) Para seu próprio povo, Cassandra profetiza a queda de Troia. Ninguém lhe dá atenção. Ela prediz a morte do principal invasor grego, Agamenon. Ninguém lhe dá atenção. Ela até prevê a sua própria morte prematura, e mais uma vez ninguém lhe dá atenção. Eles não queriam ouvir. Riam dela. Eles a chamavam — tanto os gregos como os troianos — "a dama das muitas tristezas". Hoje talvez a desconsiderassem como "uma profetiza do abismo e das trevas".

Há um belo momento, quando ela não consegue compreender como é que essas profecias de catástrofe iminente — algumas das quais, se levadas a sério, poderiam ser evitadas — eram ignoradas. Ela diz para os gregos: "Como é que vocês não me compreendem? Conheço muito bem a sua língua". Mas o problema não era a sua pronúncia do grego. A resposta (estou parafraseando) foi: "Veja, é o seguinte. Até o oráculo de Delfos às vezes comete erros. Às vezes as suas profecias são ambíguas. Não podemos ter certeza. E se não podemos ter certeza a respeito de Delfos, certamente não podemos ter certeza a respeito do que você diz". É o máximo que ela consegue como resposta substantiva.

Acontecia o mesmo com os troianos: "Profetizei a meus conterrâneos", diz ela, "todos os seus desastres". Mas eles ignoraram as suas previsões e foram destruídos. Pouco depois, ela também o foi.

A resistência à profecia funesta experimentada por Cassandra pode ser reconhecida hoje em dia. Se somos confrontados com uma predição nefasta envolvendo forças poderosas que não podem ser prontamente influenciadas, temos uma tendência natural a rejeitar ou a ignorar a profecia. Mitigar ou contornar o perigo exigiria tempo, esforço, dinheiro, coragem. Poderia requerer que alterássemos as prioridades de nossas vidas. E nem toda predição de desastre, mesmo entre aquelas feitas por cientistas, se concretiza: a maioria da vida animal nos oceanos não morreu devido aos inseticidas; apesar da Etiópia e do Sahel, a fome mundial não foi a marca registrada da década de 1980; a produção de alimentos no sul da Ásia não foi drasticamente afetada pela queima dos poços petrolíferos do Kuwait em 1991; os meios de transporte supersônicos não constituem ameaça à camada de ozônio — embora todas essas predições tenham sido feitas por cientistas sérios. Assim, quando somos confrontados com uma nova e incômoda predição, poderíamos ser tentados a dizer: "Improvável." "Abismo e trevas." "Nunca experimentamos nada nem remotamente parecido." "Tentando assustar todo o mundo." "É ruim para o moral público."

Além do mais, se os fatores que precipitam a catástrofe prevista são de longa duração, então a própria predição é uma censura indireta ou tácita. Por que nós, cidadãos comuns, permitimos que esse perigo se desenvolvesse? Não deveríamos ter nos informado a respeito mais cedo? Não somos cúmplices, uma vez que não tomamos as medidas para assegurar que os líderes governamentais eliminassem a ameaça? E como essas ruminações são incômodas — que nossa desatenção e inação possam ter posto a nós e àqueles que amamos em perigo —, há uma tendência natural, embora ruim para a adaptação, de rejeitar toda a história. Serão necessárias melhores evidências para que levemos a questão a sério. Há uma tentação de minimizar, descartar, esquecer. Os psiquiatras têm plena consciência dessa tentação. Dão-lhe o nome de "negação". Como diz a letra de uma antiga canção de rock: "A negação não é apenas um rio no Egito".

* * *

As histórias de Creso e Cassandra representam os dois extremos da reação política a predições de perigo mortal — o próprio Creso representando o polo da aceitação crédula e acrítica (geralmente da garantia de que tudo está bem), provocada pela ganância ou outras falhas de caráter; e a resposta dos gregos e troianos a Cassandra representando o polo da rejeição firme e obstinada à possibilidade de perigo. A tarefa do traçador de políticas é tomar um rumo prudente entre esses dois perigos.

Vamos supor que um grupo de cientistas afirme que uma grande catástrofe ambiental está avultando no horizonte. Além disso, vamos supor que o necessário para evitar ou mitigar a catástrofe seja dispendioso: não só exige muitos recursos intelectuais e fiscais, mas também questiona a nossa maneira de pensar — quer dizer, é politicamente dispendioso. Em que momento os traçadores de políticas devem levar os profetas científicos a sério? Há meios de avaliar a validade das profecias modernas — porque nos métodos da ciência existe um procedimento de correção de erros, um conjunto de regras que têm funcionado repetidamente bem, às vezes chamado de método científico. Há um certo número de princípios (esbocei alguns deles no meu livro *O mundo assombrado pelos demônios*): argumentos de autoridade têm pouco peso ("porque sou eu que estou afirmando" não basta); a predição quantitativa é um modo excelente de separar as ideias úteis dos disparates; os métodos de análise devem produzir novos resultados plenamente coerentes com tudo o mais que conhecemos sobre o universo; o debate vigoroso é um sinal saudável; para que uma ideia seja levada a sério, as mesmas conclusões devem ser encontradas independentemente por grupos científicos competentes que concorrem entre si; e assim por diante. Há meios para que os traçadores de políticas tomem as suas decisões, para que encontrem um meio-termo seguro entre a ação precipitada e a impassibilidade. É necessário alguma disciplina emocional, no entanto, e acima de tudo cidadãos cientificamente alfabetizados — capazes de julgar por si mesmos quão terríveis são os perigos.

10. ESTÁ FALTANDO UM PEDAÇO DO CÉU

> *Esta boa construção, a Terra, me parece um promontório estéril; este excelente dossel, o ar, olhe, este admirável firmamento sobranceiro, este telhado majestoso ornado com o fogo dourado, ora, não me parece mais do que uma suja e pestilenta congregação de vapores.*
> William Shakespeare, *Hamlet*, II, ii, 308 (1600--1601)

Eu sempre quis ter um trem elétrico de brinquedo. Mas foi só quando fiz dez anos que meus pais puderam me comprar um. O que eles me deram, de segunda mão, mas em boas condições, não era um desses modelos miniaturas, peso pluma e minúsculos, que se veem hoje em dia, mas um verdadeiro trem antigo. Só a locomotiva devia pesar em torno de dois quilos. Havia também um tênder, um vagão de passageiros e um vagão de operários. Os trilhos de engatar, todos de metal, vinham em três variedades: retos, curvos e uma maravilhosa mutação em cruz que permitia a construção de uma ferrovia em forma de oito. Economizei dinheiro e comprei um túnel de plástico verde, para poder ver a máquina, o farol a dissipar a escuridão, estrondando triunfantemente pela passagem.

As minhas lembranças desses tempos felizes estão impregnadas de um cheiro — não desagradável, levemente doce, que sempre emanava do transformador, uma grande caixa preta de metal com uma alavanca vermelha corrediça que controlava a velocidade do trem. Se alguém tivesse me pedido que descrevesse a sua função, acho que eu teria dito que ele convertia o tipo de eletricidade existente nas paredes de nosso apartamento no tipo de eletricidade de que a locomotiva precisava. Só muito mais tarde é que aprendi que o cheiro era produzido por uma substância química específica — gerada pela eletricidade quando passava pelo ar — e que a substância química tinha um nome: ozônio.

O ar ao nosso redor, o material que respiramos, é composto de aproximadamente 20% de oxigênio — não o átomo, simbolizado por O, mas a molécula, simbolizada por O_2, significando dois átomos de oxigênio quimicamente unidos. Esse oxigênio molecular é o que nos põe em movimento. Nós o aspiramos e misturamos com os alimentos, extraindo daí nossa energia. O ozônio é uma combinação muito mais rara dos átomos de oxigênio. É simbolizado por O_3, significando três átomos de oxigênio quimicamente unidos.

O meu transformador tinha uma imperfeição. Andava cuspindo uma minúscula faísca elétrica, que rompia as ligações das moléculas de oxigênio que encontrava da seguinte maneira:

$$O_2 + energia \rightarrow O + O$$

(A flecha significa *é transformado em*.) Mas os átomos solitários de oxigênio (O) são infelizes, quimicamente reativos, ansiosos para se combinar com as moléculas adjacentes — e eles o fazem da seguinte maneira:

$$O + O_2 + M \rightarrow O_3 + M$$

Nesse caso, M significa qualquer terceira molécula. Ela não é consumida na reação, mas é necessária para propiciá-la. M é um catalisador. Há muitas moléculas M ao redor, principalmente nitrogênio molecular.

Era isso o que estava acontecendo no meu transformador para ele produzir ozônio. Acontece também nos motores de carros e nos fornos da indústria, produzindo ozônio reativo aqui embaixo perto do solo, contribuindo para o nevoeiro enfumaçado e a poluição industrial. O seu aroma já não me parece assim tão doce. O maior perigo do ozônio não é haver ozônio demais aqui embaixo, na terra, mas ozônio de menos lá em cima, no céu.

* * *

Foi tudo feito responsavelmente, cuidadosamente, com atenção ao meio ambiente. Pela década de 1920, os refrigeradores eram tidos em toda parte como algo muito bom. Por razões de conveniência e saúde pública, para que os produtores de frutas, legumes e laticínios pudessem negociar seus produtos a distâncias consideráveis, e para que os indivíduos pudessem desfrutar refeições saborosas, todo mundo queria ter um. (Nada mais de arrastar blocos de gelo; o que poderia haver de ruim nisso?) Mas o fluido ativo, cujo aquecimento e esfriamento fornecia a refrigeração, era amônia ou dióxido de enxofre — gases venenosos e de cheiro ruim. Um vazamento era um negócio muito feio. Havia grande necessidade de um substituto — um que fosse líquido nas condições corretas, que circulasse dentro do refrigerador, mas não causasse danos, se o refrigerador vazasse ou fosse convertido em ferro velho. Para esse fim, seria ótimo encontrar um material que não fosse venenoso, nem inflamável, que não oxidasse, não queimasse os olhos, não atraísse insetos, nem mesmo incomodasse o gato. Mas, em toda a natureza, não parecia haver esse material.

Assim, os químicos dos Estados Unidos, da República de Weimar e da Alemanha nazista inventaram uma classe de moléculas que nunca existira antes na Terra. Eles lhes deram o nome de clorofluorcarbonetos (CFCs), compostos de um ou mais átomos de carbono a que eram ligados alguns átomos de cloro e/ou flúor. Eis um deles:

$$\begin{array}{c} Cl \\ | \\ Cl - C - Cl \\ | \\ F \end{array}$$

(C para carbono, Cl para cloro, F para flúor.) O sucesso foi espetacular, indo muito além das expectativas dos inventores. Os fluorcarbonetos não só se tornaram o principal fluido ativo nos refrigeradores, mas também nos condicionadores de ar. Encontraram aplicações amplas em latas de spray, espuma isolante, solventes industriais e produtos de limpeza (especialmente na indústria microeletrônica). O nome da marca mais famosa é Freon, marca registrada da DuPont. Foram usados durante décadas e não pareciam causar dano algum. O máximo de segurança, todo o mundo imaginava. É por isso que, depois de algum tempo, uma quantidade surpreendente dos recursos com que contamos na indústria química dependia dos CFCs.

No início da década de 1970, 1 milhão de toneladas do material eram manufaturados a cada ano. Assim, vamos supor que estamos no início da década de 1970 e que você está de pé no banheiro, aspergindo desodorante nas axilas. O aerossol CFC sai numa fina névoa que contém o desodorante. As moléculas CFC propulsoras não aderem ao seu corpo. Elas batem em você e voltam para o ar, redemoinham perto do espelho, adernam junto às paredes. Por fim, algumas delas saem pouco a pouco pela janela e pelo vão debaixo da porta, até que com o passar do tempo — a operação pode levar dias ou semanas — elas se veem ao ar livre. Os CFCs colidem com outras moléculas no ar, com prédios e postes de telefone, e, carregados por correntes de convecção e pela circulação atmosférica global, são espalhados ao redor de todo o planeta. Com raras exceções, não se desfazem e não se combinam quimicamente com as outras moléculas que encontram. São praticamente inertes. Depois de alguns anos, eles se veem no alto da atmosfera.

O ozônio é naturalmente formado lá no alto, a uma altitude de cerca de 25 quilômetros. A luz ultravioleta (UV) do Sol — que corresponde à faísca no meu transformador do trem elétrico, que não estava perfeitamente isolado — divide as moléculas O_2 em átomos O. Elas voltam a se combinar e a formar ozônio, assim como no meu transformador.

Uma molécula CFC sobrevive nessas altitudes durante mais ou menos um século, até que a UV a obrigue a abrir mão de seu cloro. O cloro é um catalisador que destrói as moléculas de ozônio, mas não é ele próprio destruído. São necessários alguns anos para que o cloro seja levado de volta para a atmosfera mais baixa e eliminado na água da chuva. Nesse meio-tempo, um átomo de cloro pode presidir à destruição de 100 mil moléculas de ozônio.

A reação se passa da seguinte maneira:

$$O_2 + \text{luz UV} \to 2O$$
$$2Cl \text{ [de CFCs]} + 2O_3 \to 2ClO + 2O_2$$
$$2ClO + 2O \to 2Cl \text{ [regenerando o Cl]} + 2O_2$$

Assim, o resultado básico é:

$$2O_3 \to 3O_2$$

Duas moléculas de ozônio foram destruídas; três moléculas de oxigênio foram geradas; e os átomos de cloro estão prontos para causar mais danos.

E daí? Quem se importa? Algumas moléculas invisíveis, em algum lugar no alto do céu, estão sendo destruídas por outras moléculas invisíveis manufaturadas aqui embaixo, na terra. Por que deveríamos nos preocupar com isso?

Porque o ozônio é o nosso escudo contra a luz ultravioleta do Sol. Se todo o ozônio na camada superior do ar fosse baixado à temperatura e à pressão existentes ao nosso redor neste momento, a camada teria apenas três milímetros de espessura — mais ou menos a altura da cutícula de seu dedo mínimo, se a sua manicure não limpa exageradamente as suas unhas. Não é muito ozônio. Mas esse ozônio é só o que se interpõe entre nós e as longas ondas violentas e cauterizadoras da UV do Sol.

O perigo da UV de que ouvimos falar com frequência é o câncer de pele. Pessoas de pele clara são especialmente vulneráveis; pessoas de pele escura têm um suprimento abundante de melanina que as protege. (O bronzeado é uma adaptação por meio da qual os brancos desenvolvem mais melanina protetora, quando expostos à UV.) Parece haver uma remota justiça cósmica no fato de pessoas de pele clara terem inventado os CFCs, que causa câncer de pele de preferência nas pessoas de pele clara, enquanto pessoas de pele escura, que pouco tiveram a ver com essa maravilhosa invenção, são naturalmente protegidas. Hoje em dia são notificados dez vezes mais casos de câncer de pele do que na década de 1950. Embora parte desse aumento possa ser atribuído ao fato de os casos serem mais bem notificados, a perda do ozônio e a maior exposição à UV parecem implicadas no processo. Se a situação piorar ainda mais, talvez se exija que as pessoas de pele clara usem roupas protetoras especiais nas suas saídas rotineiras, pelo menos nas altitudes e latitudes mais elevadas.

Mas, embora seja uma consequência direta da UV intensificada e uma ameaça de milhões de mortes, o aumento do câncer de pele não é o pior de tudo. Tampouco é o índice mais elevado de casos de catarata. Mais sério é o fato de que a UV causa danos ao sistema imunológico — o mecanismo do corpo para lutar contra as doenças — mas, novamente, só para as pessoas que saem desprotegidas à luz do Sol. No entanto, por mais sério que *tudo isso* pareça, o perigo real reside em outra parte.

Quando expostas à luz ultravioleta, as moléculas orgânicas que constituem toda a vida sobre a Terra se desfazem ou formam ligações químicas nocivas. Entre os seres que habitam os oceanos, os mais difundidos são minúsculas plantas unicelulares que flutuam perto da superfície da água — os fitoplânctons. Eles não podem se esconder da UV mergulhando mais fundo, porque se sustentam colhendo luz. Vivem ao deus-dará (uma metáfora apenas — pois não têm deus). Os experimentos mostram que até um aumento moderado na UV danifica as plantas unicelulares comuns no oceano Antártico e em outros lugares. É provável que aumentos maiores causem profundas dificuldades e, finalmente, grande número de mortes.

As medições preliminares das populações dessas plantas microscópicas nas águas antárticas mostram que ocorreu recentemente um declínio impressionante — de até 25% — perto da superfície do oceano. Como são tão pequenos, os fitoplânctons não têm a pele dura dos animais e das plantas superiores para absorver a UV. (Além de uma série de consequências em cascata na cadeia alimentar oceânica, a morte dos fitoplânctons elimina a sua capacidade de extrair o dióxido de carbono da atmosfera — e com isso contribui para o aquecimento global. Esta é uma das várias conexões entre a diminuição da camada de ozônio e o aquecimento da Terra — ainda que sejam questões fundamentalmente diferentes. A principal ação para a diminuição da camada de ozônio ocorre na luz ultravioleta; para o aquecimento, na luz visível e infravermelha.)

Mas se maior quantidade de UV cai sobre os oceanos, os danos não se restringem a essas plantinhas — porque elas são o alimento de animais unicelulares (os zooplânctons), que são por sua vez comidos por pequenos crustáceos semelhantes a camarões (como os do meu mundo de vidro número 4210 — o *krill*), que são comidos por pequenos peixes, que são comidos por peixes grandes, que são comidos por golfinhos, baleias e pessoas. A destruição das plantinhas na base da cadeia alimentar causa o colapso de toda a cadeia. Há muitas dessas cadeias alimentares, tanto na terra como na água, e todas parecem vulneráveis à destruição pela UV. Por exemplo, as bactérias nas raízes do arroz que captam nitrogênio do ar são sensíveis à UV. Maior incidência de UV pode ameaçar as colheitas e talvez até comprometer o suprimento de alimentos humanos. Os estudos laboratoriais das colheitas em altitudes médias mostram que muitas estão danificadas por maior incidência da luz ultravioleta próxima que consegue chegar até nós, quando a camada de ozônio se torna mais fina.

Ao permitir que a camada de ozônio seja destruída e que aumente a intensidade da UV na superfície da Terra, estamos criando desafios de severidade desconhecida, mas preocupante para o tecido da vida em nosso planeta. Ignoramos as complexas dependências mútuas dos seres sobre a Terra, bem como quais serão as consequências resultantes, se eliminarmos alguns micróbios especialmente vulneráveis de que dependem organismos maiores. Estamos dando puxões na tapeçaria biológica que cobre todo o planeta, e não sabemos se vamos acabar puxando apenas um fio ou se toda a tapeçaria vai se desfazer diante de nossos olhos.

Ninguém acredita que toda a camada de ozônio esteja em perigo iminente de desaparecer. Ainda que continuemos totalmente renitentes em reconhecer nosso perigo, não vamos ser reduzidos à circunstância antisséptica da superfície marciana, castigada pela UV solar não filtrada. Mas até uma redução de 10% na quantidade de ozônio em todo o mundo — e muitos cientistas acham que é isso o que a *presente* dose de CFCs na atmosfera vai acabar provocando — parece muito perigosa.

Em 1974, F. Sherwood Rowland e Mario Molina, do campus Irvine da Universidade da Califórnia, alertaram pela primeira vez que os CFCs — alguns milhões de toneladas por ano estavam sendo injetados na estratosfera — poderiam danificar seriamente a camada de ozônio. Experimentos e cálculos subsequentes, feitos por cientistas em todo o mundo, têm confirmado a sua descoberta. A princípio, certos cálculos comprobatórios sugeriam que o efeito existia, mas seria menos grave do que Rowland e Molina propunham; outros cálculos sugeriam que seria mais sério. Essa é uma circunstância comum para uma nova descoberta científica, enquanto os outros cientistas tentam descobrir quão sólida é a nova descoberta. Mas os cálculos se cristalizaram mais ou menos no que fora previsto por Rowland e Molina. (E, em 1995, eles partilharam o Prêmio Nobel de Química por esse trabalho.)

A DuPont, que vendia CFCs num montante de 600 milhões de dólares por ano, tirou seus anúncios dos jornais e revistas científicas e declarou perante comissões do Congresso que o perigo dos CFCs para a camada de ozônio não estava provado, fora muito exagerado ou era baseado em raciocínio científico defeituoso. Seus anúncios comparavam "os teóricos e alguns legisladores", que queriam proibir os CFCs em aerossóis, com "os pesquisadores e a indústria do aerossol", que queriam contemporizar. A empresa afirmava que "outros produtos químicos [...] são primariamente responsáveis", e alertava sobre "empreendimentos destruídos pela ação legislativa prematura". Alegava haver "falta de evidências" sobre a questão e prometia começar três anos de pesquisa, depois dos quais poderia fazer alguma coisa. Uma empresa poderosa e lucrativa não iria arriscar centenas de milhões de dólares por ano só pelas simples afirmações de uns fotoquímicos. Quando a teoria ficou provada sem a menor sombra de dúvida, eles com efeito afirmaram que logo haveria motivos suficientes para considerarem a realização de mudanças. Às vezes pareciam estar propondo que a fabricação dos CFCs fosse interrompida, assim que a camada de ozônio estivesse irremediavelmente danificada. Mas, a essa altura, poderia não haver mais clientes.

Uma vez na atmosfera, não há como eliminar os CFCs (ou levar o ozônio daqui debaixo, onde é um poluente, lá para cima, onde é necessário). Os efeitos dos CFCs, uma vez introduzidos no ar, vão persistir mais ou menos por um século. Por isso Sherwood Rowland, outros cientistas e o Conselho de Defesa dos Recursos Naturais com base em Washington insistiram na proibição dos CFCs. Em 1978, os propulsores CFC em latas de spray foram considerados ilegais nos Estados Unidos, Canadá, Noruega e Suécia. Mas a maior parte da produção mundial dos CFCs não estava nas latas de spray. A preocupação pública foi temporariamente tranquilizada, a atenção se desviou para outros assuntos, e o volume de CFCs no ar continuou a aumentar. A quantidade de cloro na atmosfera se tornou duas vezes maior do que era quando Rowland e Molina soaram o alarme, e cinco vezes maior do que era em 1950.

Durante anos, o Levantamento Antártico Britânico, uma equipe de cientistas postados em Halley Bay, no extremo sul do continente, andara medindo a camada de ozônio no alto da atmosfera. Em 1985, anunciaram a notícia desconcertante de que o ozônio na época da primavera diminuíra, era agora quase a metade do que tinham medido alguns anos antes. A descoberta foi confirmada por um satélite da NASA. Agora estão faltando dois terços do ozônio sobre a Antártida na época da primavera. Há um buraco na camada de ozônio sobre a Antártida. Tem aparecido a cada primavera desde o fim da década de 1970. Embora se reconstitua no inverno, o buraco parece durar mais tempo a cada primavera. Nenhum cientista o tinha previsto.

Naturalmente, o buraco provocou mais pedidos de proibição dos CFCs (bem como a descoberta de que os CFCs contribuem para o aquecimento global causado pelo efeito estufa do dióxido de carbono). Mas os industriais pareciam ter dificuldade em compreender a natureza do problema. Richard C. Barnett, presidente da Aliança para uma Política Responsável em relação aos CFCs — formada por fabricantes de CFC —, se queixava: "A interrupção rápida e total da produção de CFCs, que algumas pessoas estão exigindo, teria consequências terríveis. Algumas indústrias teriam de fechar por não conseguirem obter produtos alternativos — a cura poderia matar o paciente". Mas o paciente não são "algumas indústrias"; o paciente talvez seja a vida sobre a Terra.

A Associação dos Produtores Químicos acreditava "ser altamente improvável" que o buraco antártico "tivesse importância global [...] Na outra região semelhante do mundo, o Ártico, a meteorologia até descarta uma situação semelhante".

Mais recentemente, níveis mais elevados de cloro reativo têm sido encontrados *no* buraco de ozônio, ajudando a estabelecer a conexão CFC. E medições perto do polo Norte sugerem que um buraco de ozônio também *está* se desenvolvendo sobre o Ártico. Um estudo de 1996, chamado "Confirmação por satélite da preponderância de clorofluorcarbonetos no estoque estratosférico global de cloro", apresenta a conclusão inusitadamente forte (para um trabalho científico) de que os CFCs estão "sem dúvida" implicados na diminuição da camada de ozônio. O papel do cloro proveniente de vulcões e dos borrifos do mar — proposto por alguns comentaristas de direita nas rádios — é quando muito responsável por 5% do ozônio destruído.

Nas latitudes médias do Norte, onde vive a maior parte da população da Terra, a quantidade de ozônio parece estar diminuindo constantemente, pelo menos desde 1969. Há flutuações, é claro, e os aerossóis vulcânicos na estratosfera contribuem para diminuir os níveis de ozônio por um ou dois anos, antes de se acomodarem. Mas descobrir (segundo a Organização Meteorológica Mundial) 30% de depleção relativa sobre as latitudes médias durante alguns meses de cada ano, e 45% em algumas áreas, é motivo de alarme. Bastam alguns anos consecutivos desse tipo para ser provável que a vida abaixo dessa camada de ozônio cada vez mais fina vá enfrentar dificuldades.

Berkeley, Califórnia, proibiu o material isolante branco com espuma inflada por CFCs, usado para conservar quentes as refeições rápidas. A McDonald's se comprometeu a substituir os CFCs mais nocivos em suas embalagens. Diante da ameaça de regulamentações governamentais e boicote dos consumidores, a DuPont finalmente anunciou em 1988, catorze anos depois da identificação do perigo dos CFCs, que descontinuaria por etapas a fabricação de CFCs — processo a ser completado apenas no ano 2000. Outros fabricantes norte-americanos não prometeram nem mesmo isso. Mas os Estados Unidos eram responsáveis por apenas 30% da produção de CFCs em todo o mundo. Evidentemente, como a ameaça de longo prazo à camada de ozônio é global, a solução também teria de ser global.

Em setembro de 1987, muitas das nações que produzem e usam CFCS se reuniram em Montreal para considerar um possível acordo no sentido de limitar o uso dos CFCs. A princípio, a Grã-Bretanha, a Itália e a França, influenciadas por suas poderosas indústrias químicas (e a França pela sua indústria de perfumes), participaram das discussões apenas relutantemente. (Temiam que a DuPont tivesse um substituto na manga, preparado durante todo o tempo em que impedira a decisão sobre os CFCs. Receavam que os Estados Unidos estivessem forçando a proibição dos CFCs para aumentar a competitividade global de uma de suas maiores empresas.) Nações como a Coreia do Sul nem compareceram. A delegação da China não assinou o tratado. Noticiou-se que o secretário do Interior, Donald Hodel, um conservador nomeado por Reagan e avesso a controles governamentais, teria sugerido que, em vez de limitar a produção dos

CFCs, nós todos deveríamos usar óculos escuros e chapéus. Essa opção não existe para os microrganismos na base das cadeias alimentares que sustentam a vida sobre a Terra. Apesar desse conselho, os Estados Unidos assinaram o protocolo de Montreal. Que isso tenha ocorrido durante o espasmo antiambiental do final do governo Reagan, foi algo na verdade inesperado (a menos, é claro, que o temor dos concorrentes europeus da DuPont fosse verdade). Somente nos Estados Unidos, 90 milhões de condicionadores de ar de veículos e 100 milhões de refrigeradores teriam de ser substituídos. Isso representava um sacrifício considerável para preservar o meio ambiente. Deve-se dar um crédito substancial ao embaixador Richard Benedick, que chefiou a delegação norte-americana em Montreal, e à primeira-ministra britânica Margaret Thatcher, que, por ter estudado química, compreendeu o problema.

O Protocolo de Montreal foi ainda mais reforçado pelas emendas ao acordo assinadas em Londres e Copenhague. No momento em que escrevo, 156 nações, inclusive as repúblicas da antiga União Soviética, a China, a Coreia do Sul e a Índia, assinaram o tratado. (Embora algumas nações perguntem por que, se o Japão e o Ocidente se beneficiaram com os CFCs, elas devem renunciar aos refrigeradores e condicionadores de ar, exatamente quando as suas indústrias estão acertando o passo. É uma pergunta justa, mas muito mesquinha.) Uma interrupção total da produção de CFCs foi acertada para o ano 2000, e depois retificada para 1996. A China, cujo consumo de CFCS tinha um aumento de 20% ao ano na década de 1980, concordou em cortar a sua dependência dos CFCs e não se aproveitar de um adiamento de dez anos que o acordo permitia. A DuPont se tornou um líder no corte dos CFCs, e tem se comprometido a interromper a sua produção mais depressa que muitas nações. A quantidade de CFCs na atmosfera está mensuravelmente diminuindo. O problema é que teremos de interromper a produção de *todos* os CFCs e depois esperar um século até que a atmosfera volte a ficar limpa. Quanto mais tempo perdermos, quanto maior o número de nações omissas, maior o perigo.

Evidentemente, o problema será resolvido, se pudermos encontrar um substituto mais barato e mais eficaz dos CFCs que não nos faça mal, nem ao meio ambiente. Mas e se não houver esse substituto? E se o melhor substituto for mais caro que os CFCs? Quem paga a pesquisa, e quem compensa a diferença de preço — o consumidor, o governo ou a indústria química que nos meteu nessa encrenca (e lucrou com ela)? As nações industrializadas que se beneficiaram com a tecnologia dos CFCs estão dando ajuda significativa aos Estados industrializados emergentes que não se beneficiaram? E se precisarmos de vinte anos para nos assegurarmos de que o substituto não causa câncer? E que fazer com a UV que está incidindo sobre o oceano Antártico? E que fazer com os CFCs recém-manufaturados que subirem para a camada de ozônio no período entre o momento atual e seja qual for a data em que o material será completamente proibido?

Foi encontrado um substituto — ou melhor, um quebra-galho provisório. Os CFCs estão sendo temporariamente substituídos por HCFCs, moléculas semelhantes, mas que envolvem átomos de hidrogênio. Por exemplo:

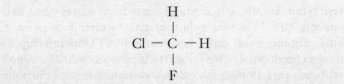

Eles ainda causam danos à camada de ozônio, mas muito menores. Como os CFCs, contribuem significativamente para o aquecimento global. E, especialmente durante o período inicial da produção, são mais caros. Mas eles satisfazem a necessidade mais imediata, a proteção da camada de ozônio. Os HCFCs foram desenvolvidos pela DuPont, mas — a companhia jura — só *depois* das descobertas em Halley Bay.

O bromo é, átomo por átomo, pelo menos quarenta vezes mais eficaz do que o cloro na destruição do ozônio estratosférico.

Felizmente, é muito mais raro que o cloro. O bromo é liberado no ar em *halons* usados em extintores de incêndio, e em brometo de metila,

$$\begin{array}{c} H \\ | \\ H - C - H \\ | \\ Br \end{array}$$

usado para fumigar o solo e os grãos armazenados. Em 1994-6, as nações industriais concordaram em eliminar por etapas a produção desses materiais, capeando-os até 1996, mas só eliminando completamente a sua produção em 2030. Como ainda não existem substitutos para alguns *halons*, pode haver a tentação de continuar a usá-los — proibidos ou não. Enquanto isso, uma questão tecnológica importante é descobrir uma solução superior de longo prazo para substituir os HCFCs. Poderia envolver nova síntese brilhante de uma nova molécula, mas talvez siga em outras direções — por exemplo, refrigeradores acústicos que não têm fluido circulante que contenha perigos sutis. Eis uma oportunidade para a invenção criativa. Tanto as recompensas financeiras como o benefício a longo prazo para a espécie e o planeta são elevados. Gostaria de ver o enorme talento técnico existente nos laboratórios de armas nucleares, agora cada vez mais moribundos por causa do fim da Guerra Fria, voltados para essas pesquisas meritórias. Gostaria de ver gratificações generosas e prêmios irresistíveis oferecidos para quem inventar novos modelos eficazes, convenientes, seguros e razoavelmente baratos de condicionadores de ar e refrigeradores — que sejam apropriados para a manufatura local nas nações em desenvolvimento.

O Protocolo de Montreal é importante pela magnitude das mudanças acertadas, mas especialmente pela direção que apontam. Talvez o mais surpreendente seja que se tenha acertado a proibição dos CFCs, quando ainda não era claro que houvesse uma alternativa factível. A conferência de Montreal foi patrocinada pelo

Programa do Meio Ambiente das Nações Unidas, cujo diretor, Mostafa K. Tolba, a descreveu como "o primeiro tratado verdadeiramente global que oferece proteção a todos os seres humanos".

É um estímulo saber que podemos reconhecer novos e inesperados perigos, que a espécie humana pode se unir para considerar essa questão em nome de todos nós, que as nações ricas estejam dispostas a arcar com boa parte do custo e que empresas com muito a perder possam ser obrigadas, não só a mudar de opinião, mas também a ver na crise novas oportunidades empresariais. A proibição dos CFCs propicia o que em matemática é conhecido como teorema da existência — a demonstração de que alguma coisa que, ao que se saiba, talvez seja impossível, pode na verdade ser realizada. É motivo de otimismo cauteloso.

O cloro parece ter chegado ao ápice com cerca de quatro átomos de cloro para cada bilhão de outras moléculas na estratosfera. A quantidade está agora diminuindo. Mas, pelo menos em parte por causa do bromo, não se pode predizer que a camada de ozônio vá ser regenerada em breve.

Evidentemente, é muito cedo para relaxar de todo a proteção à camada de ozônio. Precisamos nos assegurar de que a produção desses materiais seja quase inteiramente interrompida em todo o mundo. Precisamos muito de mais pesquisas para encontrar substitutos seguros. Precisamos de monitoramentos abrangentes (em estações terrestres, aviões e satélites em órbita) da camada de ozônio sobre todo o globo,* feitos de forma tão conscienciosa como se estivéssemos vigiando um ser amado que sofre de palpitações no coração. Precisamos saber em quanto importam as outras tensões que a camada de ozônio sofre com as

---

* A Administração Nacional da Aeronáutica e do Espaço e a Administração Nacional Oceânica e Atmosférica têm desempenhado papéis heroicos na obtenção de dados sobre a diminuição da camada de ozônio e suas causas. (O satélite *Nimbus*-7, por exemplo, descobriu no sul do Chile e na Argentina um aumento de 10% por década nos comprimentos de onda mais perigosos da UV que atingem a superfície da Terra, e mais ou menos a metade disso nas latitudes médias do Norte, onde vive a maior parte da população da Terra.) Um novo programa

explosões vulcânicas ocasionais, o continuado aquecimento global ou a introdução de algum novo produto químico na atmosfera mundial.

A partir do Protocolo de Montreal, os níveis de cloro estratosférico têm diminuído. Desde 1994, os níveis estratosféricos de cloro e bromo (considerados juntos) têm declinado. Se os níveis de bromo também declinarem, estima-se que a camada de ozônio deve começar uma recuperação de longo prazo pela virada do século. Se não tivéssemos estabelecido controles de CFC até 2010, o cloro estratosférico teria subido a níveis três vezes mais elevados que os de hoje em dia, o buraco de ozônio na Antártida teria persistido até a metade do século XXII, e a diminuição do ozônio na primavera nas latitudes médias do hemisfério norte poderia ter chegado a bem mais que 30%, um valor colossal — segundo Michael Prather, colega de Rowland em Irvine.

Nos Estados Unidos, ainda há resistência por parte das indústrias de ar-condicionado e refrigeradores, dos "conservadores" extremados e dos membros republicanos do Congresso. Tom DeLay, o líder da maioria republicana no Congresso, pensava em 1996 que "a ciência subjacente à proibição dos CFCs é questionável", e que o Protocolo de Montreal é "o resultado de um susto dado pela mídia". John Doolittle, outro congressista republicano, insistia em que a ligação causal entre a diminuição da camada de ozônio com os CFCs é "ainda uma questão em aberto". Em resposta a um repórter que lhe lembrou a revisão crítica e cética de especialistas a que foram submetidos os trabalhos que estabeleceram essa ligação, Doolittle disse: "Não vou me envolver com essa asneira de revisão crítica feita pelos pa-

---

de satélite da NASA chamado Missão para o Planeta Terra vai continuar monitorando o ozônio e outros fenômenos atmosféricos afins numa escala ambiciosa durante uma década ou mais. Enquanto isso, a Rússia, o Japão, os membros da Agência Espacial Europeia e outros estão contribuindo com seus próprios programas e suas próprias naves espaciais. Também por esses critérios, vê-se que a espécie humana está levando a sério a ameaça de esvaziamento da camada de ozônio.

res". Seria melhor para o país, se ele o fizesse. A revisão crítica feita pelos pares é, na verdade, um grande detector de asneiras. O julgamento da Comissão do Nobel foi diferente. Ao conferir o prêmio a Rowland e Molina — cujos nomes deviam ser conhecidos por toda criança na escola —, elogiou-os por terem "contribuído para nos salvar de um problema ambiental global que poderia ter consequências catastróficas". É difícil compreender como os "conservadores" puderam se opor a salvaguardar o meio ambiente de que todos nós — inclusive os conservadores e seus filhos — dependemos para viver. O que é exatamente que os conservadores estão conservando?

Os elementos centrais da história do ozônio são como muitas outras ameaças ambientais: introduzimos alguma substância na atmosfera (ou estamos nos preparando para introduzi-la). De algum modo não examinamos completamente o seu impacto ambiental — porque o exame seria caro, ou retardaria a produção e diminuiria os lucros; porque os encarregados não querem ouvir contra-argumentos; porque os melhores talentos científicos não foram empregados para estudar a questão; ou simplesmente porque somos humanos e falíveis, e deixamos de perceber alguma coisa. Então, de repente, nos vemos cara a cara com um perigo totalmente inesperado de dimensões mundiais, que talvez tenha as suas consequências mais nefastas daqui a décadas ou séculos. O problema não pode ser resolvido localmente, nem a curto prazo.

Em todos esses casos, a lição é clara: nem sempre somos bastante inteligentes ou prudentes para prever todas as consequências de nossas ações. A invenção dos CFCs foi uma realização brilhante. Mas, por mais inteligentes que fossem aqueles químicos, sua inteligência não foi suficiente. Precisamente por serem tão inertes, os CFCs sobreviveram o bastante para atingir a camada de ozônio. O mundo é complicado. O ar é fino. A natureza é sutil. A nossa capacidade de causar danos é grande. Devemos ser muito mais cuidadosos e muito menos indulgentes com a poluição de nossa frágil atmosfera.

Devemos desenvolver padrões mais elevados de higiene planetária e recursos científicos significativamente maiores para monitorar e compreender o mundo. E devemos começar a pensar e agir, não apenas em termos da nossa nação e geração (muito menos dos lucros de uma indústria em particular), mas em termos de todo o vulnerável planeta Terra e das gerações futuras.

O buraco na camada de ozônio é uma espécie de escrita no céu. A princípio, parecia falar de nossa continuada complacência com um caldeirão de perigos mortais. Mas talvez realmente nos fale de um recém-descoberto talento de cooperação para proteger o meio ambiente global. O Protocolo de Montreal e suas emendas representam um triunfo e uma glória para a espécie humana.

11. EMBOSCADA: O AQUECIMENTO DO MUNDO

> *Eles armam ciladas contra o seu próprio sangue.*
> Provérbios 1:18

Há 300 milhões de anos, a Terra era coberta por imensos pântanos. Quando as samambaias, as cavalinhas e os licopódios morriam, eram enterrados na lama. Eras se passaram; os resíduos foram carregados para debaixo do solo e ali transformados, por lentas etapas, num sólido orgânico duro que chamamos de carvão. Em outros locais e épocas, um imenso número de plantas e animais unicelulares morreu, tombou até o fundo do mar e foi coberto por sedimentos. Fervendo durante eras, seus resíduos foram convertidos, por etapas imperceptíveis, em líquidos e gases orgânicos soterrados que chamamos de petróleo e gás natural. (Parte do gás natural pode ser primordial — não de origem biológica, mas incorporado na Terra durante a formação de nosso planeta.) Depois que os humanos evoluíram, houve alguns primeiros encontros casuais com esses estranhos materiais, quando eles afloravam na superfície da Terra. Atribui-se a origem da "chama eterna", central para as religiões que cultuavam o fogo na antiga Pérsia, a vazamentos de óleo e gás e à sua combustão por um raio. Marco Polo foi amplamente desacreditado, quando relatou aos especialistas europeus de sua época a história absurda de que na China se extraía uma pedra preta que queimava quando acesa.

Por fim, os europeus reconheceram que esses materiais ricos em energia e de fácil transporte podiam ser úteis. Eram muito melhores que a madeira. Podia-se aquecer a casa com eles, alimentar uma fornalha, fazer funcionar uma máquina a vapor, gerar eletricidade, impulsionar a indústria e pôr em movimento trens, carros, navios e aviões. E havia aplicações militares potentes. Assim, aprendemos a extrair o carvão da Terra e a fazer buracos profundos no solo para que o gás e o óleo profundamente soterrados, comprimidos pela sobrecarga de pedras, pudessem jorrar para a superfície. Finalmente, essas substâncias passaram a dominar a economia. Elas propiciaram a propulsão para a nossa civilização tecnológica global. Não é exagero dizer que num certo sentido elas regem o mundo. Como sempre, há um preço a pagar.

O carvão, o óleo e o gás são chamados combustíveis fósseis, porque são compostos principalmente dos resíduos fósseis de seres remotos. A energia química que existe dentro deles é uma espécie de luz do Sol armazenada, originalmente acumulada pelas plantas antigas. A nossa civilização funciona pela queima dos resíduos de criaturas humildes que habitaram a Terra centenas de milhões de anos antes que os primeiros humanos aparecessem na cena. Como num terrível culto canibal, subsistimos dos corpos mortos de nossos ancestrais e parentes distantes.

Se voltarmos o pensamento para o tempo em que nosso único combustível era a madeira, adquiriremos uma noção dos benefícios que os combustíveis fósseis nos proporcionaram. Eles também criaram enormes indústrias globais, com imenso poder financeiro e político — não apenas os conglomerados de óleo, gás e carvão, mas também indústrias subsidiárias inteiramente (automóveis, aviões) ou parcialmente (produtos químicos, fertilizadores, agricultura) dependentes dessas fontes de energia. Essa dependência significa que as nações tudo farão para preservar suas fontes de suprimento. Os combustíveis fósseis foram fatores importantes na condução das duas guerras mundiais. A agressão japonesa no início da Segunda Guerra Mundial foi explicada e justificada pelo fato de os japoneses terem sido obrigados a salvaguardar suas fontes de óleo. Como a Guerra do Golfo Pérsico em 1991 nos lembra, a importância política e militar dos combustíveis fósseis continua em alta.

Cerca de 30% de todas as importações de óleo dos Estados Unidos vêm do golfo Pérsico. Em alguns meses, mais da metade do óleo dos Estados Unidos será importada. O óleo constitui mais da metade de todos os déficits da balança de pagamentos norte-americana. Os Estados Unidos gastam mais de 1 bilhão de dólares por semana com a importação de óleo do exterior. A conta da importação de óleo japonesa é mais ou menos igual. A China — com uma demanda crescente de automóveis — pode atingir o mesmo nível no início do século XXI. Números semelhantes se aplicam à Europa ocidental. Os economistas apresentam roteiros em que aumentos nos preços do óleo provocam inflação, taxas de juros mais elevadas, menos investimentos em novas indústrias, menos empregos e recessão econômica. Essas previsões podem não acontecer, mas são uma consequência possível de sermos viciados em óleo. O óleo força as nações a adotarem políticas que do contrário seriam consideradas inescrupulosas ou temerárias. Considere-se, por exemplo, o seguinte comentário (1990) do colunista de vários periódicos, Jack Anderson, expressando uma opinião amplamente difundida: "Por mais impopular que seja a noção, os Estados Unidos devem continuar sendo a polícia do globo. Num nível puramente egoísta, os norte-americanos precisam do que o mundo tem — sendo o petróleo a necessidade preeminente". Segundo Bob Dole, na época o líder da minoria no Senado, a Guerra do Golfo Pérsico — que pôs em risco a vida de 200 mil jovens norte-americanos — foi empreendida "por uma única razão: P-E-T-R-Ó-L-E-O".

No momento em que escrevo, o custo nominal do petróleo cru é de quase vinte dólares por barril, enquanto as reservas mundiais de petróleo autenticadas ou "comprovadas" são de quase 1 trilhão de barris. Vinte trilhões de dólares é quatro vezes a dívida nacional dos Estados Unidos, a maior do mundo. Ouro negro, sem dúvida.

A produção global de petróleo é de cerca de 20 bilhões de barris por ano, por isso a cada ano consumimos aproximadamente 2% das reservas comprovadas. É de pensar que vamos esgotar as reservas muito em breve, talvez nos próximos cinquenta anos. Mas continuamos a encontrar novas reservas. Predições anteriores de que ficaríamos sem petróleo em alguma data marcada têm se revelado infundadas. Há uma quantidade finita de óleo, gás e carvão no mundo, é verdade. Havia apenas um número finito daqueles organismos antigos que contribuíram com seus corpos para o nosso conforto e conveniência. Mas parece improvável que fiquemos sem combustíveis fósseis no futuro próximo. O único problema é o seguinte: é cada vez mais dispendioso encontrar novas reservas inexploradas; a economia mundial pode ter fibrilações, se os preços do óleo tiverem de mudar rapidamente; e os países declaram guerra para conseguir o material. Além disso, é claro, há o custo ambiental.

O preço que pagamos pelos combustíveis fósseis não é medido apenas em dólares. As "usinas satânicas" da Inglaterra nos primeiros anos da Revolução Industrial poluíam o ar e causaram uma epidemia de doenças respiratórias. Os nevoeiros "densos e amarelados" de Londres, tão familiares para nós nas dramatizações de Holmes e Watson, Jekyll e Hyde, Jack, o Estripador e suas vítimas, eram poluição doméstica e industrial mortífera — proveniente em grande parte da queima do carvão. Hoje, os automóveis acrescentam os seus gases de escapamento, e nossas cidades sofrem com o nevoeiro enfumaçado — que afeta a saúde, a felicidade e a produtividade das próprias pessoas que geram os poluentes. Conhecemos também a chuva ácida e a desordem ecológica causada pelos vazamentos de óleo. Mas a opinião predominante tem sido que esses danos à saúde e ao meio ambiente são mais do que compensados pelos benefícios que os combustíveis fósseis proporcionam.

No entanto, agora os governos e os povos da Terra estão se tornando gradativamente conscientes de mais outra consequência perigosa da queima dos combustíveis fósseis: se queimo um pedaço de carvão, um galão de petróleo ou trinta centímetros cúbicos de gás natural, estou combinando o carbono no combustível fóssil com o oxigênio no ar. Essa reação química libera uma energia trancada há talvez 200 milhões de anos. Mas ao combinar um átomo de carbono, C, com uma molécula de oxigênio, O_2, também sintetizo uma molécula de dióxido de carbono, CO_2

$$C + O_2 \rightarrow CO_2$$

E CO_2 é um gás-estufa.

* * *

O que determina a temperatura média da Terra, o clima planetário? A quantidade de calor liberada pelo centro da Terra é muito pequena se comparada com a quantidade que o Sol espalha sobre a superfície do globo. Na verdade, se o Sol fosse desligado, a temperatura da Terra cairia tanto que o ar congelaria, e o planeta seria coberto por uma camada de neve de nitrogênio e oxigênio de dez metros de espessura. Bem, sabemos quanta luz solar cai sobre a Terra, aquecendo-a. Não podemos calcular qual seria a temperatura média da superfície da Terra? É um cálculo fácil — ensinado nos cursos elementares de astronomia e meteorologia, outro exemplo do poder e beleza da quantificação.

A quantidade de luz solar absorvida pela Terra tem de equivaler em média à quantidade de energia irradiada de volta para o espaço. Não pensamos comumente na Terra como um corpo celeste que irradia para o espaço, e quando voamos sobre a Terra à noite, não a vemos brilhar no escuro (exceto as cidades). Mas é porque estamos vendo à luz visível comum, o tipo de luz a que nossos olhos são sensíveis. Se olhássemos além da luz vermelha no que se chama a parte infravermelha térmica do espectro — a vinte vezes o comprimento de onda da luz amarela, por exemplo —, veríamos a Terra brilhando na sua própria luz infravermelha fria e estranha, mais na região do Saara que na Antártida, mais durante o dia que à noite. Não é a luz solar refletida pela Terra, mas o calor do próprio corpo do planeta. Quanto mais energia recebemos do Sol, mais a Terra irradia de volta para o espaço. Quanto mais quente a Terra, mais ela brilha no escuro.

O que contribui para aquecer a Terra depende do grau de brilho do Sol e do grau de reflexão da Terra. (Tudo o que não for refletido de volta para o espaço é absorvido pelo solo, as nuvens e o ar. Se a Terra fosse perfeitamente lustrosa e reflexiva, a luz solar que incide sobre sua superfície não a aqueceria nem um pouco.) E claro que a luz solar refletida *está* principalmente na parte visível do espectro. Assim, iguale o dado de entrada (que depende de quanta luz solar a Terra absorve) ao dado de saída (que depende da temperatura da Terra), equilibre os dois lados da equação, e vai obter a temperatura prevista da Terra. Uma canja! Nada mais fácil! Você calcula, e qual é a resposta?

O nosso cálculo nos diz que a temperatura média da Terra deveria ser de aproximadamente 20°C abaixo do ponto de congelamento da água. Os oceanos deveriam ser blocos de gelo, e nós todos deveríamos estar congelados. A Terra seria inóspita a quase todas as formas de vida. O que há de errado com o cálculo? Será que cometemos um erro?

Não cometemos exatamente um erro no cálculo. Apenas deixamos um dado de fora: o efeito estufa. Assumimos implicitamente que a Terra não tinha atmosfera. Embora o ar seja transparente em comprimentos de onda visíveis comuns (exceto em lugares como Denver e Los Angeles), é muito mais opaco na parte infravermelha térmica do espectro, em que a Terra gosta de irradiar para o espaço. E isso faz toda a diferença do mundo. Acontece que alguns dos gases no ar à nossa frente — dióxido de carbono, vapor de água, alguns óxidos de nitrogênio, metano, clorofluorcarbonetos — são bastante absorventes no espectro infravermelho, mesmo quando são completamente invisíveis na luz visível. Se uma camada desse material é colocada acima da superfície da Terra, a luz solar ainda penetra até o solo. Mas quando a superfície tenta irradiar de volta para o espaço, o caminho é bloqueado por esse cobertor de gases absorventes no espectro infravermelho. É transparente na luz visível, semiopaco na infravermelha. O resultado é que a Terra tem de aquecer um pouco para atingir o equilíbrio entre a luz solar que recebe e a radiação infravermelha emitida. Se calcularmos o grau de opacidade desses gases na infravermelha, a quantidade de calor do corpo da Terra que eles interceptam, conseguiremos a resposta correta. Descobriremos que, em média — uma média que leva em conta as estações, a latitude e a hora do dia —, a superfície da Terra deve estar a uns 13°C acima de zero. É por isso que os oceanos não congelam, que o clima é adequado para a nossa espécie e para a nossa civilização.

A nossa vida depende de um equilíbrio delicado de gases invisíveis que são componentes secundários da atmosfera da Terra. Um pouco de efeito estufa é muito bom. Mas se acrescentamos mais gases-estufa — como temos feito desde o início da Revolução Industrial — absorvemos mais radiações infravermelhas. Tornamos o cobertor mais espesso. Aquecemos ainda mais a Terra.

Para o público e os traçadores de políticas, tudo isso pode parecer um pouco abstrato — gases invisíveis, cobertores infravermelhos, cálculos de físicos. Se decisões difíceis quanto a gastos monetários devem ser tomadas, não precisamos de mais evidências de que *existe* realmente um efeito estufa e de que uma quantidade exagerada desse efeito pode ser perigosa? A natureza bondosamente nos forneceu, na figura do planeta mais próximo, uma advertência. O planeta Vênus está um pouco mais próximo do Sol que a Terra, mas suas nuvens sem brechas são tão brilhantes que o planeta, na realidade, absorve menos luz solar que a Terra. Sem considerar o efeito estufa, a sua superfície deveria ser mais fria que a da Terra. Vênus tem mais ou menos o mesmo tamanho e massa da Terra, e por tudo isso poderíamos concluir ingenuamente que tem um meio ambiente agradável semelhante ao da Terra, até apropriado para o turismo. No entanto, se mandássemos uma nave espacial que penetrasse nas nuvens — por sinal, compostas em grande parte de ácido sulfúrico —, como a União Soviética fez na sua série pioneira *Venera* de exploração do espaço, descobriríamos uma atmosfera extremamente densa composta em grande parte de dióxido de carbono com uma pressão na superfície noventa vezes maior do que a da Terra. Se agora colocássemos para fora um termômetro, como fez a nave espacial *Venera*, descobriríamos que a temperatura é de aproximadamente 470°C (cerca de 900°F) — quente o suficiente para derreter o estanho ou o chumbo. As temperaturas da superfície, mais quentes que a do forno caseiro mais quente, são devidas ao efeito estufa, causado em grande parte pela grande atmosfera de dióxido de carbono. (Há também pequenas quantidades de vapor de água e outros gases absorventes na radiação infravermelha.) Vênus é uma demonstração prática de que um aumento na abundância dos gases-estufa pode ter consequências desagradáveis. É um bom exemplo para se dar aos entrevistadores de programas de rádio dominados pela ideologia, que insistem em dizer que o efeito estufa é uma "fraude".

À medida que aumenta a população da Terra e que nossos poderes tecnológicos se tornam ainda maiores, estamos lançando na atmosfera uma quantidade cada vez maior de gases absorventes no espectro infravermelho. Há mecanismos naturais que eliminam esses gases do ar, mas nós os estamos produzindo num tal ritmo que superamos os mecanismos de remoção. Entre a queima de combustíveis fósseis e a destruição das florestas (as árvores eliminam o CO_2 e o convertem em madeira), nós, humanos, somos responsáveis pela introdução de cerca de 7 bilhões de toneladas de dióxido de carbono no ar a cada ano.

Na figura da página 128, pode-se ver o aumento do dióxido de carbono na atmosfera da Terra ao longo do tempo. Os dados são do observatório atmosférico Mauna Loa, no Havaí. O Havaí não é altamente industrializado, nem é um lugar onde grandes áreas de florestas estejam sendo queimadas (introduzindo mais CO_2 no ar). O aumento de dióxido de carbono ao longo do tempo, detectado no Havaí, provém de atividades sobre toda a Terra. O dióxido de carbono é simplesmente carregado pela circulação geral da atmosfera por todo o mundo — inclusive sobre o Havaí. Pode-se observar que a cada ano há um aumento e uma queda de dióxido de carbono. O fenômeno é devido a árvores decíduas que, no verão, quando cobertas de folhagem, tiram CO_2 da atmosfera, mas no inverno, sem folhas, não cumprem essa missão. Mas superposta a essa oscilação anual está uma tendência de aumento a longo prazo, que é totalmente inequívoca. A relação de mistura de CO_2 já ultrapassou 350 partes por milhão — está mais elevada do que jamais foi durante toda a existência dos humanos sobre a Terra. Os aumentos de clorofluorcarbonetos têm sido mais rápidos — cerca de 5% ao ano — por causa do crescimento mundial da indústria dos CFCs, mas estão começando a diminuir gradualmente.* Outros gases-estufa, metano, por exemplo, estão também aumentando graças à nossa agricultura e à nossa indústria.

Bem, se sabemos o índice de aumento dos gases-estufa na atmosfera e afirmamos compreender o que é a resultante opacidade infravermelha, não poderíamos calcular o aumento da temperatura em décadas recentes como consequência do aumento de CO_2 e outros gases? Sim, podemos. Mas temos de ser cuidadosos. Devemos lembrar que o Sol passa por um ciclo de onze anos, e que a quantidade de energia por ele emitida muda um pouco durante o seu ciclo. Devemos lembrar que os vulcões de vez em quando entram em erupção e injetam finas gotinhas de ácido sulfúrico na atmosfera, refletindo desse modo mais luz solar de volta para o espaço e resfriando um pouco a Terra. Como já se calculou, uma explosão de monta pode diminuir a temperatura mundial em quase 1°C durante alguns anos. Devemos lembrar que, na baixa atmosfera, há uma nuvem de pequenas partículas contendo enxofre proveniente da poluição das chaminés industriais que — por mais nociva que seja às pessoas ao redor — também resfria a Terra, além da poeira mineral de solos revoltos carregada pelos ventos, que tem um efeito semelhante. Se levarmos em conta esses fatores e muitos mais, se fizermos o melhor trabalho de que os climatologistas são atualmente capazes, vamos chegar à seguinte conclusão: durante o século XX, devido à queima de combustíveis fósseis, a temperatura média da Terra deve ter aumentado alguns décimos de 1°C.

Naturalmente, gostaríamos de comparar essa predição com os fatos. A temperatura da Terra aumentou, especialmente nessa proporção, durante o século XX? Mais uma vez temos de ser cuidadosos. Devemos usar medições de temperatura feitas longe de cidades, porque as cidades, pela sua indústria e relativa falta de vegetação, são na realidade mais quentes do que as áreas

---

* Mais uma vez, como os CFCs esvaziam a camada de ozônio e contribuem para o aquecimento global, tem havido alguma confusão entre esses dois resultados ambientais muito diferentes.

ao seu redor. Devemos tirar apropriadamente a média das medições feitas em diferentes latitudes, altitudes, estações e horas do dia. Devemos levar em conta a diferença entre as medições feitas em terra e as medições feitas na água. Mas, feito tudo isso, os resultados parecem coerentes com a expectativa teórica.

A temperatura da Terra aumentou um pouco, menos que 1°C, no século XX. Há perturbações substanciais nas curvas, ruído no sinal climático global. Os dez anos mais quentes desde 1860 ocorreram todos na década de 1980 e no início da década de 1990 — apesar do resfriamento da Terra pela explosão do vulcão filipino Monte Pinatubo em 1991. Esse vulcão introduziu vinte a trinta megatoneladas de dióxido de enxofre e aerossóis na atmosfera da Terra. Esses materiais circularam ao redor de toda a Terra durante cerca de três meses. Depois de apenas dois meses, tinham coberto cerca de dois quintos da superfície da Terra. Foi a segunda erupção vulcânica mais violenta nesse século (somente menor à do monte Katmai, no Alasca, em 1912). Se os cálculos estiverem certos e não houver mais grandes explosões vulcânicas no futuro próximo, a tendência de aumento da temperatura deverá se reafirmar no final dos anos 1990. É o que tem acontecido: 1995 foi marginalmente o ano mais quente já registrado.

Outra maneira de checar se os climatologistas sabem o que estão fazendo é pedir que façam predições retrospectivas. A Terra passou por eras glaciais. Há maneiras de medir como a temperatura flutuou no passado. Eles podem predizer (ou melhor, pós-dizer) o clima do passado?

Importantes descobertas sobre a história do clima da Terra têm surgido nos estudos dos núcleos de gelo cortados e extraídos das calotas glaciais da Groenlândia e da Antártida. A tecnologia para essas perfurações vem diretamente da indústria do petróleo; dessa maneira, os responsáveis pela extração de combustíveis fósseis têm dado uma contribuição importante para esclarecer os perigos de usar esses materiais. O exame físico e químico minucioso desses núcleos revela que a temperatura da

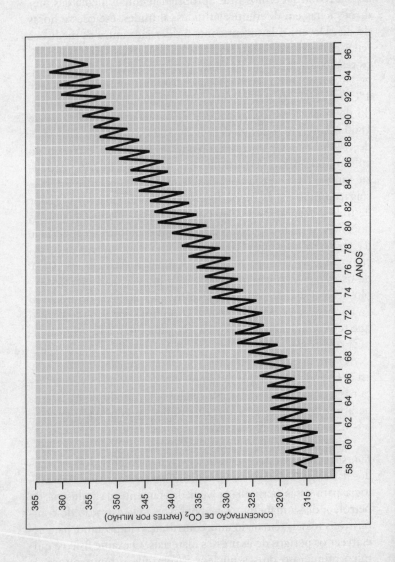

Terra e a abundância de CO_2 na sua atmosfera aumentam e diminuem juntas — quanto mais CO_2, mais quente a Terra. Os mesmos modelos computacionais usados para compreender as tendências da temperatura global das últimas décadas pós-dizem corretamente o clima da era glacial pelas flutuações dos gases-estufa em épocas primitivas. (É claro que ninguém está dizendo que antes da era glacial tenham existido civilizações que dirigiam carros ineficientes quanto ao uso de combustível e que despejavam enormes quantidades de gases-estufa na atmosfera. Alguma variação na quantidade de CO_2 acontece naturalmente.)

Nos últimos 100 mil anos, a Terra entrou e saiu de várias eras glaciais. Há 20 mil anos, a cidade de Chicago estava sob uma milha de gelo. Hoje estamos entre eras glaciais, no que é chamado intervalo interglacial. A *diferença* típica de temperatura para o mundo inteiro entre uma era glacial e um intervalo interglacial é de apenas 3 a 6°C (equivalente a uma diferença de temperatura de 5 a 11°F). Isso deve fazer soar imediatamente as campainhas de alarme: uma mudança de temperatura de apenas alguns graus pode ser um negócio muito sério.

Com essa experiência nas costas, essa calibração de suas capacidades, os climatologistas podem agora tentar predizer qual será o futuro clima da Terra, se continuarmos a queimar combustíveis fósseis, se continuarmos a despejar gases-estufa na atmosfera num ritmo frenético. Vários grupos científicos — equivalentes modernos do oráculo de Delfos — têm empregado modelos computacionais para calcular qual deverá ser o aumento de temperatura, se, digamos, dobrar a quantidade de dióxido de carbono na atmosfera, o que vai acontecer (no presente ritmo de queima de combustíveis fósseis) no final do século XXI. Os principais oráculos são o Laboratório Geofísico de Dinâmica Fluida da Administração Nacional Oceânica e Atmosférica (NOAA), em Princeton; o Instituto Goddard de Estudos Espaciais da NASA, em Nova York; o Centro Nacional para Pesquisa Atmosférica em Boulder, Colorado; o Laboratório Nacional Lawrence Livermore do Departamento de Energia, na Califórnia; a Universidade do Estado de Oregon; o Centro Hadley para Predição e Pesquisa Climática, no Reino Unido; e o Instituto Max Planck de Meteorologia, em Hamburgo. Todos predizem que o aumento médio de temperatura ficará entre aproximadamente 1 e 4°C. (Em Fahrenheit, é mais ou menos o dobro disso.)

É um aumento mais rápido do que qualquer mudança climática observada desde o nascimento da civilização. Ocorrendo a previsão mais baixa, ao menos as sociedades industriais desenvolvidas seriam capazes de se ajustar com um pouco de esforço às circunstâncias alteradas. Ocorrendo a previsão mais alta, o mapa climático da Terra seria dramaticamente alterado, e as consequências, tanto para as nações ricas como para as pobres, seriam catastróficas. Em grande parte do planeta, temos confinado as florestas e a vida selvagem em áreas isoladas, não contíguas. Esses organismos serão incapazes de procurar outros lugares, quando o clima mudar. As extinções de espécies serão muito aceleradas. Um considerável transplante de colheitas e pessoas se tornará necessário.

Nenhum dos grupos afirma que a duplicação do conteúdo de dióxido de carbono da atmosfera vai resfriar a Terra. Nenhum afirma que vai aquecer a Terra em dezenas ou centenas de graus. Temos uma oportunidade negada a muitos gregos antigos — podemos ir a vários oráculos e comparar as profecias. Quando seguimos esse caminho, descobrimos que todos dizem mais ou menos a mesma coisa. Na verdade, as respostas estão de acordo com os oráculos mais antigos sobre o assunto — inclusive Svante Arrhenius, o químico sueco ganhador do Prêmio Nobel, que perto da virada do século fez uma predição similar usando, é claro, conhecimentos muito menos sofisticados da absorção infravermelha do dióxido de carbono e das propriedades da atmosfera da Terra. A física empregada por todos esses grupos prediz corretamente a atual temperatura da Terra, bem como o efeito estufa em outros planetas, como Vênus. É lógico que pode haver algum erro simples que ninguém tenha percebido. Mas certamente essas profecias concordantes merecem ser levadas muito a sério.

Há outros sinais inquietadores. Pesquisadores noruegueses anunciam uma diminuição na extensão da cobertura de gelo ártico desde 1978. Enormes fendas na geleira Wordie, na Antártida, se tornaram evidentes no mesmo período. Em janeiro de 1995, um pedaço de 4200 quilômetros quadrados da barreira de gelo Larsen caiu no oceano Antártico. Tem ocorrido um notável recuo das geleiras nas montanhas em todo o mundo. Os extremos do clima estão aumentando em muitas partes do mundo. O nível do mar continua a subir. Nenhuma dessas tendências é, em si, uma prova convincente de que a responsabilidade das mudanças cabe à nossa civilização e não se deve à variabilidade natural. Mas, juntas, elas são muito preocupantes.

Um número crescente de especialistas em clima concluiu recentemente que já foi detectada a "marca" do aquecimento global provocado pelo homem. Em 1995, depois de um estudo exaustivo, representantes dos 25 mil cientistas do Painel Intergovernamental sobre Mudanças Climáticas concluíram que "o equilíbrio das evidências sugere que há uma discernível influência humana no clima". Embora ainda não seja "sem sombra de dúvida", diz Michael MacCracken, diretor do Programa de Pesquisa das Mudanças Globais dos Estados Unidos, a evidência "está se tornando bastante convincente". "É improvável que o aquecimento observado seja causado pela variabilidade natural", diz Thomas Karl, do Centro Nacional de Dados Climáticos dos Estados Unidos. "Há uma chance de 90 a 95% de que não estejamos enganados."

No esboço seguinte, é apresentada uma perspectiva ampla. À esquerda, a situação é a de 150 mil anos atrás; temos machados de pedra e estamos realmente orgulhosos de ter domesticado o fogo. As temperaturas globais variam ao longo do tempo entre profundas eras glaciais e períodos interglaciais. A amplitude total das flutuações, da mais fria à mais quente, é de aproximadamente 5°C (quase 10°F). Assim, a curva segue coleando, e depois do fim da última era glacial temos arcos e flechas, animais domesticados, a origem da agricultura, a vida sedentária, armas metálicas, cidades, forças policiais, impostos, crescimen-

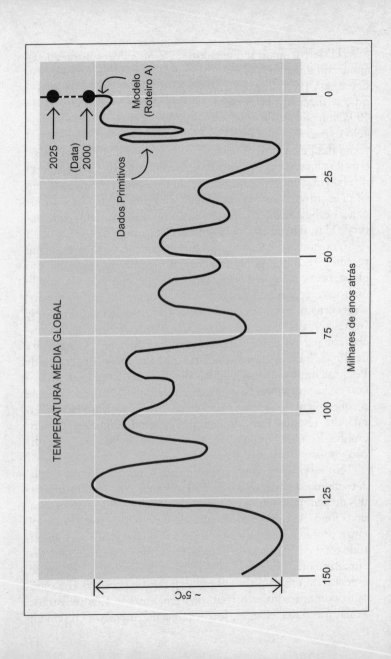

to exponencial da população, a Revolução Industrial e as armas nucleares (toda essa última parte é inventada apenas na extrema direita da curva sólida). As linhas pontilhadas mostram algumas projeções do que pode nos acontecer por causa do aquecimento pelo efeito estufa. Essa figura deixa muito claro que as temperaturas que temos atualmente (ou que teremos em breve, se as tendências presentes continuarem) não são apenas as mais quentes no último *século*, mas as mais quentes nos últimos *150 mil* anos. Essa é outra medida da magnitude das mudanças globais que nós, humanos, estamos gerando, bem como de sua natureza sem precedentes.

Por si só o aquecimento global não gera um clima ruim. Mas intensifica a possibilidade de haver um clima ruim. O mau tempo certamente não requer aquecimento global, porém todos os modelos computacionais mostram que o aquecimento global deve ser acompanhado de aumentos significativos de mau tempo — secas rigorosas no interior, sistemas de tempestades violentas e enchentes perto das costas, tempo mais quente e mais frio em certas regiões, tudo provocado por um aumento relativamente modesto na temperatura média planetária. É por isso que um tempo extremamente frio em, digamos, Detroit em janeiro não é a refutação poderosa do aquecimento global que os editoriais de alguns jornais alegam. O mau tempo pode ser muito caro. Para dar um único exemplo, só a indústria de seguros norte-americana sofreu uma perda líquida de uns 50 bilhões de dólares na esteira de um único furacão (Andrew) em 1992, e essa é apenas uma pequena fração das perdas totais de 1992. Os desastres naturais custam mais de 100 bilhões de dólares por ano aos Estados Unidos.

Além disso, as mudanças no clima afetam os animais e os micróbios que carregam as doenças. Suspeita-se que as recentes irrupções de cólera, malária, febre amarela, dengue e a síndrome pulmonar do hantavírus tenham todas relação com a mudança do clima. Uma estimativa médica recente é de que o aumento na área da Terra ocupada pelos trópicos e subtrópicos, e a resultante população florescente de mosquitos portadores da malária, provocariam, no final do próximo século, 50 a 80 milhões de casos adicionais de malária por ano. A menos que se faça alguma coisa. Um relatório científico das Nações Unidas de 1996 afirma: "Se é provável que impactos adversos para a saúde da população resultem da mudança climática, não temos a opção usual de procurar evidências empíricas definitivas antes de agir. Uma abordagem de esperar-para-ver seria imprudente na melhor das hipóteses, e um disparate no pior dos casos".

O clima predito para o século XXI depende de estabelecermos se vamos introduzir gases-estufa na atmosfera no ritmo atual, num ritmo acelerado ou num ritmo diminuído. Quanto mais gases-estufa, mais quente fica. Mesmo supondo apenas aumentos moderados, as temperaturas vão ter aparentemente uma elevação significativa. Mas essas são médias globais; alguns lugares serão muito mais frios e outros muito mais quentes. São previstas grandes áreas de seca crescente. Muitos modelos predizem que grandes áreas mundiais de produção de alimentos, no Sul e Sudeste da Ásia, na América Latina e na África subsaariana, vão se tornar quentes e secas.

Algumas nações exportadoras de produtos agrícolas nas latitudes médias e elevadas (os Estados Unidos, o Canadá, a Austrália, por exemplo) a princípio podem ganhar com isso, aumentando muitíssimo as suas exportações. O impacto sobre as nações pobres será mais severo. Neste como em muitos outros aspectos, a disparidade global entre os ricos e os pobres pode crescer dramaticamente no século XXI. Milhões de pessoas, com os filhos morrendo de fome, com muito pouco a perder, representam um problema prático e sério para os ricos — como ensina a história das revoluções.

A possibilidade de uma crise agrícola global provocada pela seca começa a se tornar significativa perto do ano 2050. Alguns cientistas acham que a possibilidade de um grande fracasso agrícola em todo o mundo no ano 2050 por causa do aquecimento estufa é baixa — talvez apenas 10%. Mas, é claro, quanto mais esperarmos, maior será a possibilidade. Por algum tempo, alguns lugares — Canadá, Sibéria — podem melhorar (se o solo for apropriado para a agricultura), mesmo que as latitudes mais baixas piorem. Se esperarmos muito tempo, o clima vai se deteriorar em todo o mundo.

Enquanto a Terra esquenta, o nível do mar sobe. No final do século XXI, o nível do mar terá talvez subido algumas dezenas de centímetros e, possivelmente, um metro. Em parte, isso se deve ao fato de que a água do mar se expande quando é aquecida, e em parte à liquefação do gelo polar e glacial. Com o passar do tempo, o nível do mar sobe ainda mais. Ninguém sabe quando vai acontecer, mas muitas ilhas habitadas na Polinésia, Melanésia e no oceano Índico vão acabar sendo inteiramente submersas, segundo as projeções, e desaparecer da face da Terra. Bastante compreensivelmente, formou-se uma Aliança dos Estados das Pequenas Ilhas, que se opõe militantemente contra mais aumentos nos gases-estufa. Impactos devastadores também são preditos para Veneza, Bancoc, Alexandria, Nova Orleans, Miami, para a cidade de Nova York e, mais em geral, para as áreas altamente povoadas dos rios Mississippi, Yang-Tsé, Amarelo, Reno, Ródano, Pó, Nilo, Indo, Ganges, Niger e Mekong. O nível do mar cada vez mais elevado vai deslocar dezenas de milhões de pessoas só em Bangladesh. Haverá um novo e imenso problema de refugiados ambientais — à medida que as populações crescem, os meios ambientes se deterioram e os sistemas sociais se tornam cada vez mais incompetentes para lidar com as mudanças rápidas. Aonde deveriam ir? Problemas semelhantes podem ser previstos para a China. Se continuarmos a exercer as nossas atividades como de costume, a Terra será cada vez mais aquecida a cada ano, as secas e as enchentes serão endêmicas; muito mais cidades, províncias e nações inteiras ficarão submersas sob as ondas — a menos que sejam tomadas heroicas contramedidas de engenharia em todo o mundo. A longo prazo, podem ocorrer consequências ainda mais terríveis, inclusive o colapso da geleira na região oeste da Antártida, o seu rolar para dentro do mar, um aumento global significativo no nível do mar e a inundação de quase todas as cidades costeiras no planeta.

Os modelos do aquecimento global mostram efeitos diferentes — mudanças na temperatura, secas, mau tempo e a elevação do nível do mar, por exemplo — tornando-se visíveis em diferentes escalas de tempo, desde décadas a um ou dois séculos. Essas consequências parecem tão desagradáveis e sua correção tão dispendiosa que naturalmente se tem feito um sério esforço para descobrir alguma coisa de errado na história. Alguns dos esforços são motivados por nada mais que o ceticismo científico padrão a respeito de todas as novas ideias; outros são motivados pelo lucro nas indústrias afetadas. Uma questão-chave é a realimentação.

Há realimentações positivas e negativas no sistema climático global. As realimentações positivas são do tipo perigoso. Eis um exemplo de realimentação positiva: a temperatura aumenta um pouquinho por causa do efeito estufa, e assim um pouco do gelo polar se derrete. Mas o gelo polar é brilhante, comparado ao mar aberto. Como resultado de sua liquefação, a Terra é agora um pouquinho mais escura; e como a Terra é mais escura, ela agora absorve um pouco mais de luz solar, por isso ela aquece mais e derrete um pouco mais do gelo polar, e o processo continua — talvez até se tornar incontrolável. Essa é uma realimentação positiva. Outra realimentação positiva: um pouco mais de CO_2 no ar aquece um pouquinho a superfície da Terra, inclusive os oceanos. Os oceanos, então mais quentes, borrifam um pouco mais de vapor de água na atmosfera. O vapor de água também é um gás-estufa, por isso provoca mais calor e a temperatura se eleva.

Depois, há as realimentações negativas. Elas são homeostáticas. Um exemplo: aquece-se a Terra um pouquinho, introduzindo mais dióxido de carbono, por exemplo, na atmosfera. Como antes, isso injeta mais vapor de água na atmosfera, mas gera mais nuvens. As nuvens são brilhantes; elas refletem mais luz solar para o espaço, portanto resta menos luz solar para aquecer a Terra. O aumento na temperatura acaba por causar um declínio na temperatura. Outra possibilidade: coloca-se um pouco mais de dióxido de carbono na atmosfera. As plantas geralmente gostam mais de dióxido de carbono, por isso crescem mais rápido, e, ao crescerem mais rápido, tiram mais dióxido de carbono do ar — o que, por sua vez, reduz o efeito estufa. As realimentações negativas são como termostatos no clima global. Se, por um acaso feliz, elas fossem muito poderosas, o aquecimento pelos gases-estufa seria talvez capaz de se autocontrolar, e poderíamos nos dar ao luxo de imitar os ouvintes de Cassandra sem partilhar o seu destino.

A questão é: equilibrando todas as realimentações positivas e negativas, a que conclusão chegaríamos? A resposta é: ninguém tem certeza absoluta. As tentativas retrospectivas de calcular o aquecimento e o resfriamento global durante as eras glaciais pelo aumento e declínio da quantidade de gases-estufa fornecem a resposta correta. Em outras palavras, calibrar os modelos computacionais forçando a concordância com os dados históricos vai explicar automaticamente todos os mecanismos de realimentação, conhecidos e desconhecidos, na máquina climática natural. Mas é possível que, se a Terra foi submetida a regimes climáticos desconhecidos nos últimos 200 mil anos, venham a ocorrer novas realimentações das quais não temos conhecimento. Por exemplo, grande parte do metano é isolada em pântanos (o que às vezes produz o fenômeno das luzes dançarinas estranhamente belas chamado "fogo-fátuo"). O gás pode começar a formar bolhas em ritmo crescente, à medida que a Terra aquece. O metano adicional aquece ainda mais a Terra, e assim por diante, outra realimentação positiva.

Wallace Broecker, da Universidade de Columbia, aponta o aquecimento muito rápido que aconteceu por volta de 10 000 a.C., pouco antes da invenção da agricultura. A seu ver, a elevação da curva é tão abrupta que implica uma instabilidade no sistema acoplado oceano-atmosfera; e que, se forçamos demais o clima da Terra numa ou noutra direção, cruzamos um limiar, há uma espécie de "bang", e todo o sistema sai fora de controle até atingir outro estado estável. Ele propõe que podemos estar oscilando numa dessas instabilidades no momento atual. Essa consideração só torna pior a situação, talvez muito pior.

De qualquer modo, não resta dúvida de que quanto mais rápida a mudança climática, mais difícil é para os sistemas homeostáticos existentes acompanharem o ritmo e estabilizarem. Eu me pergunto se não é mais provável que observemos as realimentações tranquilizadoras e deixemos de perceber as desagradáveis. Não somos bastante inteligentes para predizer tudo. Disso não há dúvida. Acho improvável que sejamos salvos por tudo o que somos demasiado ignorantes para imaginar. Talvez sejamos salvos. Mas estaríamos dispostos a apostar nossa vida nisso?

O vigor e a importância das questões ambientais se refletem nos encontros das sociedades científicas profissionais. Por exemplo, a Associação Geofísica Americana é a maior organização de profissionais das geociências no mundo. Num recente encontro anual (1993), houve uma sessão sobre episódios de aquecimento anteriores na história da Terra, com o intuito de compreender quais seriam as consequências do aquecimento global. O primeiro trabalho alertava que, "como as tendências de aquecimento futuro serão muito rápidas, não há dados exatos análogos a um aquecimento estufa no século XXI". Houve quatro sessões de meio turno dedicadas à diminuição da camada de ozônio, e três sessões sobre a realimentação nuvem/clima. Três sessões adicionais foram dedicadas a estudos mais gerais dos climas no passado. J. D. Mahlman, da NOAA, começou a sua palestra observando: "A descoberta das extraordinárias perdas de ozônio na Antártida na década de 1980 foi uma ocorrência que ninguém previu". Um trabalho do Centro de Pesquisa Polar Byrd, da Universidade do Estado de Ohio, apresentou evidências, colhidas em núcleos de gelo extraídos das geleiras no oeste da China e no Peru, de um aquecimento recente da Terra em comparação às temperaturas dos últimos quinhentos anos.

Considerando como é contenciosa a comunidade científica, é notável que não tenha sido apresentado nem um único trabalho afirmando que a diminuição da camada de ozônio ou o aquecimento global são armadilhas e equívocos, ou que sempre houve um buraco na camada de ozônio sobre a Antártida, ou que o aquecimento global será consideravelmente menor do que os estimados 1 a 4°C para o dobro de dióxido de carbono na atmosfera. São muito altas as recompensas para quem descobrir que não há diminuição da camada de ozônio, ou que o aquecimento global é insignificante. Há muitas indústrias e indivíduos poderosos e ricos que se beneficiariam, se essas alegações fossem verdadeiras. Mas, como indicam os programas dos encontros científicos, essa é provavelmente uma esperança vã.

A nossa civilização técnica propõe um problema real para si mesma. Por toda parte, os combustíveis fósseis mundiais estão degradando simultaneamente a saúde respiratória, a vida nas florestas, as linhas da costa, os oceanos e o clima mundial. Ninguém pretendia causar danos, certamente. Os capitães da indústria dos combustíveis fósseis estavam simplesmente tentando conseguir o máximo de lucro para si mesmos e seus acionistas, oferecer um produto que todos queriam e dar o seu apoio ao poder econômico e militar das nações que por acaso estavam implicadas no processo. O fato de que o dano foi involuntário, as intenções eram boas, a maioria das pessoas no mundo desenvolvido se beneficiou da nossa civilização movida a combustíveis fósseis, muitas nações e gerações contribuíram para o problema — tudo sugere que não é hora de apontar o culpado. Nenhuma nação, geração ou indústria sozinha nos meteu nessa encrenca, e nenhuma nação, geração ou indústria vai sozinha nos livrar do apuro. Se quisermos evitar que esse problema climático tenha as piores consequências, devemos simplesmente trabalhar juntos, e por um longo período. O principal obstáculo é certamente a inércia, a resistência à mudança — o imenso *establishment* industrial, econômico e político inter-relacionado em todo o mundo, dependente dos combustíveis fósseis, quando estes é que são o problema. Nos Estados Unidos, à medida que crescem as evidências da seriedade do aquecimento global, a vontade política de fazer alguma coisa a respeito parece estar se atrofiando.

12. FUGA DA EMBOSCADA

> *É claro que não sente medo aquele que acredita que nada lhe pode acontecer [...] Sentem medo aqueles que acreditam ser provável que alguma coisa lhes aconteça [...] As pessoas não acreditam nisso quando estão, ou pensam estar, no meio de grande prosperidade, e são por isso insolentes, desdenhosas e temerárias [...]. [Mas se] chegarem a sentir a angústia da incerteza, deve haver alguma tênue esperança de salvação.*
>
> Aristóteles (384-22 a.C.), *Retórica*, 1382^{b}29

O que devemos fazer? Como o dióxido de carbono que introduzimos na atmosfera vai permanecer ali por décadas, até importantes esforços de autocontrole tecnológico só surtirão efeito para a próxima geração, no futuro — embora as contribuições de alguns outros gases para o aquecimento global possam ser reduzidas mais rapidamente. Precisamos distinguir entre mitigar o problema a curto prazo e solucioná-lo a longo prazo, embora as duas medidas sejam necessárias. Ao que parece, devemos criar por etapas, o mais rápido possível, uma nova economia energética mundial que não gere tantos gases-estufa e outros poluentes. Mas "o mais rápido possível" vai levar pelo menos décadas para se concretizar, e devemos nesse meio-tempo diminuir os danos, cuidando para que a transição cause os menores estragos possíveis no tecido social e econômico do mundo, e para que os padrões de vida não se deteriorem, em consequência. A única questão é saber se vamos manipular a crise ou se ela vai nos manipular.

Aproximadamente dois dentre três norte-americanos se denominam ambientalistas — segundo uma pesquisa Gallup de 1995 — e dariam prioridade à proteção do meio ambiente em detrimento do crescimento econômico. A maioria concordaria com aumento de impostos, se fossem destinados à proteção ambiental. Ainda assim, pode acontecer que seja impossível — que os interesses industriais investidos sejam tão poderosos e a resistência dos consumidores tão fraca que não ocorra nenhuma mudança significativa em nosso modo habitual de agir até que seja tarde demais, ou que a transição para uma civilização não dependente de combustíveis fósseis tensione de tal modo a já frágil economia mundial que venha a causar o caos econômico. Evidentemente, devemos escolher o nosso caminho com cuidado. Há uma tendência natural para contemporizar: a questão é território desconhecido. Não deveríamos avançar lentamente? Mas então damos uma olhada nos mapas das mudanças climáticas projetadas e reconhecemos que não podemos contemporizar, que é imprudência avançar muito lentamente.

O maior emissor de CO_2 no planeta são os Estados Unidos. O segundo maior emissor de CO_2 é a Rússia e as outras repúblicas da antiga União Soviética. O terceiro maior emissor, se os considerarmos em conjunto, são todos os países em desenvolvimento. Esse é um fato muito importante: não é apenas um problema para as nações altamente tecnológicas — por meio da agricultura das queimadas, do uso da lenha, e assim por diante, os países em desenvolvimento também estão dando uma contribuição importante para o aquecimento global. E os países em desenvolvimento têm a maior taxa de crescimento populacional no mundo. Mesmo que não consigam atingir o padrão de vida do Japão, do Crescente do Pacífico e do Ocidente, essas nações vão constituir uma parte cada vez maior do problema. O emissor seguinte, em ordem de cumplicidade, é a Europa ocidental, depois a China, e só então o Japão, uma das nações com o emprego mais eficiente de combustíveis fósseis na Terra. Mais uma vez, assim como o aquecimento global é causado por todo o mundo, qualquer solução também deve vir de todo o mundo.

A escala de mudança necessária para tratar do âmago do problema é quase desanimadora — especialmente para aqueles traçadores de políticas que estão interessados sobretudo em tomar medidas que lhes trarão benefícios durante os seus mandatos. Se a ação exigida para melhorar a situação pudesse ser incluída em programas de dois, quatro ou seis anos, os políticos dariam mais apoio, porque então os benefícios políticos poderiam aparecer na época da reeleição. Mas programas de vinte, quarenta ou sessenta anos, quando os benefícios aparecem não só quando os políticos já não têm o seu mandato, mas quando estão mortos, são politicamente menos atraentes.

O AQUECIMENTO PELO EFEITO ESTUFA
causado pela queima de carvão, óleo e gás pode pôr em perigo o meio ambiente global

Sem dúvida, devemos ser cuidadosos para não agir prematuramente como Creso e descobrir a um alto custo que fizemos algo desnecessário, estúpido ou perigoso. Mas ainda mais irresponsável é a atitude de ignorar uma catástrofe iminente ou esperar ingenuamente que ela desapareça. Não poderíamos encontrar um meio-termo de resposta política, que seja apropriada à seriedade do problema, mas que não nos arruíne em caso de termos de algum modo — uma realimentação negativa *deus ex machina*, por exemplo — superestimado a gravidade da questão?

Vamos imaginar que estamos projetando uma ponte ou um arranha-céu. É costume, por exigência, projetar com uma margem de tolerância a colapsos catastróficos muito maior que as prováveis tensões. Por quê? Como as consequências do colapso da ponte ou arranha-céu são muito sérias, temos de estar seguros. Precisamos de garantias muito confiáveis. Acho que a mesma abordagem devia ser adotada para os problemas ambientais locais, regionais e globais. E sobre esse ponto, como disse, há uma grande resistência, em parte porque grandes somas de dinheiro são exigidas do governo e da indústria. Por essa razão, vemos cada vez mais tentativas para desacreditar o aquecimento global. Mas é também preciso dinheiro para escorar pontes e reforçar arranha-céus. Isso é considerado uma parte normal do custo de construir grandes obras. Os projetistas e construtores que economizam e não tomam essas precauções não são considerados capitalistas prudentes, porque não gastam dinheiro com aquelas contingências implausíveis. São considerados criminosos. Há leis para assegurar que as pontes e os arranha-céus não caiam. Não deveríamos ter também leis e proscrições morais a respeito das questões ambientais potencialmente muito mais sérias?

Quero apresentar agora algumas sugestões práticas sobre como lidar com as mudanças climáticas. Acredito que representam o consenso de um grande número de especialistas, embora sem dúvida não sejam unanimidade. Constituem apenas um começo, apenas uma tentativa de mitigar o problema, mas num nível apropriado de seriedade. Será muito difícil desfazer o aquecimento global e fazer o clima da Terra voltar ao que era, digamos, na década de 1960. As propostas também são modestas sob um outro aspecto — todas têm excelentes razões para serem adotadas, independentemente da questão do aquecimento global.

Com um monitoramento sistemático do Sol, atmosfera, nuvens, terra e oceanos, realizado no espaço, em aviões, em navios e na terra com uma ampla gama de sistemas de sensores, devemos ser capazes de diminuir o espectro de incerteza atual, identificar os circuitos de realimentação, observar os padrões de poluição regional e seus efeitos, rastrear a destruição das florestas e o crescimento dos desertos, monitorar as mudanças nas calotas polares, nas geleiras e no nível dos oceanos, examinar a química da camada de ozônio, observar a difusão dos fragmentos vulcânicos e suas consequências climáticas, bem como investigar as mudanças na quantidade de luz solar que atinge a Terra. Nunca tivemos ferramentas tão poderosas para estudar e salvaguardar o meio ambiente global. Se as naves espaciais de muitas nações estão prestes a desempenhar um papel nesse trabalho, a principal dessas ferramentas é o Sistema Robótico de Observação da Terra da NASA, parte de sua Missão ao Planeta Terra.

Quando gases-estufa são acrescentados à atmosfera, o clima da Terra não reage instantaneamente. Ao contrário, parece ser necessário quase um século para que dois terços do efeito total sejam sentidos. Assim, mesmo que interrompêssemos todas as emissões de CO_2 e outros gases amanhã, o efeito estufa continuaria a se acumular pelo menos até o fim do século XXI. É uma razão poderosa para não se confiar na abordagem "esperar-para-ver" do problema — pode ser profundamente perigoso.

Quando houve uma crise de óleo em 1973-9, elevamos os impostos para reduzir o consumo, fabricamos carros menores e diminuímos os limites de velocidade. Agora que há uma superabundância de petróleo, diminuímos os impostos, fabricamos carros maiores e aumentamos os limites de velocidade. Não há indício de pensamentos a longo prazo.

Para evitar que o efeito estufa cresça ainda mais, o mundo

deve cortar a sua dependência de combustíveis fósseis em mais da metade. A curto prazo, enquanto ainda estamos obcecados pelos combustíveis fósseis, poderíamos usá-los mais eficientemente. Com 5% da população mundial, os Estados Unidos usam quase 25% da energia mundial. Os automóveis são responsáveis por quase um terço da produção de CO_2 dos Estados Unidos. Um carro emite mais do que o seu próprio peso em CO_2 a cada ano. É claro que, se conseguimos percorrer mais milhas com cada galão de gasolina, vamos estar introduzindo menos dióxido de carbono na atmosfera. Quase todos os especialistas concordam em que é possível haver enormes melhoramentos na eficiência do uso dos combustíveis. Por que nós — ambientalistas declarados — vamos nos contentar com carros que fazem apenas 32 por galão? Se pudermos percorrer 64 quilômetros por galão, estaremos injetando apenas metade da quantidade de CO_2 no ar; 128 quilômetros por galão, apenas um quarto dessa quantidade. Essa questão é típica do conflito emergente entre maximizar os lucros a curto prazo e mitigar os danos ambientais a longo prazo.

Ninguém vai comprar carros com uso eficiente de combustível, Detroit costumava dizer. Eles terão de ser menores e assim mais perigosos, não vão acelerar tão rapidamente (embora certamente possam andar mais rápido do que os limites de velocidade) e vão custar mais. É verdade que, na metade da década de 1990, os norte-americanos estão cada vez mais dirigindo carros e caminhões que consomem muita gasolina em altas velocidades — em parte porque o petróleo está muito barato. Assim, a indústria automobilística norte-americana lutou, e mais indiretamente ainda luta, contra mudanças significativas. Em 1990, por exemplo, depois de grande pressão da parte de Detroit, o Senado (por uma margem estreita) rejeitou um projeto de lei que teria exigido melhoramentos significativos na eficiência do uso de combustível nos automóveis norte-americanos, e em 1995-6 as normas de eficiência de combustível já aprovadas em vários estados foram afrouxadas.

Mas não é necessária a fabricação de carros menores, e há

meios de tornar até os carros menores mais seguros — como novas estruturas que absorvem choques, peças que se esfarelam ou saltam, construção com materiais compostos, e *air bags* para todos os assentos. Afora os rapazes nos paroxismos de uma profunda excitação causada por testosterona, quanto perdemos em renunciar à capacidade de ultrapassar em alguns segundos o limite de velocidade, comparado com o quanto que ganhamos? Hoje há carros na estrada, dos que queimam gasolina e aceleram rapidamente, que fazem oitenta quilômetros ou mais por galão. O preço dos carros poderia ser mais alto, mas eles certamente custariam menos em combustível: segundo uma estimativa do governo dos Estados Unidos, a despesa adicional seria recuperada em apenas três anos. Quanto à alegação de que ninguém vai comprar esses carros, ela subestima a inteligência e o interesse ambiental do povo norte-americano — e o poder da propaganda criada para apoiar um objetivo digno.

Estabelecem-se limites de velocidades, são obrigatórias as carteiras de motoristas e são impostas muitas outras restrições aos motoristas de carros para salvar vidas. Os automóveis são reconhecidos como algo potencialmente tão perigoso que é obrigação do governo estabelecer alguns limites para o modo como são fabricados, conservados e dirigidos. Isso é ainda mais verdadeiro quando reconhecemos a seriedade do aquecimento global. Nós temos nos beneficiado de nossa civilização global; não podemos modificar um pouco a nossa conduta para preservá-la?

O projeto de um novo tipo de carro seguro, rápido, com uso eficiente de combustível, limpo, "consciente" em relação aos gases-estufa, vai estimular muitas tecnologias novas e proporcionar muito dinheiro àqueles com superioridade tecnológica. O maior perigo para a indústria automobilística norte-americana é que, se ela resistir por muito tempo, a nova tecnologia necessária será providenciada (e patenteada) pela concorrência estrangeira. Detroit tem uma motivação particular para desenvolver novos carros "conscientes" em relação ao efeito estufa: a sua sobrevivência. Essa não é uma questão de ideologia, nem de preconceito político. Deriva, a meu ver, diretamente do aquecimento pelo efeito estufa.

Os três grandes fabricantes de carros com base em Detroit — estimulados e em parte financiados pelo governo federal — estão lenta mas cooperativamente tentando desenvolver um carro que consiga fazer 128 quilômetros por galão, ou o seu equivalente para o caso de carros que são movidos de outra forma que não seja por gasolina. Se os impostos da gasolina fossem elevados, aumentariam as pressões sobre os fabricantes de carros para que construíssem mais carros com uso eficiente de combustível.

Ultimamente, algumas atitudes têm mudado. A General Motors vem desenvolvendo um automóvel elétrico. "Devemos incorporar nossas diretivas ambientais em nossos negócios", aconselhava Dennis Minano, o vice-presidente comercial na GM em 1996. "As empresas norte-americanas estão começando a perceber que é claramente bom para os negócios [...] Há um mercado mais sofisticado hoje em dia. As pessoas vão nos avaliar, se tomarmos iniciativas ambientais e as incorporarmos para obter sucesso em nossos negócios. Vão afirmar: 'Não podemos chamá-los de verdes, mas vamos dizer que vocês têm um baixo teor de emissões ou um bom programa de reciclagem. Vamos dizer que são ambientalmente responsáveis'." Sob o aspecto retórico, é pelo menos algo novo. Mas ainda estou esperando por aquele carro de bom preço da GM que faz 128 quilômetros por galão.

O que é um carro elétrico? Você o liga, carrega a sua bateria e sai dirigindo. Os melhores desses carros, feitos de materiais compostos, atingem algumas centenas de quilômetros por carga elétrica e passaram nos testes-padrão de choques. Se quiserem ser ambientalmente saudáveis, vão ter que empregar alguma outra coisa que não as grandes baterias com ácido de chumbo — chumbo é um veneno mortal. E, sem dúvida, a carga que põe o carro elétrico em movimento tem de vir de algum lugar; se, digamos, vem de uma usina elétrica a carvão, nada fez para mitigar o aquecimento global, qualquer que tenha sido a sua contribuição para reduzir a poluição das cidades e rodovias.

Melhoramentos semelhantes podem ser introduzidos em todo o resto da economia dependente de combustíveis fósseis: podem-se tornar as usinas a carvão mais eficientes; podem-se projetar as grandes máquinas industriais rotativas para velocidades variáveis; pode-se tornar mais difundido o uso de lâmpadas fluorescentes no lugar das incandescentes. Em muitos casos, as inovações vão poupar dinheiro a longo prazo e ajudar a nos livrar de uma arriscada dependência do óleo estrangeiro. Há razões para aumentar a eficiência com que usamos nossos combustíveis, independentemente de nossa preocupação com o aquecimento global.

Mas aumentar a eficiência com que extraímos energia dos combustíveis fósseis não basta a longo prazo. Com o passar do tempo, vai haver mais humanos sobre a Terra e maiores demandas de energia. Não poderíamos encontrar alternativas para os combustíveis fósseis, meios de gerar energia que não produzam gases-estufa, que não aqueçam a Terra? Uma dessas alternativas é bem conhecida — a fissão nuclear, que não libera a energia química presa nos combustíveis fósseis, mas a energia nuclear trancada no coração da matéria. Não há carros, nem aviões nucleares, mas há navios nucleares, e há certamente usinas nucleares. Em circunstâncias ideais, o custo da eletricidade da usina nuclear é quase igual ao das usinas que funcionam à base de carvão ou óleo, e essas usinas não geram gases-estufa. Absolutamente nenhum. Porém...

Como Three Mile Island e Chernobyl nos lembram, as usinas nucleares podem desprender radioatividade perigosa ou até derreter. Geram um caldeirão de lixo radioativo de longa vida que deve ser descartado. "De longa vida" significa *realmente* longa vida: as meias-vidas de muitos radioisótopos têm uma duração de séculos ou milênios. Se quisermos enterrar esse material, temos de nos assegurar de que não vai vazar, nem entrar na água subterrânea ou nos surpreender de algum outro modo —

e não apenas por um período de anos, mas por um período muito mais longo do que aqueles que no passado fomos capazes de planejar com segurança. Do contrário, estamos dizendo aos nossos descendentes que o lixo que lhes legamos são a *sua* carga, a *sua* preocupação, o *seu* perigo — porque não conseguimos descobrir um meio mais seguro de gerar energia. (Na verdade, é exatamente isso o que fazemos com os combustíveis fósseis.) E há um outro problema: a maioria das usinas nucleares usa ou gera urânio e plutônio, que podem ser empregados para fabricar armas nucleares. Elas são uma constante tentação para nações desonestas e grupos terroristas.

Se essas questões de segurança operacional, controle do lixo radioativo e desvio para armas nucleares fossem resolvidas, as usinas nucleares poderiam ser a solução para o problema dos combustíveis fósseis — ou pelo menos um importante quebra-galho, uma tecnologia de transição até encontrarmos algo melhor. Mas essas questões não têm sido solucionadas com grande segurança, e não parece haver uma forte perspectiva de que venham a ser. As constantes violações dos padrões de segurança pela indústria de energia nuclear, o encobertamento sistemático dessas violações e o fracasso da Comissão Reguladora Nuclear dos Estados Unidos em fazer cumprir suas disposições (provocado em parte por restrições orçamentárias) não inspiram confiança. O ônus da prova fica com a indústria de energia nuclear. Algumas nações como a França e o Japão realizaram uma conversão importante para a energia nuclear, apesar dessas preocupações. Por outro lado, outras nações — como a Suécia —, que tinham previamente autorizado a energia nuclear, decidiram agora eliminá-la por etapas.

Devido à ampla inquietação pública a respeito da energia nuclear, todos os pedidos de usinas nucleares apresentados depois de 1973 foram cancelados, e não foi autorizada nenhuma nova usina desde 1978. As propostas para novos armazenamentos ou cemitérios de lixo radioativo são rotineiramente rejeitadas pelas comunidades envolvidas. O caldeirão das bruxas se acumula.

Há um outro tipo de energia nuclear — não a fissão, quan-

A ENERGIA NUCLEAR
não gera gases-estufa, mas apresenta outros perigos bem conhecidos

do os núcleos atômicos são divididos, mas a fusão, quando são unidos. Em princípio, as usinas nucleares de fusão poderiam funcionar com água do mar — um estoque virtualmente inesgotável — sem gerar gases-estufa, sem criar perigos de lixo radioativo e sem que o processo estivesse envolvido com urânio e plutônio. Mas "em princípio" não conta. Estamos com pressa. Com enormes esforços e uma tecnologia muito desenvolvida, estamos talvez no ponto em que um reator de fusão vai mal e mal gera um pouco mais de energia além daquela que consome. A perspectiva para a energia de fusão é uma perspectiva de sistemas de alta tecnologia, caros, enormes e hipotéticos, que nem mesmo seus defensores imaginam estar funcionando em escala comercial por muitas décadas. Nós não temos muitas décadas. É provável que as primeiras versões gerem quantidades colossais de lixo radioativo. E, de qualquer modo, é difícil imaginar esses sistemas como a resposta para o mundo em desenvolvimento.

O que comentei no último parágrafo é a fusão quente — assim chamada por uma boa razão: é preciso elevar os materiais a temperaturas de milhões de graus ou mais, como no interior do Sol, para fazer a fusão funcionar. Houve afirmações de que existe algo chamado fusão fria, anunciada pela primeira vez em 1989. O aparelho fica em cima de uma mesa; introduzem-se alguns tipos de hidrogênio, um pouco de metal paládio, faz-se passar uma corrente elétrica e, assim dizem, surge mais energia do que a introduzida, bem como nêutrons e outros sinais de reações nucleares. Se fosse verdade, poderia ser a solução ideal para o aquecimento global. Muitos grupos científicos em todo o mundo examinaram a fusão fria. Se houvesse qualquer mérito na afirmação, as recompensas, é claro, seriam enormes. O julgamento esmagador da comunidade dos físicos de todo o mundo é que a fusão fria é uma ilusão, uma mistura de erros de medição, ausência de experimentos de controle apropriados e uma confusão entre reações químicas e nucleares. Mas há alguns grupos de cientistas em várias nações que continuam a examinar a fusão fria — o governo japonês, por exemplo, tem dado um pequeno apoio a esse tipo de pesquisa — e cada uma dessas afirmações deveria ser avaliada numa base de caso a caso.

Talvez esteja prestes a ser descoberta alguma nova tecnologia sutil e engenhosa — inteiramente imprevista no momento atual — que vai fornecer a energia de amanhã. Houve surpresas antes. Mas seria imprudente apostar nisso.

Por muitas razões, os países em desenvolvimento são particularmente vulneráveis ao aquecimento global. São menos capazes de se adaptar a novos climas, adotar novas colheitas, reflorestar, construir muralhas de cais, acomodar-se às secas e enchentes. Ao mesmo tempo, são especialmente dependentes dos combustíveis fósseis. O que é mais natural do que a China, por exemplo — com a segunda maior reserva de carvão no mundo —, empregar os combustíveis fósseis durante sua industrialização exponencial? E se emissários do Japão, Europa ocidental e Estados Unidos fossem a Beijing pedir restrições à queima de carvão e óleo, a China não apontaria que essas nações não exerceram tais restrições durante a *sua* industrialização? (E, de qualquer modo, a Convenção Básica das Mudanças Climáticas, realizada no Rio de Janeiro em 1992 e ratificada por 150 países, exige que os países desenvolvidos arquem com o custo de limitar as emissões de gases-estufa nos países em desenvolvimento.) Os países em desenvolvimento precisam de uma alternativa de tecnologia barata e relativamente simples para os combustíveis fósseis.

Assim, se não quisermos empregar combustíveis fósseis, nem fissão, nem fusão, nem algumas novas tecnologias exóticas, vamos empregar o quê? No governo do presidente norte-americano Jimmy Carter, um conversor solar-térmico foi instalado no telhado da Casa Branca. A água circulava e nos dias ensolarados de Washington, DC, era aquecida pelo brilho do Sol, contribuindo um pouco — talvez com 20% — para satisfazer as necessidades de energia da Casa Branca, inclusive, imagino, as duchas presidenciais. Quanto mais energia fornecida diretamente pelo Sol, menos energia tinha de ser retirada da rede de energia elétrica local, e assim menos carvão e óleo precisavam ser gastos para gerar eletricidade para a rede de energia elétrica perto do Potomac. O conversor não fornecia a maior parte da energia necessária, nem funcionava muito bem em dias nublados, mas era um sinal promissor do que se fazia (e se faz) necessário.

Um dos primeiros atos do presidente Ronald Reagan foi tirar o conversor solar-térmico do telhado da Casa Branca. Era de certa forma ideologicamente ofensivo. Claro que há custos para renovar o telhado da Casa Branca, e que há custos para comprar a energia adicional necessária todos os dias. Mas os responsáveis evidentemente concluíram que o custo valia o benefício. Que benefício? Para quem?

A ENERGIA SOLAR
convertida para eletricidade é uma solução segura e promissora para muitos dos dilemas de energia do mundo

Ao mesmo tempo, o apoio federal às alternativas para os combustíveis fósseis e a energia nuclear sofreu um corte abrupto, de cerca de 90%. Os subsídios governamentais (inclusive enormes cortes nos impostos) para as indústrias dependentes de combustível fóssil e nuclear continuaram altos durante os anos Reagan/Bush. A Guerra do Golfo Pérsico de 1991 pode ser incluída, a meu ver, nessa lista de subsídios. Embora se tenha feito algum progresso técnico em fontes alternativas de energia durante essa época — muito pouco graças ao governo dos Estados Unidos —, perdemos essencialmente doze anos. Devido à velocidade com que os gases-estufa estão se acumulando na atmosfera, bem como à duração de seus efeitos, não temos doze anos para jogar fora. O apoio governamental às fontes alternativas de energia está finalmente voltando a crescer, mas de forma muito escassa. Ainda estou à espera de um presidente que reinstale o conversor solar-térmico no telhado da Casa Branca.

No final da década de 1970, havia uma linha de crédito da receita federal para quem instalasse aquecedor solar-térmico em casa. Até em lugares predominantemente nublados, os moradores que se aproveitaram desse corte nos impostos têm agora água quente em abundância, pela qual não são cobrados pela empresa do serviço público. O investimento inicial foi recuperado em cerca de cinco anos. O governo Reagan eliminou esse crédito da receita federal.

Há toda uma gama de outras tecnologias alternativas. O calor da Terra gera eletricidade na Itália, em Idaho e na Nova Zelândia. Sete mil e quinhentas turbinas, movidas pelo vento, estão gerando eletricidade em Altamont Pass, Califórnia, sendo a eletricidade resultante vendida para a Companhia de Eletricidade e Gás do Pacífico. Em Traverse City, Michigan, os consumidores estão pagando preços um tanto mais elevados pela energia elétrica de turbinas movidas pelo vento, para evitar a poluição ambiental das usinas elétricas que empregam combustíveis fósseis. Muitos outros residentes estão numa fila de espera para se alistar no programa. Sem contar os custos ambientais, a eletricidade gerada pelo vento é agora mais barata que a eletricidade gerada pelo carvão. Estima-se que toda a eletricidade consumida nos Estados Unidos poderia ser suprida por turbinas dispostas com amplo espacejamento nos 10% mais ventosos do país — principalmente nos ranchos e terras agrícolas. Além do mais, combustível gerado por plantas verdes ("conversão de biomassa") poderia substituir o óleo sem aumentar o efeito estufa, porque as plantas tiram CO_2 do ar antes de serem transformadas em combustível.

Mas de muitos pontos de vista, a meu ver, deveríamos estar desenvolvendo e apoiando a conversão direta e indireta da luz solar em eletricidade. A luz solar é inesgotável e amplamente disponível (exceto em lugares muito nublados, como o norte do Estado de Nova York, onde moro); tem poucas partes moventes e precisa de um mínimo de manutenção. E a energia solar não gera gases-estufa, nem lixo radioativo.

Uma tecnologia solar é amplamente empregada: as usinas hidrelétricas. A água é evaporada pelo calor do Sol, cai como chuva nas regiões montanhosas, segue pelos rios que correm pelas encostas, entra numa represa e ali põe em movimento máquinas rotativas que geram eletricidade. Mas há um número limitado de rios rápidos em nosso planeta, e em muitos países o que existe nesse sentido é inadequado para suprir as necessidades de energia.

Carros movidos a energia solar já competiram em corridas de longa distância. A energia solar pode ser usada para gerar combustível de hidrogênio a partir da água; quando queimado, o hidrogênio simplesmente regenera a água. Há muitos desertos no mundo que podem ser empregados com proveito, de forma ecologicamente responsável, para colher a luz solar. Há décadas, a energia elétrico-solar ou "fotovoltaica" tem sido usada rotineiramente para impulsionar as naves espaciais perto da Terra e por todo o sistema solar interno. Fótons de luz atingem a superfície da célula e ejetam elétrons, cujo fluxo cumulativo é uma corrente de eletricidade. Essas são tecnologias práticas existentes.

Mas quando, se é que isso será possível algum dia, a tecnologia elétrico-solar vai ser competitiva com os combustíveis fósseis na geração de energia para as casas e os escritórios? As estimativas modernas, inclusive as do Departamento de Energia, são de que a tecnologia solar vai sair do atraso na década seguinte a 2001. É cedo o bastante para fazer uma real diferença.

Na verdade, a situação é muito mais favorável que essas estimativas. Quando se faz esse tipo de comparação, os contadores mantêm dois conjuntos de livros — um para consumo público e outro que revela os verdadeiros custos. O custo do óleo cru nos últimos anos tem sido cerca de vinte dólares por barril. Mas as forças militares dos Estados Unidos receberam a missão de proteger as fontes estrangeiras de óleo, e concede-se considerável ajuda financeira a algumas nações em grande parte por causa do óleo. Por que devemos fingir que isso não faz parte do custo do óleo? Toleramos vazamentos de petróleo ecologicamente desastrosos (como o do *Valdez*, da Exxon) por causa de nosso apetite por petróleo. Por que fingir que isso não faz parte do custo do óleo? Se acrescentarmos essas despesas adicionais, o preço estimado se tornará cerca de oitenta dólares por barril. Se então adicionarmos os custos ambientais, o preço real será talvez centenas de dólares por barril. E quando a tentativa de proteger o óleo provoca uma guerra, como por exemplo a do golfo Pérsico, o custo se torna mais elevado, e não apenas em dólares.

Quando se tenta fazer uma conta que seja aproximadamente justa, torna-se claro que para muitos fins a energia solar (bem como a eólica e a de outros recursos renováveis) já é muito mais barata do que o carvão, o óleo ou o gás natural. Os Estados Unidos e as outras nações industriais deveriam estar fazendo investimentos importantes para aperfeiçoar ainda mais essa tecnologia e instalar grandes conjuntos de conversores de energia solar. Mas todo o orçamento anual do Departamento de Energia para essa tecnologia tem sido aproximadamente o custo de um ou dois aviões de alto desempenho, estacionados no exterior para proteger as fontes estrangeiras de óleo.

Se investirmos agora em uso eficiente dos combustíveis fósseis ou em fontes alternativas de energia, colheremos bons resultados no futuro. Mas a indústria, os consumidores e os políticos, como já mencionei, parecem frequentemente interessados apenas no aqui e agora. Enquanto isso, empresas norte-americanas pioneiras de energia solar estão sendo vendidas para firmas estrangeiras. Sistemas elétrico-solares estão sendo provados na Espanha, Itália, Alemanha e Japão. Até a maior usina comercial norte-americana de energia solar, no deserto Mojave, gera apenas algumas centenas de *megawatts* de eletricidade, que ela vende para a Southern Califórnia Edison. Em todo o mundo, os planejadores dos serviços públicos estão evitando investimentos em turbinas eólicas e geradores elétrico-solares.

Apesar de tudo, há alguns sinais encorajadores. Os dispositivos elétrico-solares de pequena escala fabricados nos Estados Unidos estão começando a dominar o mercado mundial. (Das três maiores companhias, duas são controladas pela Alemanha e pelo Japão; a terceira, pelas empresas norte-americanas de combustíveis fósseis.) Os pastores tibetanos estão usando painéis solares para acender lâmpadas e ligar rádios; médicos da Somália armaram painéis solares em camelos para manter resfriadas vacinas preciosas nas suas caminhadas pelo deserto; 50 mil pequenas casas na Índia estão sendo convertidas para usar a energia elétrico-solar. Como esses sistemas estão ao alcance da classe média baixa nos países em desenvolvimento, e como são quase isentos de manutenção, o mercado potencial de eletrificação rural solar é imenso.

Nós podemos e deveríamos estar fazendo mais esforços. Deveria haver um grande compromisso federal com o aperfeiçoamento dessa tecnologia e incentivos para que cientistas e inventores entrassem nessa área pouco explorada. Por que a "independência de energia" é mencionada com tanta frequência como uma justificativa para as usinas nucleares ou para as perfurações ao largo da costa que são ambientalmente arriscadas — mas tão raramente lembrada para justificar a insulação, carros eficientes ou a energia solar e eólica? Muitas dessas novas tecnologias também podem ser usadas no mundo em desenvolvimento para melhorar a indústria e os padrões de vida, sem que se cometam os erros ambientais do mundo desenvolvido. Se os Estados Unidos pretendem ser o primeiro do mundo em novas indústrias básicas, eis uma que está prestes a decolar.

Talvez essas alternativas possam ser rapidamente desenvolvidas numa economia de livre mercado. Ou então, as nações poderiam considerar a possibilidade de impor um pequeno imposto aos combustíveis fósseis, destinado ao desenvolvimento das tecnologias alternativas. A Grã-Bretanha determinou um "Ônus para o Emprego de Combustíveis Fósseis" em 1991, que chega a 11% do preço de compra. Só nos Estados Unidos, isso importaria em muitos bilhões de dólares por ano. Mas, em 1993-6, o presidente Clinton não conseguiu aprovar nem a legislação para um imposto de 5% por galão. Talvez os futuros governos consigam melhores resultados.

O que espero que aconteça é a introdução paulatina, num ritmo respeitável, das tecnologias de conversão elétrico-solar, turbinas eólicas e biomassa, bem como do combustível de hidrogênio, ao mesmo tempo que aperfeiçoamos bastante a eficiência com que empregamos os combustíveis fósseis. Ninguém está falando em abandonar completamente os combustíveis fósseis. É improvável que as necessidades de alta intensidade da energia industrial — por exemplo, em fundições de aço e alumínio — sejam fornecidas pela luz solar ou por moinhos de vento. Mas se conseguirmos cortar a nossa dependência dos combustíveis fósseis pela metade ou mais, teremos feito muito. É improvável que tenhamos tecnologias muito diferentes a tempo de acompanhar o ritmo do aquecimento global. Mas já será ótimo se, em algum período do próximo século, tivermos disponível uma nova tecnologia — barata, limpa, sem gerar gases-estufa, algo que possa ser construído e consertado nos países pequenos e pobres em todo o mundo.

Mas não há nenhum modo de remover o dióxido de carbono da atmosfera, para desfazer parte do estrago que já causamos? O único modo de resfriar o efeito estufa que não só parece seguro como confiável é plantar árvores. As árvores em crescimento retiram CO_2 do ar. Depois de já plenamente desenvolvidas, seria remar contra a corrente queimá-las, pois isso anularia o benefício que estamos procurando. Ao contrário, deveríamos plantar florestas, e as árvores, quando plenamente desenvolvidas, deveriam ser derrubadas e usadas, por exemplo, para construir casas ou mobília. Ou apenas enterradas. Mas a extensão de terra em todo o mundo que deve ser reflorestada para que o plantio de árvores represente uma contribuição importante é enorme, aproximadamente a área dos Estados Unidos. Isso só pode ser feito com a cooperação de toda a espécie humana. Porém, em vez disso, a espécie humana está destruindo um acre de floresta a cada *segundo*. Todos podem plantar árvores — indivíduos, nações, indústrias. Mas especialmente a indústria. Os Serviços de Energia Aplicada em Arlington, Virginia, construíram uma usina de carvão em Connecticut; também estão plantando árvores na Guatemala que vão retirar da atmosfera da Terra mais dióxido de carbono do que a nova usina injetará no ar durante o seu tempo de vida operacional. As madeireiras não deveriam plantar mais florestas — árvores copadas e de crescimento rápido, úteis para mitigar o efeito estufa — do que derrubam? E que dizer das indústrias de carvão, óleo, gás natural, petróleo e automóveis? Toda companhia que introduz CO_2 na atmosfera não deveria também se comprometer a retirá-lo? Não é o que todo cidadão deveria fazer? E que dizer de *plantar* árvores na época do Natal? Ou nos aniversários, casamentos e jubileus? Os nossos ancestrais vieram das árvores, e temos uma afinidade natural com elas. É perfeitamente apropriado que plantemos árvores.

Ao extrair sistematicamente da Terra os cadáveres de antigos seres e queimá-los, criamos um perigo para nós mesmos. Podemos mitigar o perigo melhorando a eficiência com que realizamos essa queima, investindo em tecnologias alternativas (como combustíveis de biomassa, energia eólica e solar) e dando vida a alguns dos mesmos tipos de seres cujos resíduos, antigos e modernos, estamos queimando — as árvores. Essas ações proporcionariam uma gama de benefícios subsidiários: a purificação do ar; o retardamento da extinção das espécies nas florestas tropicais; a redução ou eliminação de vazamentos de óleo; a criação de novas tecnologias, novos empregos e novos lucros; a garantia da independência de energia; a ajuda para que os Estados Unidos e outras nações industriais dependentes do óleo retirassem seus filhos e filhas uniformizados da linha de tiro; e o redirecionamento de uma parte substancial de seus orçamentos militares para economias civis produtivas.

Apesar da contínua resistência por parte das indústrias de combustíveis fósseis, um ramo de negócios tem dado passos significativos para levar a sério o aquecimento global — as companhias de seguro. Tempestades violentas e outros extremos do clima que são provocados pelo efeito estufa, enchentes, secas e assim por diante, poderiam "levar a indústria à bancarrota", diz o presidente da Associação de Resseguros Norte-Americana. Em maio de 1996, citando o fato de que seis dentre os dez piores desastres naturais na história do país ocorreram na década anterior, um consórcio de companhias de seguros norte-americanas patrocinou uma investigação do aquecimento global como a causa potencial. Companhias de seguro alemãs e suíças têm pressionado para que se diminuam as emissões de gases-estufa. A Aliança dos Estados das Pequenas Ilhas tem exigido que as nações industriais reduzam a sua emissão de gases-estufa para 20% *abaixo* dos níveis de 1990 até o ano 2005. (Entre 1990 e 1995, as emissões de CO_2 em todo o mundo aumentaram 12%.) Há um novo interesse, pelo menos retórico, na responsabilidade ambiental por parte de outras indústrias — refletindo a esmagadora preferência pública no mundo desenvolvido e, em certa medida, em áreas que ultrapassam os seus limites.

"O aquecimento global é uma grave preocupação que vai provavelmente representar uma ameaça séria aos próprios fundamentos da vida humana", disse o Japão, anunciando que estabilizaria as emissões de gases-estufa pelo ano 2000. A Suécia anunciou que vai eliminar por etapas a metade nuclear de seu suprimento de energia até 2010, ao mesmo tempo que pretende diminuir as emissões de CO_2 de suas indústrias em 30% — o que será feito aperfeiçoando-se a eficiência da energia e introduzindo-se paulatinamente fontes de energia renováveis; o país espera poupar dinheiro nesse processo. John Selwyn Gummer, secretário do Meio Ambiente da Grã-Bretanha, declarou em 1996: "Como parte da comunidade mundial, estamos aceitando que deve haver regras mundiais". Mas há resistências consideráveis. Os países da OPEP se opõem a reduzir as emissões de CO_2, porque isso cortaria um naco de suas rendas do óleo. A Rússia e muitos países em desenvolvimento se opõem, porque seria um obstáculo importante à industrialização. Os Estados Unidos são a única grande nação industrializada que não está tomando medidas significativas para combater o aquecimento pelo efeito estufa. Enquanto as outras nações agem, os Estados Unidos nomeiam comissões e insistem para que as indústrias afetadas adotem uma atitude condescendente contra seus interesses de curto prazo. Agir efetivamente a respeito dessa questão será mais difícil que implementar o Protocolo de Montreal sobre os CFCs e suas emendas. As indústrias afetadas são muito mais poderosas, o custo da mudança é muito maior, e ainda não há nada tão dramático para o aquecimento global quanto o buraco sobre a Antártida para a diminuição da camada de ozônio. Os cidadãos terão de educar as indústrias e os governos.

Não tendo cérebro, as moléculas de CO_2 são incapazes de compreender a ideia profunda da soberania nacional. São apenas sopradas pelo vento. Se são produzidas num determinado lugar, podem acabar em qualquer outro local. O planeta é uma unidade. Sejam quais forem as diferenças ideológicas e culturais, as nações do mundo devem trabalhar em conjunto; do contrário, não haverá solução para o aquecimento pelo efeito estufa e para os outros problemas ambientais globais. Estamos todos juntos nessa estufa.

Finalmente, em abril de 1993, o presidente Bill Clinton assumiu o compromisso de que os Estados Unidos farão o que o governo Bush se recusara a fazer: juntar-se às outras 150 nações e assinar os protocolos do encontro Cúpula da Terra, realizado no ano anterior no Rio de Janeiro. Especificamente, os Estados Unidos se empenharam em reduzir até o ano 2000 os seus níveis de emissão de dióxido de carbono e outros gases-estufa para os níveis de 1990 (os níveis de 1990 são bastante ruins, mas é pelo menos um passo na direção correta). Cumprir essa promessa não será fácil. Os Estados Unidos também se comprometeram a tomar medidas para proteger a diversidade biológica numa série de ecossistemas no planeta.

Não é seguro persistir no desenvolvimento descuidado da

tecnologia, nem na total negligência quanto às consequências dessa tecnologia. Está dentro de nosso alcance orientar a tecnologia, direcioná-la para o benefício de todos sobre a Terra. Talvez haja um raio de esperança para esses problemas ambientais globais, porque eles estão nos forçando, a contragosto, por mais relutantes que sejamos, a adotar uma nova forma de pensar — na qual, em alguns aspectos, o bem-estar da espécie humana tem prioridade sobre os interesses nacionais e corporativos. Somos uma espécie talentosa, quando pressionados pela necessidade. Sabemos o que fazer. Das crises ambientais de nossa época deve resultar, a menos que sejamos muito mais imbecis do que imagino, uma união das nações e gerações, bem como o fim de nossa longa infância.

13. RELIGIÃO E CIÊNCIA: UMA ALIANÇA

> *No primeiro ou segundo dia, todos nós apontávamos para os nossos países. No terceiro ou quarto dia, estávamos apontando para os nossos continentes. No quinto dia, só percebíamos uma única Terra.*
> Príncipe sultão Bin Salmon Al-saud, astronauta da Arábia Saudita

A inteligência e a fabricação de ferramentas foram as nossas fortalezas desde o início. Usávamos esses talentos para compensar a escassez de dons naturais — velocidade, voo, peçonha, capacidade de cavar e tudo o mais — generosamente distribuídos aos outros animais, ao que parecia, e cruelmente negados a nós. Desde a época da domesticação do fogo e da elaboração das ferramentas de pedra, era óbvio que nossas habilidades poderiam ser usadas tanto para o bem como para o mal. Mas foi só recentemente que começamos a compreender que até o uso benigno de nossa inteligência e nossas ferramentas — por não sermos bastante inteligentes para prever todas as consequências — poderia nos colocar numa situação de risco.

Hoje estamos em toda parte sobre a Terra. Temos bases na Antártida. Visitamos o fundo dos oceanos. Doze humanos até caminharam sobre a Lua. Há atualmente quase 6 bilhões de humanos, e nossos números crescem o equivalente à população da China a cada década. Submetemos os outros animais e as plantas (embora nosso sucesso não tenha sido tão grande com os micróbios). Domesticamos muitos organismos, forçando-os a nos servir. Nós nos tornamos, segundo alguns padrões, a espécie dominante na Terra.

E, quase a cada passo, temos enfatizado o local em detrimento do global, o curto prazo em detrimento do longo prazo. Temos destruído as florestas, provocado a erosão da camada superior do solo, mudado a composição da atmosfera, diminuído a camada protetora de ozônio, alterado o clima, envenenado o ar e as águas e causado grande sofrimento aos mais pobres com a deterioração do meio ambiente. Nós nos tornamos predadores da biosfera — arrogando-nos direitos, sempre tirando e nunca repondo nada. E assim somos agora um perigo para nós mesmos e para os outros seres com os quais partilhamos o planeta.

O ataque em massa ao meio ambiente global não é responsabilidade apenas de industrialistas ávidos de lucros, nem de políticos sem visão e corruptos. Há muita culpa a partilhar.

A tribo dos cientistas tem desempenhado um papel central. Muitos de nós nem sequer nos damos ao trabalho de pensar sobre as consequências a longo prazo de nossas invenções. Temos nos apressado a colocar poderes devastadores nas mãos de quem oferece mais dinheiro e nas mãos das autoridades da nação que por acaso habitemos. Em muitos casos, tem nos faltado uma bússola moral. Desde seus primórdios, a filosofia e a ciência se mostraram ansiosas, nas palavras de René Descartes, por "nos tornar mestres e donos da natureza" e por usar a ciência, como disse Francis Bacon, para curvar a natureza ao "serviço do homem". Bacon falava de o "homem" exercer um "direito sobre a natureza". "A natureza", escreveu Aristóteles, "criou todos os animais por causa do homem." "Sem o homem", afirmava Immanuel Kant, "toda a criação seria um mero descampado, algo vão." Ainda há pouco tempo ouvíamos falar de "conquistar" a natureza e da "conquista" do espaço — como se a natureza e o cosmos fossem inimigos a serem vencidos.

A tribo religiosa também tem desempenhado um papel central. Seitas ocidentais sustentavam que, assim como devíamos nos submeter a Deus, todo o resto da natureza devia se submeter a nós. Especialmente nos tempos modernos, parecemos mais inclinados a aceitar a segunda metade dessa proposição do que a primeira. No mundo real e palpável, revelado pelo que fazemos e não pelo que dizemos, muitos humanos aparentemente aspiram a ser os senhores da criação — com uma medida ocasional, requerida pela convenção social, para os deuses que estejam na moda. Descartes e Bacon foram profundamente influenciados pela religião. A noção de "nós contra a natureza" é um legado de nossas tradições religiosas. No livro do Gênesis, Deus dá aos seres humanos "o domínio [...] sobre todo ser vivo", e todos os animais "sentem medo" e "terror" diante de nós. O homem é instruído a "submeter" a natureza, e "submeter" é a tradução de uma palavra hebraica com fortes conotações militares. Nessa linha de pensamento, há muito mais na Bíblia — e na tradição cristã medieval que deu origem à ciência moderna. O Islã, ao contrário, não se inclina a considerar a natureza como inimiga.

É claro que tanto a ciência como a religião são estruturas complexas de muitas camadas, abrangendo muitas opiniões diferentes e até contraditórias. Foram os cientistas que descobriram as crises ambientais e alertaram o mundo sobre o problema, e há alguns que, pagando um preço considerável, se recusam a trabalhar em invenções que possam causar dano para a sua espécie. E foi a religião que primeiro articulou o imperativo de reverenciar os seres vivos.

É verdade, não há nada na tradição judaico-cristã-muçulmana que chegue perto da valorização da natureza na tradição hindu-budista-jaina ou entre os índios americanos. Na realidade, tanto a religião ocidental como a ciência ocidental fizeram de tudo para afirmar que a natureza não é a história, mas apenas o cenário, que ver a natureza como sagrada é um sacrilégio.

Ainda assim, há um claro contraponto religioso: o mundo natural é uma criação de Deus, estabelecido na Terra para outros fins que não a glorificação do "Homem", merecendo, portanto, respeito e cuidados por si mesmo, e não apenas pela sua utilidade para nós. Especialmente nos últimos tempos, surgiu a metáfora pungente da "administração" — a ideia de que os humanos são os zeladores da Terra, colocados no planeta para esse fim e responsáveis, agora e no futuro indefinido, perante o Senhor.

Sem dúvida, a vida sobre a Terra prosperou bastante bem por 4 bilhões de anos sem "administradores". Os trilobites e os dinossauros, que em separado andaram por aqui durante mais de 100 milhões de anos, talvez se divertissem com uma espécie que, existindo há apenas mil anos, decide se nomear guardiã da vida sobre a Terra. Essa espécie é, ela própria, o perigo. Os administradores humanos são necessários, reconhecem essas religiões, para proteger a Terra dos humanos.

Os métodos e o etos da ciência e da religião são profundamente diferentes. A religião frequentemente nos pede que acreditemos sem questionar, até (ou especialmente) na ausência de evidências fortes. Na verdade, esse é o significado central da fé. A ciência nos pede que não aceitemos nada com base na fé, que tenhamos cuidado com nossa tendência a nos enganar, que rejeitemos evidências anedóticas. A ciência considera o ceticismo profundo uma virtude essencial. A religião frequentemente o vê como um obstáculo à iluminação. Assim, há séculos ocorre um conflito entre as duas áreas — as descobertas da ciência desafiando os dogmas religiosos, e a religião tentando ignorar ou suprimir as descobertas inquietantes.

Mas os tempos mudaram. Muitas religiões já se acomodaram a uma Terra que gira ao redor do Sol, a uma Terra que tem 4,5 bilhões de anos, à evolução e a outras descobertas da ciência moderna. O papa João Paulo II disse: "A ciência pode purificar a religião, livrando-a do erro e da superstição; a religião pode purificar a ciência, livrando-a da idolatria e dos falsos absolutos. Cada uma pode introduzir a outra num mundo mais amplo, num mundo em que ambas consigam florescer [...] Essa cooperação deve ser alimentada e encorajada".

Em nenhum outro ponto é essa declaração mais evidente do que na presente crise ambiental. Não importa de quem seja a principal responsabilidade pela crise, não há saída sem a compreensão dos perigos e seus mecanismos e sem um profundo compromisso com o bem-estar a longo prazo de nossa espécie e de nosso planeta — isto é, em palavras bastante precisas, sem o envolvimento central tanto da ciência como da religião.

Tive a felicidade de participar de uma experiência extraordinária de várias reuniões realizadas em todo o mundo. Os líderes religiosos do planeta se reuniram com cientistas e legisladores de muitas nações para tentar lidar com a crise ambiental mundial que está piorando em ritmo acelerado.

Representantes de quase cem nações estavam presentes nas conferências do "Fórum Global dos Líderes Espirituais e Parlamentares" em Oxford, em abril de 1988, e em Moscou, em janeiro de 1990. De pé sob uma imensa fotografia da Terra vista do espaço, eu me vi diante de uma representação da maravilhosa variedade da nossa espécie, com suas indumentárias diversas: madre Teresa e o cardeal arcebispo de Viena, o arcebispo de Canterbury, os principais rabinos da Romênia e do Reino Unido, o Grande Mufti da Síria, o metropolitano de Moscou, um ancião da Nação Onondaga, o sumo sacerdote da Floresta Sagrada de Togo, o Dalai-Lama, sacerdotes jainistas resplandecentes em seus mantos brancos, *sikhs* de turbantes, *swamis* hindus, abades budistas, sacerdotes xintoístas, protestantes evangélicos, o primaz da Igreja Armênia, um "Buda vivo" da China, os bispos de Estocolmo e Harare, metropolitanos das Igrejas Ortodoxas, o chefe dos chefes das Seis Nações da Confederação Iroquesa — e, junto com eles, o secretário-geral das Nações Unidas, o primeiro-ministro da Noruega, a fundadora de um movimento de mulheres do Quênia para replantar as florestas, o presidente do World Watch Institute, os diretores do Fundo para a Infância das Nações Unidas, de seu Fundo Populacional e da UNESCO, o ministro soviético do Meio Ambiente e parlamentares de várias nações, inclusive senadores e deputados norte-americanos e um futuro vice-presidente dos Estados Unidos. Esses encontros foram organizados principalmente por uma pessoa, Akio Matsumura, antigo funcionário das Nações Unidas.

Lembro-me dos 1300 delegados reunidos no Salão de São Jorge, no Kremlin, para ouvir um discurso de Mikhail Gorbachev. A sessão foi aberta por um venerável monge védico, representando uma das mais antigas tradições religiosas sobre a Terra, que convidou a multidão a entoar a sílaba sagrada "Om". Pelo que pude perceber, o ministro das Relações Exteriores, Eduard Shevardnadze, entoou o "Om" junto com os demais, mas Mikhail Gorbatchev se absteve. (Uma imensa estátua branca de Lênin, com a mão estendida, avultava ali perto.)

Naquele mesmo dia, dez delegados judeus, encontrando-se no Kremlin no entardecer de uma sexta-feira, realizaram a primeira cerimônia religiosa judaica naquele local. Lembro-me de o Grande Mufti da Síria enfatizar, para surpresa e prazer de muitos, a importância no Islã do "controle populacional para o bem-estar global, desde que não seja realizado à custa de uma nacionalidade e em proveito de outras". Vários palestrantes citaram as palavras dos índios norte-americanos: "Não herdamos a Terra de nossos ancestrais, nós a tomamos emprestado de nossos filhos".

O inter-relacionamento de todos os seres humanos foi um tema constantemente acentuado. Escutamos uma parábola secular, em que nos foi pedido que imaginássemos a nossa espécie como uma vila de cem famílias. Assim, 65 famílias na nossa vila são analfabetas e noventa não falam inglês, setenta não têm água para beber em casa, oitenta não têm entre seus membros ninguém que haja voado num avião. Sete famílias possuem 60% da terra e consomem 80% de toda a energia disponível. Eles têm todos os luxos. Sessenta famílias se amontoam em 10% da terra. Apenas uma família tem um membro com educação universitária. E o ar e a água, o clima e a luz solar fustigante, tudo está piorando. Qual é a nossa responsabilidade comum?

Na conferência de Moscou, um apelo assinado por alguns cientistas ilustres foi apresentado aos líderes religiosos do mundo. A sua resposta foi esmagadoramente positiva. O encontro terminou com um plano de ação que incluía as seguintes frases:

> Este encontro não é apenas um evento, mas um passo num processo em que estamos definitivamente envolvidos. Por isso, voltamos agora para casa empenhados em agir como participantes diligentes nesse processo, nada menos que como emissários da mudança fundamental que deverá ser realizada nas atitudes e práticas que puseram nosso mundo na beira perigosa de um precipício.

* * *

Os líderes religiosos de muitas nações começaram a entrar em ação. A Conferência Católica dos Estados Unidos, a Igreja Episcopal, a Igreja Unida de Cristo, os cristãos evangélicos, os líderes da comunidade judaica e muitos outros grupos deram passos importantes. Como catalisador desse processo, estabeleceu-se um Apelo Conjunto da Ciência e da Religião a favor do Meio Ambiente, presidido pelo reverendo James Parks Morton, deão da Catedral de St. John the Divine, e por mim. O vice-presidente Al Gore, então senador dos Estados Unidos, desempenhou um papel central. Num primeiro encontro exploratório de cientistas e líderes dos principais credos norte-americanos, realizado em Nova York em junho de 1991, tornou-se claro que havia muito terreno em comum:

> Muitos fatores nos tentariam a negar ou desconsiderar essa crise ambiental global, até a recusar qualquer reflexão sobre as mudanças fundamentais no comportamento humano exigidas para enfrentá-la. Mas nós, líderes religiosos, aceitamos a responsabilidade profética de divulgar as reais dimensões desse desafio, bem como os passos necessários para enfrentá-lo, às muitas milhões de pessoas que influenciamos, ensinamos e aconselhamos.
>
> Pretendemos ser participantes informados nas discussões dessas questões e contribuir com nossas visões sobre o imperativo moral e ético para o desenvolvimento de respostas políticas nacionais e internacionais. Mas declaramos aqui e agora que se devem adotar medidas para: acelerar a eliminação paulatina dos produtos químicos que causam a diminuição da camada de ozônio; empregar muito mais eficientemente os combustíveis fósseis e desenvolver uma economia que não seja dependente dos combustíveis fósseis; preservar as florestas tropicais e tomar outras medidas para proteger uma continuada diversidade biológica; e realizar esforços conjuntos no sentido de retardar o crescimento

dramático e perigoso da população mundial, concedendo poderes tanto às mulheres como aos homens, encorajando a autossuficiência econômica e tornando programas de educação familiar acessíveis a todos os que desejarem participar numa base estritamente voluntária.

Acreditamos que hoje existe um consenso, no nível mais elevado das lideranças em todo um espectro significativo das tradições religiosas, de que a causa da integridade e justiça ambientais deve ocupar uma posição de máxima prioridade para as pessoas de fé. A resposta a essa questão pode e deve cruzar as linhas religiosas e políticas tradicionais. Tem o potencial de unificar e renovar a vida religiosa.

A última frase do segundo parágrafo representa uma tortuosa solução de compromisso com a delegação católica romana, que não só se opõe a descrever métodos de controle da natalidade, como até a pronunciar as palavras "controle da natalidade".

Em 1993, o Apelo Conjunto evoluíra para a Parceria Religiosa Nacional pelo Meio Ambiente, uma coalizão da Igreja católica, religião judaica, principais ramos da Igreja protestante, Igreja ortodoxa oriental, Igreja negra histórica e das comunidades cristãs evangélicas. Usando material preparado pelo Departamento de Ciência da Parceria, os grupos participantes — tanto individual como coletivamente — começaram a exercer considerável influência. Muitas comunidades religiosas que antes não tinham programas ou órgãos ambientais nacionais são agora descritas como "plenamente comprometidas com o empreendimento". Mais de 100 mil congregações religiosas, que representam dezenas de milhões de norte-americanos, têm recebido manuais sobre educação e ação ambiental. Milhares de líderes clericais e seculares têm participado em treinamentos regionais, e têm-se documentado milhares de iniciativas ambientais de congregações. Legisladores estaduais e nacionais têm sido pressionados, meios de comunicação têm sido instruídos, seminaristas alertados, sermões pronunciados. Como um exemplo mais ou menos aleatório, em janeiro de 1996, a Rede Ambiental Evangélica — a organização da comunidade cristã evangélica na Parceria — pressionou o Congresso a favor da Lei das Espécies Ameaçadas (que está, ela própria, ameaçada). A razão? Um porta-voz explicou que, embora não fossem cientistas, os evangélicos podiam "defender o caso" com fundamentos teológicos: as leis que protegem as espécies ameaçadas eram descritas como "a Arca de Noé de nossos dias". O princípio básico da Parceria, "de que a proteção ambiental deve ser agora um elemento central da vida religiosa", está aparentemente sendo aceito em muitos lugares. Há uma iniciativa importante que a Parceria ainda não tentou: procurar influenciar os paroquianos que são executivos de indústrias importantes que afetam o meio ambiente. Espero muitíssimo que seja tentada.

A presente crise ambiental mundial ainda não é um desastre. Ainda não. Como em outras crises, ela tem o potencial de fazer surgir poderes, antes não canalizados e nem sequer imaginados, de cooperação, engenhosidade e compromisso. A ciência e a religião talvez tenham opiniões diferentes sobre a criação da Terra, mas podemos concordar em que a sua proteção merece nossa profunda atenção e cuidado amoroso.

O APELO

O que vem a seguir é o texto de janeiro de 1990, enviado pelos cientistas aos líderes religiosos: "Preservando e protegendo a Terra: um apelo a favor do compromisso conjunto da ciência e religião".

A Terra é o berço natal de nossa espécie e, ao que se saiba, o nosso único lar. Quando nossos números eram pequenos e a nossa tecnologia fraca, não tínhamos poderes para influenciar o meio ambiente do mundo. Mas hoje, de repente, quase sem ninguém perceber, os nossos números se tornaram imensos e a nossa tecnologia

171

adquiriu poderes enormes, até terríveis. Intencional ou inadvertidamente, somos agora capazes de provocar mudanças devastadoras no meio ambiente global — um meio ambiente a que nós e todos os outros seres com os quais partilhamos a Terra estamos meticulosa e refinadamente adaptados.

Somos agora ameaçados por alterações ambientais autoinfligidas em rápido processo de aceleração, cujas consequências biológicas e ecológicas de longo prazo infelizmente ainda ignoramos — a diminuição da camada protetora de ozônio, um aquecimento global sem precedentes nos últimos 150 milênios, a destruição de um acre de floresta a cada segundo, a rápida extinção de espécies e a perspectiva de uma guerra nuclear global que poria em risco a maioria da população da Terra. É possível que haja outros desses perigos que, em nossa ignorância, ainda não percebemos. Individual e cumulativamente, eles representam uma armadilha para a espécie humana, uma cilada que armamos para nós mesmos. Por mais elevadas e cheias de princípios (ou ingênuas e míopes) que sejam as justificativas para as atividades que provocaram esses perigos, eles agora, isoladamente e em conjunto, ameaçam a nossa espécie e muitas outras. Estamos perto de cometer — muitos diriam que já estamos cometendo — o que em linguagem religiosa é às vezes chamado de Crimes contra a Criação.

Pela sua própria natureza, esses ataques ao meio ambiente não foram causados por um único grupo político ou por uma única geração. Intrinsecamente, abrangem muitas nações, gerações e ideologias. O mesmo acontece com todas as soluções concebíveis. A saída dessa armadilha requer uma perspectiva que abranja os povos do planeta e todas as gerações futuras.

Em problemas dessa magnitude, e em soluções que exigem uma perspectiva tão ampla, deve-se reconhecer desde o início uma dimensão não só científica, como religiosa. Cientes de nossa responsabilidade comum, nós, cientistas — muitos empenhados em combater a crise ambiental —, pedimos insistentemente que a comunidade religiosa do mundo se comprometa, com palavras e ações, e com toda a audácia requerida, a preservar o meio ambiente da Terra.

Alguns dos atenuantes a curto prazo desses perigos — como o uso mais eficiente da energia, a rápida proibição dos clorofluorcarbonetos ou reduções modestas nos arsenais nucleares — são relativamente fáceis e em algum nível já estão sendo adotados. Mas outras medidas mais efetivas, de mais longo alcance e mais longo prazo, vão enfrentar inércia, negação e resistência em muitas partes. Nessa categoria estão a conversão de uma economia dependente dos combustíveis fósseis para uma economia de energia não poluente, uma reversão rápida e continuada da corrida de armas nucleares, bem como uma parada voluntária no crescimento da população mundial — sem o que muitas das outras medidas para preservar o meio ambiente serão anuladas.

Assim como nas questões da paz, dos direitos humanos e da justiça social, as instituições religiosas também podem exercer uma forte influência nesse caso, encorajando iniciativas nacionais e internacionais nos setores públicos e privados, bem como nas diversas áreas do comércio, educação, cultura e meios de comunicação de massa.

A crise ambiental requer mudanças radicais, não só na política pública, mas também no comportamento individual. O registro histórico deixa claro que o ensino, o exemplo e a liderança religiosos são poderosamente capazes de influenciar a conduta e os compromissos individuais.

Como cientistas, muitos de nós tivemos profundas

experiências de temor e reverência diante do universo. Compreendemos que aquilo que é considerado sagrado tem mais probabilidade de ser tratado com amor e respeito. Os esforços para salvaguardar e proteger o meio ambiente precisam ser incutidos com uma visão do sagrado. Ao mesmo tempo, é necessária uma compreensão muito mais ampla e mais profunda da ciência e da tecnologia. Se não compreendemos o problema, é improvável que sejamos capazes de corrigi-lo. Assim, há um papel vital tanto para a religião como para a ciência.

Sabemos que o bem-estar de nosso meio ambiente planetário já é uma fonte de profunda preocupação nos seus conselhos e congregações. Esperamos que este Apelo estimule um espírito de causa comum e ação conjunta que ajude a preservar a Terra.

Pouco depois, uma resposta a este Apelo dos Cientistas a favor do Meio Ambiente foi assinada por centenas de líderes espirituais de 83 países, inclusive 37 chefes de comunidades religiosas nacionais e internacionais. Entre eles figuram os secretários-gerais da Liga Muçulmana Mundial e do Conselho Mundial de Igrejas, o vice-presidente do Congresso Judaico Mundial, os Católicos de Todos os Armênios, o Metropolitano Pitirim da Rússia, os grandes muftis da Síria e da ex-Iugoslávia, os bispos regentes de todas as igrejas cristãs da China e das igrejas episcopal, luterana, metodista e menonista nos Estados Unidos, bem como cinquenta cardeais, lamas, arcebispos, rabinos chefes, patriarcas, mestres muçulmanos e bispos das principais cidades do mundo. Afirmavam:

> Ficamos emocionados com o espírito do Apelo e nos sentimos desafiados pelo seu conteúdo. Partilhamos o seu senso de urgência. Este convite de colaboração marca um momento e oportunidade únicos na relação entre a ciência e a religião.

Muitos na comunidade religiosa têm acompanhado com crescente alarme os relatórios de ameaças ao bem-estar do meio ambiente de nosso planeta, como as que foram apresentadas no Apelo. A comunidade científica prestou um grande serviço à humanidade ao evidenciar a existência desses perigos. Encorajamos uma investigação escrupulosa continuada, e devemos levar em conta os seus resultados em todas as nossas deliberações e declarações a respeito da condição humana.

Acreditamos que a crise ambiental é intrinsecamente religiosa. Todas as tradições e ensinamentos religiosos nos instruem firmemente a reverenciar e amar o mundo natural. Mas a criação sagrada está sendo violada, e acha-se em grande perigo por causa de um comportamento humano de longa data. Uma resposta religiosa é essencial para reverter esses padrões duradouros de negligência e exploração.

Por essas razões, acolhemos com prazer o Apelo dos Cientistas e estamos ansiosos para explorar, assim que possível, formas concretas e específicas de colaboração e ação. A própria Terra nos convoca para novos níveis de compromisso em conjunto.

Parte III
QUANDO OS CORAÇÕES E AS MENTES ENTRAM EM CONFLITO

14. O INIMIGO COMUM

Não sou um pessimista. Perceber o mal onde ele existe é, na minha opinião, uma forma de otimismo.
Roberto Rosselini

Foi só no momento do tempo representado pelo presente século que uma espécie adquiriu o poder de alterar a natureza do mundo.
Rachel Carson, *Silent spring* (1962)

INTRODUÇÃO

Em 1988, ofereceram-me uma oportunidade única. Fui convidado a escrever um artigo sobre o relacionamento entre os Estados Unidos e a então União Soviética, que seria publicado, mais ou menos simultaneamente, nos periódicos de maior circulação nos dois países. Era uma época em que Mikhail Gorbachev ainda estava tateando para dar aos cidadãos soviéticos o direito de expressarem livremente as suas opiniões. Alguns se lembram dessa época como aquela em que o governo de Ronald Reagan estava lentamente modificando a sua acentuada postura de Guerra Fria. Achei que um artigo desses poderia fazer algum bem. Além do mais, num recente encontro de "cúpula", o sr. Reagan comentara que, se houvesse um perigo de invasão alienígena na Terra, seria muito fácil que os Estados Unidos e a União Soviética trabalhassem juntos. Isso parecia dar ao meu artigo um princípio organizador. Queria que o artigo fosse provocativo para os cidadãos de ambos os países, e pedi garantias aos dois lados de que não haveria censura. Tanto o editor de *Parade*, Walter Anderson, como o editor de *Ogonyok*, Vitaly Korotich, prontamente concordaram. Intitulado "O inimigo comum", o artigo apareceu devidamente no número de 7 de fevereiro de 1988 de *Parade* e no número de 12-19 de março de 1988 de *Ogonyok*. Mais tarde foi republicado em *The Congressional Record*, ganhou o

Prêmio Olive Branch da Universidade de Nova York, em 1989, e foi amplamente discutido nos dois países.

As questões controversas no artigo foram tratadas sem rodeios por *Parade*, com a seguinte introdução:

> O seguinte artigo, que também deve aparecer integralmente em *Ogonyok*, a revista mais popular da União Soviética, explora o relacionamento entre as nossas duas nações. Os cidadãos dos dois países podem vir a considerar algumas das percepções de Carl Sagan incômodas e até provocativas, porque, fundamentalmente, ele desafia as visões populares da história de cada uma das nações. Os editores de *Parade* esperam que esta análise, lida em nosso país e na União Soviética, constitua um primeiro passo para atingir os objetivos que o autor descreve.

Mas a situação não era assim tão fácil até na União Soviética mais liberal de 1988. Korotich fizera uma compra no escuro, e quando viu meus comentários críticos sobre a história e a política da União Soviética, sentiu-se obrigado a procurar orientação das autoridades superiores. A responsabilidade pelo conteúdo do artigo, assim como foi publicado em *Ogonyok*, parece ter sido assumida em última instância pelo dr. Georgi Arbatov — diretor do Instituto dos Estados Unidos e Canadá da então Academia Soviética de Ciências, membro do Comitê Central do Partido Comunista e conselheiro próximo de Gorbachev. Arbatov e eu tivemos privadamente várias conversas políticas que me surpreenderam pela sua franqueza e lhanura. Embora seja de certo modo agradável ver o quanto do texto foi publicado sem alterações, é também instrutivo notar as mudanças que foram feitas, os pensamentos que foram considerados perigosos demais para o cidadão soviético médio. Assim, no final do artigo, indiquei as mudanças mais interessantes. Elas certamente equivalem a censura.

O ARTIGO

Se ao menos os extraterrestres estivessem prestes a invadir a Terra, disse o presidente norte-americano ao secretário-geral soviético, então os nossos dois países poderiam se unir contra o inimigo comum. Na verdade, há muitos exemplos de adversários mortais, engalfinhados durante gerações, que deixaram de lado as suas diferenças para enfrentar uma ameaça ainda mais urgente: as cidades-estados gregas contra os persas; os russos e os *polovtsys* (que tinham saqueado Kiev) contra os mongóis; ou, quanto a isso, os norte-americanos e os soviéticos contra os nazistas.

Uma invasão alienígena é evidentemente improvável. Mas há um inimigo comum — na verdade, uma série de inimigos comuns, alguns de ameaça sem precedentes, todos peculiares à nossa época. Derivam de nossos crescentes poderes tecnológicos e de nossa relutância em abandonar as vantagens visíveis de curto prazo pelo bem-estar de mais longo prazo de nossa espécie.

O ato inocente de queimar carvão e outros combustíveis fósseis aumenta o efeito estufa do dióxido de carbono e eleva a temperatura da Terra, de modo que em menos de um século, segundo algumas projeções, o meio-oeste norte-americano e a Ucrânia soviética — atuais celeiros do mundo — podem ser convertidos em algo parecido com os desertos de vegetação enfezada. Gases inertes, aparentemente inofensivos, usados para a refrigeração, diminuem a camada protetora de ozônio. Aumentam a quantidade da mortal radiação ultravioleta do Sol que chega até a superfície da Terra, destruindo grande número de microrganismos desprotegidos que estão na base de uma cadeia alimentar bem pouco compreendida — em cujo topo precariamente oscilamos. A poluição industrial norte-americana destrói as florestas no Canadá. Um acidente num reator nuclear soviético põe em perigo a antiga cultura da Lapônia. Epidemias grassam por todo o mundo, aceleradas pela moderna tecnologia dos transportes. E inevitavelmente há outros perigos que, com nosso habitual foco arrogante de curto prazo, ainda nem sequer descobrimos.

A corrida de armas nucleares, iniciada em conjunto pelos Estados Unidos e pela União Soviética, transformou o planeta numa armadilha com 60 mil armas nucleares — número mais do que suficiente para eliminar as duas nações, pôr em risco a civilização global e talvez até acabar com o experimento humano de 1 milhão de anos. Apesar de protestos indignados de intenções pacíficas e de obrigações em tratados solenes para reverter a corrida de armas nucleares, os Estados Unidos e a União Soviética ainda conseguem construir um número considerável de novas armas nucleares a cada ano, suficiente para destruir toda cidade de bom tamanho no planeta. Quando solicitados a se justificar, cada um aponta seriamente para o outro. Na esteira dos desastres do ônibus espacial *Challenger* e da usina nuclear de Chernobyl, somos lembrados de que podem ocorrer fracassos catastróficos na alta tecnologia, apesar de nossos melhores esforços. No século de Hitler, reconhecemos que loucos podem alcançar o controle absoluto sobre estados industriais modernos. É apenas uma questão de tempo até que ocorra um erro sutil imprevisto nas máquinas de destruição em massa, um fracasso crucial na comunicação ou uma crise emocional num líder nacional já sobrecarregado de problemas. Em toda parte, a espécie humana gasta quase 1 trilhão de dólares por ano, a maior parte pelos Estados Unidos e pela União Soviética, nos preparativos para a intimidação e a guerra. Talvez, em retrospecto, houvesse até pouca motivação para que extraterrestres malévolos atacassem a Terra. Talvez, depois de um exame preliminar, decidissem ser mais conveniente ter um pouco de paciência e esperar que nós nos autodestruíssemos.

Estamos numa situação de risco. Não precisamos de invasores alienígenas. Nós próprios já geramos perigos suficientes. Mas são perigos invisíveis, aparentemente muito distantes da vida cotidiana, exigindo pensamentos cuidadosos para serem compreendidos e envolvendo gases transparentes, radiação invisível, armas nucleares que quase ninguém realmente viu em uso —

em vez de um exército estrangeiro com intenções de saquear, escravizar, estuprar e assassinar. Os nossos inimigos comuns são mais avessos a serem personificados, mais difíceis de odiar do que um Shahanshah, um Khan ou um Führer. E reunir as forças contra esses novos inimigos exige de nós esforços corajosos de autoconhecimento, porque nós próprios — todas as nações da Terra, mas especialmente os Estados Unidos e a União Soviética — somos responsáveis pelos perigos que agora enfrentamos.

As nossas duas nações são tapeçarias tecidas com uma rica diversidade de fios étnicos e culturais. Em termos militares, somos as nações mais poderosas da Terra. Somos os advogados da proposição de que a ciência e a tecnologia podem criar uma vida melhor para todos. Partilhamos uma crença professada no direito do povo de governar a si mesmo. Nossos sistemas de governo nasceram de revoluções históricas contra a injustiça, o despotismo, a incompetência e a superstição. Descendemos de revolucionários que realizaram o impossível — livrando-nos de tiranias usurpadas durante séculos e tidas como divinamente predestinadas. O que será necessário para nos livrar da cilada que armamos para nós mesmos?

Cada lado tem uma longa lista de profundos ressentimentos devidos a abusos cometidos pelo outro — alguns imaginários, a maioria, em graus variáveis, real. Toda vez que há um abuso cometido por um lado, pode-se ter certeza de um abuso compensatório cometido pelo outro. As duas nações estão cheias de orgulho ferido e professada retidão moral. Cada uma sabe com detalhes excruciantes a maioria dos pequenos malefícios da outra, mas sequer vislumbra os seus próprios pecados e o sofrimento que suas próprias políticas têm causado. Em cada lado, é claro, há pessoas boas e honestas que percebem os perigos que suas políticas nacionais criaram — pessoas que desejam, por uma questão de decência elementar e simples sobrevivência, corrigir os erros. Mas há também, em ambos os lados, indivíduos tomados de ódio e medo intencionalmente insuflados pelas respectivas agências de propaganda nacional, indivíduos que buscam o confronto. Os radicais de ambos os lados se estimulam mutuamente. Devem sua credibilidade e seu poder uns aos outros. Precisam uns dos outros. Estão presos num abraço mortal.

Se ninguém mais, alienígena ou humano, pode nos tirar desse abraço mortal, então só nos resta uma alternativa: por mais difícil que seja, vamos ter de agir por nós mesmos. Um bom passo inicial é examinar os fatos históricos assim como poderiam ser vistos pelo outro lado — ou pela posteridade, se houver alguma. Imagine-se primeiro um observador soviético refletindo sobre alguns dos acontecimentos da história norte-americana: os Estados Unidos, fundados em princípios de independência e liberdade, foram a última grande nação a acabar com a escravidão; muitos de seus fundadores — George Washington e Thomas Jefferson entre eles — eram proprietários de escravos; e o racismo foi legalmente protegido durante um século depois da libertação dos escravos. Os Estados Unidos têm sistematicamente violado mais de trezentos tratados que assinaram, garantindo alguns dos direitos dos habitantes originais do país. Em 1899, dois anos antes de se tornar presidente, Theodore Roosevelt, num discurso admirado por muita gente, defendeu a "guerra virtuosa" como o único meio de realizar a "grandeza nacional". Os Estados Unidos invadiram a União Soviética em 1918, numa tentativa frustrada de anular a Revolução Bolchevique. Os Estados Unidos inventaram as armas nucleares e foram a primeira e única nação a lançá-las contra populações civis — matando centenas de milhares de homens, mulheres e crianças no processo. Os Estados Unidos tinham planos operacionais para a aniquilação nuclear da União Soviética, antes mesmo que houvesse uma arma nuclear soviética, e têm sido o principal inovador na contínua corrida de armas nucleares. As muitas contradições recentes entre a teoria e a prática nos Estados Unidos incluem o fato de o governo atual [Reagan], com um alto grau de rancor moral, instruir seus aliados a não vender armas ao Irã terrorista, enquanto secretamente era o que fazia; travar guerras encobertas por todo o mundo em nome da democracia, enquanto se opunha a apoiar sanções econômicas efetivas contra o regime sul-africano, no qual a imensa maioria dos cidadãos não tem direitos políticos; indignar-se com as minas iranianas do golfo Pérsico por serem uma violação da lei internacional, enquanto colocava minas nos portos da Nicarágua e mais tarde fugia à jurisdição da Corte Mundial; difamar a Líbia por matar crianças e, em retaliação, matar crianças; e denunciar o tratamento das minorias na União Soviética, enquanto os Estados Unidos têm mais rapazes negros na cadeia do que nas faculdades. Tudo isso não é apenas uma questão de propaganda soviética malévola. Até as pessoas congenialmente dispostas a apoiar os Estados Unidos podem ter graves ressalvas a respeito de suas reais intenções, em especial quando os norte-americanos relutam em reconhecer os fatos incômodos de sua história.

Agora imagine-se um observador ocidental considerando alguns dos acontecimentos na história soviética. As ordens de avançar do marechal Tukhachevsky, em 2 de julho de 1920, foram: "Com a força de nossas baionetas, levaremos paz e felicidade à humanidade trabalhadora. Avante para o Ocidente!". Pouco depois, V. I. Lênin, em conversa com delegados franceses, observou: "Sim, as tropas soviéticas estão em Varsóvia. Logo a Alemanha será nossa. Vamos reconquistar a Hungria. Os Bálcãs vão se levantar contra o capitalismo. A Itália vai tremer. A Europa burguesa está se arrebentando toda nesta tempestade". Depois considerem-se os milhões de cidadãos assassinados pela política deliberada de Stálin nos anos entre 1929 e a Segunda Guerra Mundial — na coletivização forçada, na deportação em massa de camponeses, na fome resultante de 1932-3 e nos grandes expurgos (nos quais quase toda a hierarquia do Partido Comunista acima de 35 anos foi presa e executada, e durante os quais uma nova Constituição que alegadamente salvaguardava os direitos dos cidadãos soviéticos foi orgulhosamente proclamada). Depois considere-se a decapitação do Exército vermelho feita por Stálin, o protocolo secreto de seu pacto de não agressão com Hitler e sua recusa em acreditar numa invasão nazista da URSS mesmo depois de já iniciada — e quantos milhões mais foram mortos em consequência. Pense-se nas restrições soviéticas aos direitos civis, à liberdade de expressão e ao direito de emigrar, e nos constantes antissemitismo e perseguição religiosa endêmicos. Se pouco depois do estabelecimento da nação os mais altos líderes militares e civis alardeavam suas intenções de invadir os estados vizinhos; se o líder absoluto durante quase metade da história da nação foi alguém que metodicamente matou milhões de seu próprio povo; se, até agora, as moedas da nação mostram o símbolo nacional blasonado sobre todo o mundo — é compreensível que os cidadãos das outras nações, mesmo aqueles com disposições pacíficas ou crédulas, fiquem céticos quanto às atuais boas intenções, por mais sinceras e genuínas que sejam. Tudo isso não é uma questão de propaganda malévola. O problema vai ser acobertado, se for pretextado que essas coisas nunca aconteceram.

"Nenhuma nação pode ser livre, se oprime outras nações", escreveu Friedrich Engels. Na conferência de Londres de 1903, Lênin defendeu o "direito absoluto de autodeterminação de todas as nações". Os mesmos princípios foram declarados quase exatamente na mesma linguagem por Woodrow Wilson e por muitos outros estadistas norte-americanos. Mas os fatos contradizem as declarações das duas nações. A União Soviética anexou à força a Letônia, a Lituânia, a Estônia e partes da Finlândia, Polônia e Romênia; ocupou e colocou sob controle comunista a Polônia, a Romênia, a Hungria, a Mongólia, a Bulgária, a Tchecoslováquia, a Alemanha oriental e o Afeganistão; e reprimiu o levante dos trabalhadores da Alemanha oriental de 1953, a Revolução Húngara de 1956 e a tentativa tcheca de introduzir a *glasnost* e a *perestroika* em 1968. Excluindo as guerras mundiais e as expedições para reprimir a pirataria ou o mercado de escravos, os Estados Unidos realizaram invasões e intervenções armadas em outros países em mais de 130 ocasiões distintas,* incluindo a China (em dezoito ocasiões distintas), o México (treze), a Nicarágua e o Panamá (nove cada um), Honduras (sete), a Co-

* Essa lista, que causou alguma surpresa quando publicada nos Estados Unidos, é baseada em compilações do Comitê dos Serviços Armados no Congresso.

lômbia e a Turquia (seis cada uma), a República Dominicana, a Coreia e o Japão (cinco cada um), a Argentina, Cuba, o Haiti, o Reino do Havaí e Samoa (quatro cada um), o Uruguai e Fidji (três cada um), a Guatemala, o Líbano, a União Soviética e Sumatra (dois cada um), Granada, Porto Rico, Brasil, Chile, Marrocos, Egito, Costa do Marfim, Síria, Iraque, Peru, Formosa, Filipinas, Camboja, Laos e Vietnã. A maioria dessas incursões foram campanhas de pequena escala para apoiar governos submissos ou para proteger interesses patrimoniais e comerciais norte-americanos, mas algumas foram muito maiores, mais prolongadas e em escalas muito mais mortais.

As Forças Armadas dos Estados Unidos já intervinham na América Latina, não só antes da Revolução Bolchevique, mas também antes do *Manifesto Comunista* — o que torna a justificativa anticomunista a intervenção norte-americana na Nicarágua um pouco difícil de explicar; as deficiências do argumento seriam mais bem compreendidas, entretanto, se a União Soviética não tivesse o hábito de engolir outros países. A invasão norte-americana do Sudeste da Ásia — de nações que nunca tinham prejudicado ou ameaçado os Estados Unidos — matou 58 mil norte-americanos e mais de 1 milhão de asiáticos; os Estados Unidos lançaram 7,5 megatoneladas de explosivos e produziram um caos ecológico e econômico do qual a região ainda não se recuperou. Desde 1979, mais de 100 mil tropas soviéticas ocupam o Afeganistão — uma nação com uma renda *per capita* mais baixa que a do Haiti — cometendo atrocidades que ainda não foram em grande parte relatadas (porque os soviéticos têm muito mais êxito em excluir os repórteres independentes de suas zonas de guerra).

A inimizade habitual é corruptora e autossustentável. Se às vezes vacila, pode ser facilmente revivida pela lembrança de abusos passados, pela criação de uma atrocidade ou um incidente militar, pelo anúncio de que o adversário desenvolveu uma nova arma perigosa, ou simplesmente por insultos de ingenuidade ou deslealdade, quando a opinião política doméstica se torna desconfortavelmente imparcial. Para muitos norte-americanos, o comunismo significa pobreza, atraso, o Gulag para quem diz o que pensa, um esmagamento cruel do espírito humano e uma sede de conquistar o mundo. Para muitos soviéticos, o capitalismo significa ganância impiedosa e insaciável, racismo, guerra, instabilidade econômica e uma conspiração mundial dos ricos contra os pobres. São caricaturas — mas não inteiramente caricaturas —, e ao longo do tempo as ações soviéticas e norte-americanas lhes deram algum crédito e plausibilidade.

Essas caricaturas persistem porque são em parte verdadeiras, mas também porque são úteis. Se há um inimigo implacável, então os burocratas têm uma boa desculpa para explicar por que os preços sobem, por que há escassez de bens de consumo, por que a nação não é competitiva nos mercados mundiais, por que a crítica aos líderes não é patriótica e permissível — e em especial por que se deve produzir um mal tão supremo como as armas nucleares numa escala de dezenas de milhares. Mas se o adversário é insuficientemente malvado, a incompetência e a visão fracassada dos funcionários do governo não pode ser tão facilmente ignorada. Os burocratas têm motivos para inventar inimigos e exagerar os seus malefícios.

Cada nação tem seus *establishments* militares e no serviço de informações que avaliam o perigo apresentado pelo outro lado. Esses *establishments* têm interesse em grandes gastos militares e para o serviço de informações. Assim, devem experimentar uma constante crise de consciência — têm um incentivo claro para exagerar as capacidades e intenções do adversário. Quando sucumbem à tentação, dão-lhe o nome de prudência necessária; mas, seja qual for o nome que lhe derem, a atitude propulsiona a corrida armamentista. Há uma avaliação pública independente dos dados do serviço de informações? Não. Por que não? Porque os dados são secretos. Assim, temos nesse caso uma máquina que funciona sozinha, uma espécie de conspiração *de facto* para impedir que as tensões caiam abaixo de um nível mínimo de aceitabilidade burocrática.

É evidente que muitas instituições e dogmas nacionais, por mais eficazes que possam ter sido um dia, estão precisando mudar. Até agora nenhuma nação está bem preparada para o mundo do século XXI. Portanto, o desafio não está na glorificação seletiva do passado, nem na defesa de ícones nacionais, mas em traçar um caminho que nos faça atravessar um período de grande perigo mútuo. Para realizar esse intento, precisamos de toda a ajuda que pudermos obter.

Uma lição central da ciência é que, para compreender questões complexas (ou até simples), devemos tentar libertar a mente dos dogmas e garantir a liberdade de publicar, contradizer e experimentar. Os argumentos de autoridade são inaceitáveis. Somos todos falíveis, até os líderes. Porém, por mais clara que seja a necessidade da crítica para o progresso, os governos tendem a resistir. O exemplo máximo é a Alemanha de Hitler. Eis um trecho de um discurso do líder do Partido Nazista, Rudolf Hess, em 30 de junho de 1934: "Um homem está acima de toda crítica, e esse homem é o Führer. Todo mundo sente e sabe: ele está sempre certo, e sempre estará certo. O nacional-socialismo de todos nós está ancorado na lealdade acrítica, numa entrega total ao Führer".

A conveniência de uma tal doutrina para os líderes nacionais é ainda mais esclarecida pela observação de Hitler: "Que sorte, para os que detêm o poder, que as pessoas não pensam!". Uma difundida docilidade intelectual e moral pode ser conveniente para os líderes a curto prazo, mas é suicídio para as nações a longo prazo. Um dos critérios para a liderança nacional deveria ser o talento de compreender, encorajar e empregar construtivamente a crítica vigorosa.

Assim, quando aqueles que foram outrora silenciados e humilhados pelo terror do Estado são agora capazes de expressar as suas ideias — defensores novatos das liberdades civis ainda abrindo as asas —, é claro que acham a experiência inebriante, e o mesmo experimenta qualquer amante da liberdade que testemunhe o processo. A *glasnost* e a *perestroika* revelam ao resto do mundo o alcance humano da sociedade soviética que as políticas passadas têm mascarado. Fornecem mecanismos de correção de erro em todos os níveis da sociedade soviética. São essenciais para o bem-estar econômico. Permitem melhoramentos reais na cooperação internacional e uma reversão importante da corrida de armas nucleares. A *glasnost* e a *perestroika* são, portanto, boas para a União Soviética e boas para os Estados Unidos.

Sem dúvida, há oposição à *glasnost* e à *perestroika* na União Soviética: por parte daqueles que agora devem demonstrar as suas capacidades competitivamente, em vez de realizarem como sonâmbulos tarefas de um emprego estável para toda a vida; por parte dos que não estão acostumados às responsabilidades da democracia; por parte daqueles que, após décadas em que seguiram as normas, não desejam ter de responder pelo comportamento passado. E, também nos Estados Unidos, há aqueles que se opõem à *glasnost* e à *perestroika*: alguns afirmam que é um truque para acalmar o Ocidente, enquanto a União Soviética reúne suas forças para emergir como um rival ainda mais formidável. Outros preferem o velho modelo da União Soviética — debilitada pela sua falta de democracia, facilmente endemoninhada, prontamente caricaturada. (Os norte-americanos, satisfeitos com as suas próprias formas de democracia há muito tempo, têm igualmente algo a aprender com a *glasnost* e a *perestroika*. Só isso já deixa alguns deles inquietos.) Com forças tão poderosas pró e contra a reforma, ninguém pode saber o resultado.

Nos dois países, o que passa por debate público ainda é, quando examinado mais de perto, principalmente repetição de slogans nacionais, apelo ao preconceito popular, insinuações, autojustificativas, informações erradas, fórmulas mágicas de sermões quando se exigem evidências, e um total desprezo pela inteligência dos cidadãos. O que precisamos é admitir o pouco que realmente sabemos sobre como transpor em segurança as próximas décadas, ter a coragem de examinar uma ampla gama de programas alternativos e, acima de tudo, não nos dedicar ao dogma, mas a soluções. Descobrir qualquer solução será bastante difícil. Descobrir soluções que correspondam perfeitamente às doutrinas políticas dos séculos XVIII e XIX será muito mais difícil.

Nossas duas nações devem se aliar para descobrir que mudanças devem ser realizadas; essas mudanças devem ajudar os dois lados; e a nossa perspectiva tem que abranger um futuro além do próximo mandato presidencial ou do próximo Plano de Cinco Anos. Precisamos reduzir os orçamentos militares; elevar os padrões de vida; engendrar respeito pelo saber; apoiar a ciência, os estudos acadêmicos, a invenção e a indústria; promover a livre investigação; reduzir a coerção doméstica; envolver os trabalhadores nas decisões gerenciais; e promover um respeito e compreensão genuínos derivados de um reconhecimento de nossa humanidade e de nosso risco comuns.

Embora tenhamos de cooperar num grau sem precedentes, não estou atacando a competição sadia. Mas vamos competir na descoberta de meios para reverter a corrida de armas nucleares e reduzir em grande escala as forças convencionais; na eliminação da corrupção do governo; na transformação da maior parte do mundo em regiões agricolamente autossuficientes. Vamos competir na arte e na ciência, na música e na literatura, na inovação tecnológica. Vamos criar uma corrida de honestidade. Vamos competir em diminuir o sofrimento, a ignorância e a doença; em respeitar a independência nacional em todo o mundo; em formular e implementar uma ética para a administração responsável do planeta.

Vamos aprender um com o outro. Há um século, o capitalismo e o socialismo têm tomado emprestado métodos e doutrinas um do outro em plágios bastante reconhecidos. Nem os Estados Unidos nem a União Soviética têm o monopólio da verdade e da virtude. Gostaria de nos ver competir em cooperação. Na década de 1970, afora os tratados restringindo a corrida de armas nucleares, tivemos alguns êxitos notáveis trabalhando juntos — a eliminação da varíola em todo o mundo, os esforços para impedir o desenvolvimento de armas nucleares na África do Sul, o voo espacial tripulado em conjunto *Apollo-Soyuz*. Agora podemos fazer muito mais. Vamos começar com alguns projetos conjuntos de grande alcance e visão — na diminuição da fome, especialmente em nações como a Etiópia, que são vitimadas pela rivalidade das superpotências; na identificação e desarme das catástrofes ambientais de longo prazo, que são produtos de nossa tecnologia; na física de fusão, para fornecer uma fonte de energia segura no futuro; na exploração conjunta de Marte, culminando no primeiro pouso de seres humanos — soviéticos e norte-americanos — num outro planeta.

É possível que acabemos nos destruindo. Talvez o inimigo comum dentro de nós seja forte demais para ser reconhecido e vencido. Talvez o mundo seja reduzido a condições medievais ou muito piores.

Porém, tenho esperança. Ultimamente, há sinais de mudanças — são tentativas, mas acham-se na direção correta, e, pelos padrões anteriores do comportamento nacional, estão sendo rápidas. Será possível que nós — nós, norte-americanos, nós, soviéticos, nós, humanos — estamos por fim acordando e começando a trabalhar juntos em nome da espécie e do planeta?

Nada é prometido. A história nos colocou essa carga sobre os ombros. Cabe a nós construir um futuro digno de nossos filhos e netos.

A CENSURA

Em ordem cronológica, numeradas conforme a sequência dos parágrafos, estão algumas das mudanças mais flagrantes ou interessantes infligidas ao artigo que foi publicado em *Ogonyok*. O material censurado está em negrito, o tipo comum indica trechos do artigo original e o tipo itálico entre colchetes, comentários meus.

§ 3. [...] **que estão na base de uma cadeia alimentar bem pouco compreendida — em cujo topo precariamente oscilamos**. [*Sem essa oração, o perigo da diminuição da camada de ozônio parece muito menor.*]

§ 4. [...] um número considerável de novas armas nucleares a cada ano, suficiente para destruir toda cidade de bom

tamanho no planeta. [*As últimas sete palavras foram substituídas por* **qualquer cidade**. *Mas deslocar o foco do número de bombas produzidas a cada ano para o poder de uma única bomba minimiza a ameaça nuclear.*]

§ 4. [...] **num líder nacional já sobrecarregado de problemas**. [*Diminui a confiança no governo pensar que o líder pode estar sobrecarregado de problemas?*]

§ 4. [...] **a intimidação e** a guerra.

§ 7. [...] **orgulho ferido** e professada retidão moral.

§ 7. [...] ódio e medo **intencionalmente insuflados pelas respectivas agências de propaganda nacional** [...].

§ 8. **Em 1899, dois anos antes de se tornar presidente, Theodore** Roosevelt [...] [*Esse corte parece especialmente sórdido, porque o material retirado torna bastante provável que 99% dos leitores soviéticos vão pensar que o presidente citado é Franklin Roosevelt, e não Theodore Roosevelt.*]

§ 9. [...] **2 de julho** [...].

§ 9. [...] **o protocolo secreto de seu pacto de não agressão com Hitler** [...].

§ 9. [...] **e quantos milhões mais foram mortos em consequência.**

§ 9. **Tudo isso não é apenas uma questão de propaganda soviética malévola.**

§ 11.[...] **as deficiências do argumento seriam mais bem compreendidas, entretanto, se a União Soviética não tivesse o hábito de engolir outros países.**

§ 18. Assim, quando aqueles que foram outrora silenciados e humilhados **pelo terror do Estado** são agora capazes de expressar as suas ideias — **defensores novatos das liberdades civis ainda abrindo as asas** —, é claro que acham a experiência inebriante, e o mesmo experimenta qualquer amante da liberdade que testemunhe o processo.

§ 19. [...] **prontamente caricaturada** [...].

§ 20. **Nos dois países, o que passa por debate público ainda é, quando examinado mais de perto, principalmente repetição de slogans nacionais, apelo ao preconceito popu-**

lar, insinuações, autojustificativas, informações erradas, fórmulas mágicas de sermões quando se exigem evidências, e um total desprezo pela inteligência dos cidadãos.

§ 20. **Descobrir qualquer solução será bastante difícil. Descobrir soluções que correspondam perfeitamente às doutrinas políticas do séculos XVIII e XIX será muito mais difícil.** [*O marxismo, claro, é uma doutrina política e econômica do século XIX.*]

§ 23. [...] **em plágios bastante reconhecidos. Nem os Estados Unidos nem a União Soviética têm o monopólio da verdade e da virtude.**

§ 26. **Nada é prometido.** [*Um dos dogmas autoindulgentes, mas não científicos, do marxismo ortodoxo é que o triunfo final do comunismo está predeterminado por forças históricas invisíveis.*]

A maior preocupação soviética foi a citação de Lênin (e por implicação a de Tukhachevsky) no parágrafo 9. Depois de repetidos pedidos para que retirasse o material, o que me recusei a fazer, o artigo do *Ogonyok* resolveu incluir a seguinte nota ao pé da página: "A equipe editorial de *Ogonyok* consultou os arquivos relevantes. Entretanto, nem esta citação, nem qualquer outra declaração semelhante de V. I. Lênin foi encontrada. Lamentamos que milhões de leitores da revista *Parade* vão ser enganados por essa citação, sobre a qual Carl Sagan construiu suas conclusões". Foi, a meu ver, uma nota um tanto amarga.

Mas o tempo passou, novos arquivos foram abertos, histórias revisadas tornaram-se disponíveis e aceitáveis, Lênin foi desmitificado e a situação se resolveu. Nas memórias de Arbatov, aparece a seguinte nota cortês:

Nesse ponto, tenho um pedido de desculpas a fazer. Nos meus comentários em *Ogonyok* em 1988, ao discutir um artigo do astrônomo Carl Sagan, desconsiderei a sua conclusão de que a campanha polonesa de Tukhachevsky tivesse sido uma tentativa de exportar a revolução. A minha atitude foi devida ao estado defensivo habitual, que se tornou um reflexo condicionado, e ao fato de termos adquirido o hábito durante muitos anos (acabou se tornando uma segunda natureza) de varrer fatos "inconvenientes" para debaixo do tapete. Eu, por exemplo, só recentemente estudei essas páginas de nossa história com algum cuidado.

15. ABORTO: É POSSÍVEL SER "PRÓ-VIDA E "PRÓ-ESCOLHA"?*

> *A humanidade gosta de pensar em termos de opostos extremos. É dada a formular suas crenças em termos de ou isto/ou aquilo, entre os quais não reconhece nenhuma possibilidade intermediária. Quando forçada a reconhecer que os extremos não podem se concretizar, a humanidade ainda se inclina a sustentar que estão certos em teoria, mas que na prática as circunstâncias nos compelem a adotar uma solução de compromisso.*
>
> John Dewey, *Experiência e educação*, I (1938)

A questão fora decidida anos atrás. O tribunal escolhera o meio-termo. Era de pensar que a luta estivesse terminada. Ao contrário, há comícios de massa, atentados a bomba e intimidação, assassinatos de trabalhadores nas clínicas de aborto, prisões, intensa pressão no Congresso, drama legislativo, audiências no Congresso, decisões da Suprema Corte, os principais partidos políticos quase se definindo sobre a questão e os clérigos ameaçando os políticos com a perdição. Os partidários lançam acusações de hipocrisia e assassinato. Os desígnios da Constituição e a vontade de Deus são igualmente invocados. Argumentos duvidosos são apresentados como certezas. As facções em luta recorrem à ciência para sustentar suas posições. As famílias se dividem, maridos e mulheres decidem não discutir o assunto, velhos amigos deixam de se falar. Os políticos consultam as últimas pesquisas de opinião para descobrir os preceitos de suas consciências. Entre toda essa gritaria, é difícil que os adversários se escutem. As opiniões ficam polarizadas. As mentes se fecham.

---

* Escrito com Ann Druyan e publicado pela primeira vez na revista *Parade* de 22 de abril de 1990, com o título "A questão do aborto: em busca de respostas".

É errado abortar uma gravidez? Sempre? Às vezes? Nunca? Como decidir? Escrevemos este artigo para compreender melhor o que são as visões contenciosas e para ver se nós mesmos poderíamos encontrar uma posição que nos satisfaria aos dois. Não existe um meio-termo? Tivemos de verificar a coerência dos argumentos de ambos os lados e propor casos de teste, alguns dos quais são puramente hipotéticos. Se em alguns desses testes parecemos ter ido longe demais, pedimos ao leitor que tenha paciência conosco — estamos tentando levar as várias posições até o ponto de ruptura para descobrir os seus pontos fracos e os aspectos em que falham.

Em momentos contemplativos, quase todo o mundo reconhece que a questão não é completamente unilateral. Muitos adeptos de visões diferentes, descobrimos, sentem alguma inquietação, algum mal-estar quando confrontados com o que existe por trás dos argumentos opostos. (E em parte por essa razão que tais confrontos são evitados.) E o problema certamente põe o dedo em questões profundas: quais são as nossas responsabilidades mútuas? Devemos permitir que o Estado se intrometa nos aspectos mais íntimos e pessoais de nossas vidas? Onde residem os limites da liberdade? O que significa ser humano?

Dos muitos pontos de vista existentes, afirma-se em quase toda parte — especialmente nos meios de comunicação, que raramente têm tempo ou inclinação para estabelecer distinções sutis — que há apenas dois: o "pró-escolha" e o "pró-vida". É assim que os dois principais campos em guerra gostam de se chamar, e será assim que os chamaremos neste artigo. Na caracterização mais simples, um adepto do "pró-escolha" sustentaria que a decisão de abortar uma gravidez deve ser tomada apenas pela mulher; o Estado não tem o direito de interferir. E um adepto do "pró-vida" afirmaria que, desde o momento da concepção, o embrião ou feto está vivo; que essa vida nos impõe a obrigação moral de preservá-lo; e que o aborto equivale a um homicídio. Os dois nomes — pró-escolha e pró-vida — foram escolhidos com vistas a influenciar aqueles que ainda não se decidiram: poucas pessoas desejam ser contadas entre aqueles que são contra a liberdade de escolha ou aqueles que se opõem à vida. Na verdade, a liberdade e a vida são dois de nossos valores mais caros, e nesse ponto parecem estar num conflito fundamental.

Vamos considerar essas duas posições absolutistas cada uma por sua vez. Um bebê recém-nascido é certamente o mesmo ser que era pouco antes do nascimento. Há boas evidências de que o feto nos últimos meses de gestação reage ao som — inclusive à música, mas especialmente à voz da sua mãe. Consegue chupar o polegar ou dar um salto mortal. De vez em quando, gera padrões adultos de ondas cerebrais. Algumas pessoas afirmam se lembrar do nascimento ou até do ambiente uterino. Talvez haja pensamento no ventre materno. É difícil sustentar que a transformação numa pessoa completa aconteça abruptamente no momento do nascimento. Por que, então, seria assassinato matar o bebê no dia seguinte ao do nascimento, mas não no dia anterior?

Enquanto questão prática, isso não é muito importante: menos de 1% de todos os abortos tabulados nos Estados Unidos estão listados nos últimos três meses de gestação (e, sob investigação mais minuciosa, a maioria desses casos se revela como abortos espontâneos ou cálculos errados). Mas os abortos no terceiro trimestre de gestação fornecem um teste dos limites do ponto de vista pró-escolha. O "direito inato da mulher de controlar o seu próprio corpo" abrange o direito de matar um feto no final da gestação, que é, para todos os fins e propósitos, idêntico a uma criança recém-nascida?

Acreditamos que muitos dos que apoiam a liberdade de reprodução ficam perturbados, pelo menos de vez em quando, por essa questão. Mas eles relutam em considerá-la, porque é o início de uma rampa escorregadia. Se não é permissível interromper uma gestação no nono mês, que dizer do oitavo, sétimo, sexto...? Uma vez admitido que o Estado pode interferir em *algum* momento na gravidez, não se segue que o Estado pode interferir em todos os momentos?

Isso evoca o fantasma de legisladores predominantemente

masculinos, predominantemente ricos, dizendo às pobres mulheres que elas devem suportar e criar sozinhas crianças que elas não têm meios de educar; forçando as adolescentes a terem filhos que elas não estão preparadas emocionalmente para criar; dizendo às mulheres que desejam seguir uma carreira que elas devem renunciar a seus sonhos, ficar em casa e cuidar de seus bebês; e, o pior de tudo, condenando as vítimas de estupro e incesto a gestar e alimentar a prole de seus atacantes.* As proibições legislativas sobre o aborto despertam a suspeita de que sua real intenção é controlar a independência e a sexualidade das mulheres. Por que os legisladores teriam algum direito de dizer às mulheres o que fazer com os seus corpos? Ser privado da liberdade de reprodução é humilhante. As mulheres já estão fartas de receber ordens.

Entretanto, por consenso, todos nós achamos apropriado que existam proibições contra o assassinato e que esse crime seja passível de punições. Seria uma defesa frágil o assassino alegar que se trata de uma questão apenas entre ele e sua vítima, que o governo não tem nada a ver com isso. Se matar um feto é verdadeiramente matar um ser humano, não é *dever* do Estado impedir o crime? Na verdade, uma das principais funções do governo é proteger os fracos dos fortes.

Se não nos opomos ao aborto em *algum* estágio da gestação, não há o perigo de excluir toda uma categoria de seres humanos como indignos de nossa proteção e respeito? E essa exclusão não é a marca registrada do sexismo, racismo, nacionalismo e fanatismo religioso? Aqueles que se dedicam a lutar contra essas injustiças não deveriam cuidar escrupulosamente para não adotar outras?

---

* Dois dos mais vigorosos defensores pró-vida de todos os tempos foram Hitler e Stálin — que, logo depois de assumirem o poder, criminalizaram abortos antes legais. Mussolini, Ceausescu e inúmeros outros ditadores e tiranos nacionalistas fizeram o mesmo. É claro, isso não é por si só um argumento pró-escolha, mas nos alerta para a possibilidade de que ser contra o aborto nem sempre significa um profundo compromisso com a vida humana.

Não existe o direito à vida em nenhuma sociedade sobre a Terra hoje em dia, nem houve tal direito em nenhuma época no passado (com algumas raras exceções, como entre os jainistas da Índia): criamos animais nas fazendas para a matança; destruímos florestas; poluímos rios e lagos até que os peixes não possam mais viver nesses ambientes; matamos veados e alces por esporte, leopardos pelas suas peles, e as baleias para fabricar fertilizantes; encurralamos golfinhos, arfando e se contorcendo, em grandes redes; matamos a pauladas filhotes de focas; e provocamos a extinção de uma espécie a cada dia. Todos esses animais e vegetais são tão vivos como nós. O que é (alegadamente) protegido não é a vida, mas a vida *humana*.

E mesmo com essa proteção, o assassinato casual é um lugar-comum urbano, e travamos guerras "convencionais" com baixas tão terríveis que temos, a maioria de nós, medo de considerá-las muito a fundo. (Reveladoramente, os assassinatos em massa organizados pelo Estado são quase sempre justificados pela redefinição de nossos adversários que — por raça, nacionalidade, religião ou ideologia — passam a ser menos que humanos.) Essa proteção, esse direito à vida, não considera as 40 mil crianças abaixo de cinco anos que morrem em nosso planeta a cada dia de fome, desidratação, doenças e negligência, males que poderiam ser evitados.

Aqueles que defendem o "direito à vida" não são (quando muito) a favor de qualquer tipo de vida, mas a favor — particular e unicamente — da vida humana. Por isso eles também, como os adeptos do pró-escolha, devem distinguir um ser humano dos outros animais e determinar quando, durante a gestação, surgem as qualidades unicamente humanas, sejam elas quais forem.

Apesar de muitas afirmações em contrário, a vida não começa na concepção: é uma cadeia ininterrupta que remonta quase à origem da Terra, 4,6 bilhões de anos atrás. A vida *humana* tampouco começa na concepção: é uma cadeia ininterrupta que remonta à origem de nossa espécie, centenas de milhares de anos atrás. Todo espermatozoide e todo óvulo humano são, sem sombra de dúvida, vivos. Não são seres humanos, é claro. No entanto, pode-se argumentar que um óvulo fertilizado também não é um ser humano.

Em alguns animais, o óvulo se desenvolve e forma um adulto saudável sem receber a cooperação de um espermatozoide. Mas isso não acontece, ao que se saiba, entre os humanos. Um espermatozoide e um óvulo não fertilizado contêm em conjunto o esquema genético completo de um ser humano. Em certas circunstâncias, depois da fertilização, podem se desenvolver e formar um bebê. Mas a maioria dos óvulos fertilizados abortam espontaneamente. O desenvolvimento de um bebê não é de modo algum garantido. O espermatozoide e o óvulo separados, ou um óvulo fertilizado, não são mais do que um bebê *potencial* ou um adulto *potencial*. Assim, se um espermatozoide e um óvulo são tão humanos quanto o óvulo fertilizado produzido pela sua união, e se é assassinato destruir um óvulo fertilizado — apesar do fato de ser apenas *potencialmente* um bebê —, por que não é assassinato destruir um espermatozoide ou um óvulo?

Centenas de milhares de espermatozoides (a toda a velocidade, com as caudas batendo violentamente: cinco polegadas por hora) são produzidos numa ejaculação humana comum. Um rapaz saudável pode produzir em uma ou duas semanas uma quantidade de espermatozoides suficiente para dobrar a população humana da Terra. Então a masturbação é assassinato em massa? E que dizer das poluções noturnas ou do simples ato sexual? Quando o óvulo não fertilizado é expelido a cada mês, alguém morreu? Devemos chorar todos esses abortos espontâneos? Muitos animais inferiores podem ser criados num laboratório a partir de uma única célula do corpo. Células humanas podem ser clonadas (talvez a mais famosa seja o clone *HeLa*, que recebeu esse nome em homenagem à doadora, Helen Lane). À luz da tecnologia de clonagem, estaríamos cometendo assassinato em massa ao destruir quaisquer células potencialmente clonáveis? Ao perder uma gota de sangue?

Todos os espermatozoides e óvulos humanos são metades genéticas de seres humanos "potenciais". Devem-se fazer tentativas heroicas para salvar e preservar todos, em toda parte, por causa desse "potencial"? Deixar de fazer essas tentativas é imoral ou criminoso? É claro, há uma diferença entre tirar a vida de alguém e deixar de salvá-la. E há uma grande diferença entre a probabilidade de sobrevivência de um espermatozoide e a de um óvulo fertilizado. Mas o absurdo de existir um batalhão de nobres preservadores de sêmen nos leva a perguntar se o mero "potencial" de um óvulo fertilizado para se transformar num bebê realmente torna homicídio o ato de destruí-lo.

Os adversários do aborto temem que, uma vez que ele seja permitido imediatamente depois da concepção, nenhum argumento vai restringir o aborto em qualquer outro momento da gestação. Além disso, receiam que um dia seja permitido assassinar um feto, que é inequivocamente um ser humano. Tanto os pró-escolha como os pró-vida (pelo menos alguns deles) são empurrados para posições absolutistas por medos que correm paralelos na mesma rampa escorregadia.

Outra rampa escorregadia é encontrada por aqueles pró-vida que estão dispostos a fazer uma exceção no caso doloroso de uma gravidez resultante de estupro ou incesto. Mas por que o direito à vida deve depender das *circunstâncias* da concepção? Se o resultado é a mesma criança, o Estado pode decretar a vida para o fruto de uma união legítima, mas a morte para o ser concebido à força ou por coerção? Isso é justo? E se as exceções são estendidas ao caso desse feto, por que deveriam ser negadas para o caso de qualquer outro feto? É em parte por essa razão que alguns pró-vida adotam o que muitos consideram a posição afrontosa de ser contra qualquer aborto em qualquer circunstância — exceto apenas, talvez, quando a vida da mãe está em perigo.*

A razão mais comum para o aborto em todo o mundo é de longe o controle da natalidade. Então os adversários do aborto

---

* Martinho Lutero, o fundador do protestantismo, se opunha até a essa exceção: "Se ficam cansadas ou até morrem por ter filhos, não importa. Que morram em virtude de sua fertilidade — é por isso que estão sobre a Terra" (Lutero, *Vom Ehelichen Leben* [1522]).

não deveriam estar distribuindo anticoncepcionais e ensinando as crianças no colégio a usá-los? Seria um modo eficaz de reduzir o número de abortos. Em vez disso, os Estados Unidos estão muito atrasados em relação a outras nações no que diz respeito ao desenvolvimento de métodos seguros e eficazes de controle da natalidade — e, em muitos casos, a oposição a essa pesquisa (e à educação sexual) tem vindo das mesmas pessoas que se opõem aos abortos.*

A tentativa de encontrar um julgamento eticamente saudável e inequívoco sobre quando, se é que existe esse momento, o aborto pode ser permitido tem profundas raízes históricas. Muitas vezes, em especial na tradição cristã, tais tentativas estavam ligadas com a questão de saber quando a alma entra no corpo — uma questão que não é diretamente acessível à investigação científica e um tema que é controverso até entre teólogos eruditos. Tem-se afirmado que o surgimento da alma ocorre no espermatozoide antes da concepção, na concepção, no instante dos "primeiros movimentos" (quando a mãe sente pela primeira vez o feto se mexendo dentro dela) e no nascimento. Ou até mais tarde.

As diferentes religiões têm ensinamentos diferentes. Entre os caçadores-coletores, não há geralmente proibições contra o aborto, que era comum nas antigas Grécia e Roma. Em oposição, os assírios mais severos empalavam as mulheres em estacas por fazerem aborto. O Talmude judaico ensina que o feto não é uma pessoa e não tem direitos. O Antigo e o Novo Testamentos — ricos em proibições espantosamente detalhadas a respeito de vestimentas, dietas e palavras permitidas — não contêm nem uma única palavra proibindo de modo específico o aborto. A única passagem, remotamente relevante (Êxodo 21:22), decre-

---

* Da mesma forma, os pró-vida não deveriam contar os aniversários desde o momento da concepção, e não apenas desde o momento do nascimento? Não deveriam interrogar minuciosamente os pais para saber de sua história sexual? Encontrariam, sem dúvida, algumas incertezas irredutíveis: horas ou dias podem se passar depois do ato sexual antes que a concepção ocorra (uma dificuldade particular para os pró-vida que também desejam brincar com a astrologia solar).

ta que se houver uma briga e uma mulher grávida for acidentalmente machucada e forçada a abortar, o atacante deve pagar uma multa.

Nem santo Agostinho, nem santo Tomás de Aquino consideravam homicídio o aborto nos primeiros meses de gestação (o último alegando que o embrião não *parece* humano). Essa visão foi adotada pela Igreja no Concílio de Viena em 1312, e nunca foi repudiada. A primeira e duradoura compilação de lei canônica da Igreja católica (segundo o principal historiador dos ensinamentos sobre aborto da Igreja, John Connery, S. J.) sustentava que o aborto era homicídio apenas depois de o feto já estar "formado" — aproximadamente no final do primeiro trimestre.

Mas quando se examinaram os espermatozoides com os primeiros microscópios no século XVII, as pessoas acharam que as células revelavam um ser humano plenamente formado. A velha ideia do homúnculo foi ressuscitada — segundo a qual dentro de cada espermatozoide estava um ser humano minúsculo e perfeito, dentro de cujos testículos estavam inúmeros outros homúnculos etc. *ad infinitum*. Em parte devido a essa interpretação errônea dos dados científicos, o aborto em qualquer momento e por qualquer razão se tornou motivo de excomunhão em 1869. Muitos católicos e não católicos se surpreendem ao descobrir que a data foi bem tardia.

Dos tempos coloniais até o século XIX, a escolha nos Estados Unidos era da mulher até "os primeiros movimentos". Um aborto no primeiro ou até no segundo trimestre era quando muito uma contravenção. As condenações eram solicitadas em raras ocasiões e quase impossíveis de obter, porque dependiam inteiramente do próprio testemunho da mulher quanto a ter sentido ou não os primeiros movimentos, e porque o júri não gostava de processar uma mulher por exercer o seu direito de escolha. Em 1800, não havia, ao que se saiba, nem um único estatuto nos Estados Unidos a respeito do aborto. Podiam-se encontrar anúncios de remédios para induzir o aborto em virtualmente todos os jornais e até em muitas publicações da Igreja —

embora a linguagem fosse apropriadamente eufemística, se bem que compreendida por quase todos.

Mas, por volta de 1900, o aborto foi proibido em *qualquer* momento da gravidez em todos os estados da União, exceto quando necessário para salvar a vida da mulher. O que aconteceu para provocar uma reviravolta tão extraordinária? A religião teve pouco a ver com essa mudança. Transformações sociais e econômicas drásticas estavam mudando esse país de uma sociedade agrária para uma sociedade urbano-industrial. De uma nação com uma das taxas de natalidade mais elevadas do mundo, os norte-americanos estavam passando para uma das taxas de natalidade mais baixas. O aborto certamente desempenhou um papel nesse processo e estimulou forças que procuraram reprimi-lo.

Uma das mais significativas dessas forças foi a profissão médica. Até a metade do século XIX, a medicina não era uma atividade regulamentada e supervisionada. Qualquer um podia pendurar uma tabuleta e dizer-se médico. Com o surgimento de uma nova elite médica educada na universidade, ansiosa por elevar o status e a influência dos médicos, fundou-se a Associação Médica Americana. Na sua primeira década, a AMA começou a pressionar contra os abortos praticados por todos os que não fossem médicos licenciados. O novo conhecimento de embriologia, diziam os médicos, mostrara que o feto é humano mesmo antes dos primeiros movimentos.

O seu ataque ao aborto não era motivado por algum interesse pela saúde da mulher, mas, assim afirmavam, pelo bem-estar do feto. Era preciso ser médico para saber quando o aborto era moralmente justificado, porque a questão dependia de fatos científicos e médicos, que eram compreendidos apenas pelos médicos. Ao mesmo tempo, as mulheres eram efetivamente excluídas das escolas médicas, onde se podia adquirir esse conhecimento oculto. Assim, o que veio a acontecer é que as mulheres não tinham quase nada a dizer sobre o ato de terminar sua própria gravidez. Cabia ao médico decidir se a gravidez representava uma ameaça para a mulher, e ficava inteiramente ao seu critério determinar o que era e o que não era uma ameaça. Para a mulher rica, poderia ser uma ameaça à sua tranquilidade emocional ou até ao seu estilo de vida. A mulher pobre era frequentemente forçada a recorrer ao fundo do quintal ou ao cabide de guarda-roupa.

Essa era a lei até a década de 1960, quando uma coalizão de indivíduos e organizações, a AMA agora entre eles, procurou subvertê-la e restabelecer os valores mais tradicionais que deviam ser personificados no caso de *Roe versus Wade*.

Se alguém deliberadamente mata um ser humano, damos a isso o nome de assassinato. Se alguém deliberadamente mata um chimpanzé — em termos biológicos o nosso parente mais próximo, que partilha 99,6% de nossos genes ativos —, seja lá o que for esse ato, não é assassinato. Até o momento, assassinato se aplica unicamente ao ato de matar seres humanos. Portanto, a questão de quando surge a pessoa (ou, se quisermos, a alma) é chave para o debate do aborto. Quando o feto se torna humano? Quando aparecem as qualidades humanas distintas e características?

Reconhecemos que especificar um momento preciso vai desconsiderar as diferenças individuais. Portanto, se devemos traçar uma linha, isso tem que ser feito de maneira conservadora — isto é, o mais cedo possível. Há pessoas que são contra ter de estabelecer um limite numérico, e partilhamos a sua inquietação; mas se deve haver uma lei sobre essa questão, e se ela tem de produzir uma solução de compromisso útil entre as duas posições absolutistas, é preciso especificar, pelo menos aproximadamente, o período de transição para a condição de pessoa.

Cada um de nós começou de um ponto. Um óvulo fertilizado tem mais ou menos o tamanho do ponto no final desta frase. O encontro solene entre o espermatozoide e o óvulo geralmente ocorre numa das duas trompas de Falópio. Uma célula se torna duas, duas se tornam quatro, e assim por diante — uma exponencial de base aritmética 2. No décimo dia, o óvulo fertilizado se tornou uma espécie de esfera oca que se desvia

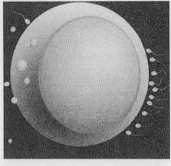 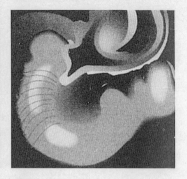

Um óvulo humano pouco depois da fertilização, parcialmente rodeado pelos espermatozoides que chegaram em segundo lugar. Os aproximadamente 300 milhões de outros derrotados ainda não chegaram.

Um embrião humano três semanas depois da concepção, com o tamanho aproximado da ponta de um lápis, tendo a cabeça à direita. A segmentação que se estende até a cauda parece a de um verme.

para outro reino: o útero. Ele destrói tecido pelo caminho. Suga o sangue dos vasos capilares. Banha-se no sangue materno, do qual extrai oxigênio e substâncias nutritivas. Estabelece-se como uma espécie de parasita nas paredes do útero.

- Na terceira semana, por volta da época do primeiro período de menstruação que deixou de ocorrer, o embrião em formação tem cerca de dois milímetros de comprimento e está desenvolvendo várias partes do corpo. Só nesse estágio é que começa a ser dependente de uma placenta rudimentar. Ele se parece um pouco com um verme segmentado.*

* Várias publicações de direita e dos fundamentalistas cristãos criticaram esse argumento — alegando que é baseado numa doutrina obsoleta de um biólogo alemão do século XIX, chamada recapitulação. Ernst Haeckel propôs que as etapas no desenvolvimento embrionário individual de um animal reconstituem (ou "recapitulam") as etapas do desenvolvimento evolucionário de seus ancestrais. A recapitulação foi exaustiva e ceticamente tratada pelo biólogo evolucionário Stephen Jay Gould (no seu livro *Ontogeny and Philogeny* [Cambridge,

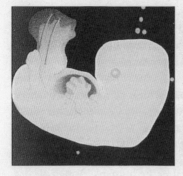 

Um embrião humano no fim da quinta semana depois da concepção. A cauda está enrolada embaixo dos brotos das pernas. A face, vista aqui de perfil, tem nitidamente um aspecto de réptil.

Um feto de dezesseis semanas tem um aspecto exterior bem humano. Mas ainda não pode se mover por si mesmo a ponto de seus movimentos serem sentidos, nem pode sobreviver fora do útero.

- No final da quarta semana, o embrião tem cerca de cinco milímetros (mais ou menos um quinto de polegada) de comprimento. É agora reconhecível como um vertebrado, seu coração em forma de tubo está começando a bater, algo semelhante a guelras de um peixe ou anfíbio se torna visível, e há uma cauda pronunciada. Parece-se mais com uma pequena salamandra ou um girino. Este é o fim do primeiro mês depois da concepção.
- Na quinta semana, as grandes divisões do cérebro podem ser distinguidas. Aparece o que mais tarde vai se desenvolver formando os olhos e surgem pequenos brotos — a caminho de se tornarem braços e pernas.

Mass.: Harvard University Press, 1977]). Mas o nosso artigo não tinha nenhuma palavra sobre a recapitulação, como o leitor deste capítulo pode julgar por si mesmo. As comparações do feto humano com outros animais (adultos) são baseadas na aparência do feto (veja ilustrações). Sua forma não humana, e nada que tenha a ver com a sua história evolucionária, é a chave para o argumento destas páginas.

• Na sexta semana, o embrião tem (cerca de) treze milímetros de comprimento. Os olhos ainda estão no lado da cabeça, como na maioria dos animais, e a face de réptil tem fendas conectadas onde aparecerão mais tarde a boca e o nariz.
• No final da sétima semana, a cauda quase desapareceu, e as características sexuais podem ser discernidas (embora ambos os sexos pareçam femininos). A face é de mamífero, e bastante parecida com a de um porco.
• No final da oitava semana, a face se parece com a de um primata, mas ainda não é totalmente humana. A maioria das partes do corpo humano já se acha presente nos seus aspectos essenciais. Parte da anatomia das camadas inferiores do cérebro está bem desenvolvida. O feto revela ter reações reflexas a estimulações delicadas.

AS PRIMEIRAS OITO SEMANAS

0 semana   1 semana   2 semanas   3 semanas   4 semanas   5 semanas

As etapas no desenvolvimento do embrião e do feto durante as primeiras oito semanas depois da concepção. À extrema esquerda, vê-se o óvulo recém-fertilizado, contendo 46 cromossomos — o esquema genético completo, metade contribuída pelo espermatozoide, metade pelo óvulo. Cada ilustração sucessiva é de mais uma semana ao longo da gravidez, à exceção da

• Na décima semana, a face tem um molde inequivocamente humano. Começa a ser possível distinguir os machos das fêmeas. As unhas e as principais estruturas ósseas só aparecem no terceiro mês.
• No quarto mês, é possível distinguir entre a face de um feto e a de outro. Os primeiros movimentos são comumente percebidos no quinto mês. Os bronquíolos dos pulmões só começam a se desenvolver por volta do sexto mês; os alvéolos, ainda mais tarde.

Assim, se apenas a pessoa pode ser assassinada, quando é que o feto adquire a condição de pessoa? Quando a sua face se torna nitidamente humana, perto do fim do primeiro trimestre? Quando o feto começa a reagir aos estímulos — novamente no final do primeiro trimestre? Quando se torna bastante ativo para que

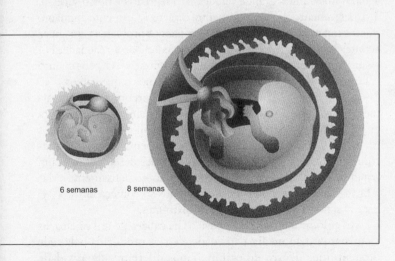

6 semanas   8 semanas

última, que corresponde à oitava semana. Depois de etapas em que se parece com um verme, um anfíbio, um réptil e um mamífero inferior, na oitava semana aparecem características primatas (simiescas, humanas) reconhecíveis. Terão de se passar muitos outros meses antes de os pulmões se desenvolverem e ter início a atividade cerebral caracteristicamente humana.

se percebam os seus primeiros movimentos, tipicamente na metade do segundo trimestre? Quando os pulmões atingiram um estágio de desenvolvimento suficiente para que o feto consiga, apenas concebivelmente, respirar por si mesmo ao ar livre?

O problema com esses marcos particulares do desenvolvimento não é apenas o fato de serem arbitrários. Mais perturbador é o fato de que nenhum deles envolve características *unicamente humanas* — salvo a questão superficial da aparência facial. Todos os animais reagem a estímulos e movem-se por sua própria vontade. Um grande número é capaz de respirar. Mas isso não nos impede de matar bilhões deles. Reflexos, movimentos e respiração não é o que nos torna humanos.

Os outros animais levam vantagens sobre nós — no que diz respeito a velocidade, força, resistência, habilidades de escalar ou cavar, camuflagem, visão, olfato ou audição, domínio do ar ou da água. A nossa única grande vantagem, o segredo de nosso sucesso, é o pensamento — o pensamento caracteristicamente humano. Somos capazes de encontrar soluções para os problemas, imaginar acontecimentos que ainda vão ocorrer, entender a realidade. Foi assim que inventamos a agricultura e a civilização. O pensamento é a nossa bênção e a nossa maldição, faz de nós o que somos.

O ato de pensar ocorre, é claro, no cérebro — principalmente nas camadas superiores da "matéria cinzenta" convoluta chamada córtex cerebral. Os cerca de 100 bilhões de neurônios no cérebro constituem a base material do pensamento. Os neurônios estão ligados entre si, e suas ligações desempenham um papel principal no que experimentamos como pensamento. Mas a ligação em grande escala dos neurônios só começa entre a 24ª e a 27ª semanas da gravidez — no sexto mês.

Ao colocar eletrodos inofensivos na cabeça de um sujeito, os cientistas podem medir a atividade elétrica produzida pela rede de neurônios dentro do crânio. Tipos diferentes de atividade mental mostram tipos diferentes de ondas cerebrais. Mas as ondas cerebrais com padrões regulares típicos dos cérebros humanos adultos só aparecem no feto por volta da trigésima semana de gravidez — perto do início do terceiro trimestre. Os fetos mais jovens — por mais vivos e ativos que sejam — não têm a arquitetura cerebral necessária. Ainda não podem pensar.

Consentir em matar qualquer criatura viva, especialmente aquela que pode mais tarde se tornar um bebê, é perturbador e doloroso. Mas rejeitamos os extremos de "sempre" e "nunca", o que nos coloca — gostemos ou não — na rampa escorregadia. Se somos forçados a escolher um critério de desenvolvimento, o ponto em que devemos traçar a linha é o seguinte: quando o início do pensamento caracteristicamente humano se torna possível.

É, na verdade, uma definição muito conservadora: ondas cerebrais regulares raramente são encontradas nos fetos. Mais pesquisas seriam uma grande ajuda. (Ondas cerebrais bem definidas em fetos de babuínos e ovelhas só começam num período tardio da gestação.) Se quisermos tornar esse critério ainda mais rigoroso, levando em conta um ocasional desenvolvimento precoce do cérebro fetal, poderíamos traçar a linha aos seis meses. Por acaso, é onde a Suprema Corte a traçou em 1973 — embora por razões completamente diferentes.

A sua decisão no caso de *Roe versus Wade* mudou a lei norte-americana sobre o aborto. Ela permite o aborto a pedido da mulher, sem restrições, no primeiro trimestre e, com algumas restrições que visam proteger a sua saúde, no segundo trimestre. Permite que os Estados proíbam o aborto no terceiro trimestre, exceto quando há uma séria ameaça à vida ou à saúde da mulher. Na decisão Webster de 1989, a Suprema Corte se recusou explicitamente a derrubar *Roe versus Wade*, mas na realidade solicitou que as cinquenta legislaturas estaduais decidissem por si mesmas.

Qual foi o raciocínio em *Roe versus Wade*? Não foi dado nenhum peso legal ao que acontece com as crianças depois do nascimento ou com a família. O direito da mulher à liberdade reprodutiva é protegido, determinou o tribunal, pelas garantias constitucionais de privacidade. Mas esse direito não é incondicional. A garantia de privacidade da mulher e o direito do feto à vida devem ser pesados — e quando o tribunal os considerou, foi dada prioridade à privacidade no primeiro trimestre e à vida no terceiro. A transição não foi decidida por nenhuma das considerações que apresentamos até agora neste capítulo — não se baseia no momento em que ocorre "o aparecimento da alma", nem no momento em que o feto adquire suficientes características humanas, para ser protegido por lei contra o assassinato. Em vez disso, o critério adotado foi determinar se o feto podia viver fora da mãe. Isso foi chamado de "viabilidade", e depende em parte da capacidade de respirar. Os pulmões simplesmente não estão desenvolvidos, e o feto não pode respirar — por mais avançado que seja o pulmão artificial em que for colocado — até aproximadamente a 24ª semana, perto do início do sexto mês. É por isso que *Roe versus Wade* permite que os Estados proíbam o aborto no último trimestre. É um critério muito pragmático.

Se o feto numa certa etapa da gestação for viável fora do ventre materno, reza o argumento, o direito do feto à vida suplantará o direito da mulher à privacidade. Mas o que significa "viável"? Até um recém-nascido depois de uma gestação completa não é viável sem muitos cuidados e amor. Antes das incubadoras, era improvável que bebês de sete meses fossem viáveis. Abortar no sétimo mês seria então permitido? Depois da invenção das incubadoras, os abortos no sétimo mês se tornaram repentinamente imorais? O que acontecerá se no futuro for desenvolvida uma nova tecnologia, pela qual um útero artificial pode sustentar o feto antes do sexto mês de gestação, fornecendo-lhe oxigênio e substâncias nutritivas pelo sangue — assim como a mãe introduz pela placenta esses elementos no sistema sanguíneo fetal? Admitimos ser improvável que essa tecnologia seja desenvolvida em breve ou se torne acessível à maioria. Mas *se* estivesse à disposição, seria então imoral abortar antes do sexto mês, quando antes era moral? Uma moralidade que depende da tecnologia e muda com o seu desenvolvimento é uma moralidade frágil; para alguns, é igualmente uma moralidade inaceitável.

E por que, exatamente, a respiração (ou a função dos rins, ou a capacidade de resistir às doenças) deveria justificar a proteção legal? Se for possível demonstrar que o feto pensa e sente, mas não é capaz de respirar, será correto matá-lo? Damos mais valor à respiração do que ao pensamento e ao sentimento? A nosso ver, os argumentos da viabilidade não podem determinar coerentemente quando os abortos são permissíveis. É preciso algum outro critério. Mais uma vez, apresentamos à consideração dos leitores o início do pensamento humano como esse critério.

Como, em média, o pensamento fetal ocorre até mais tarde do que o desenvolvimento dos pulmões no feto, consideramos *Roe versus Wade* uma decisão boa e prudente ao tratar de uma questão complexa e difícil. Com as proibições de aborto no último trimestre — exceto em casos de grave necessidade médica —, a lei alcança um bom equilíbrio entre as reivindicações conflitantes de liberdade e vida.

Quando este artigo apareceu na revista *Parade*, vinha acompanhado de um quadro com um número de telefone 900, para que os leitores dessem a sua opinião sobre a questão do aborto. Um número espantoso de 380 mil pessoas responderam. Foram capazes de expressar as quatro seguintes opções: "O aborto depois do instante da concepção é assassinato", "A mulher tem o direito de escolher o aborto em qualquer momento durante a sua gravidez", "O aborto deve ser permitido nos três primeiros meses de gravidez" e "O aborto deve ser permitido nos seis primeiros meses de gravidez". *Parade* é publicada aos domingos, e na segunda-feira as opiniões estavam bem divididas entre essas quatro opções. Foi então que o sr. Pat Robertson, evangelista fundamentalista, cristão e candidato republicano à presidência da República em 1992, apareceu na segunda-feira em seu programa de televisão diário, pedindo que seus seguidores tirassem *Parade* "da lata de lixo" e enviassem a mensagem clara de que matar um zigoto humano é assassinato. Eles obedeceram. A atitude pró-escolha da maioria dos norte-americanos — como foi mais de uma vez demonstrado em pesquisas de opinião demograficamente controladas, e como se refletiu nos primeiros resultados do número 900 — foi vencida pela organização política.

16. AS REGRAS DO JOGO

> *Tudo o que é moralmente correto deriva de uma dentre quatro fontes: diz respeito à plena percepção ou desenvolvimento inteligente do que é verdade; ou à preservação da sociedade organizada, em que todo homem recebe o que merece e todas as obrigações são conscienciosamente cumpridas; ou à grandeza e força de um espírito nobre e invencível; ou à ordem e moderação em tudo o que é dito e feito, por meio das quais se alcança a temperança e o autocontrole.*
> Cícero, *De officiis*, I, 5 (45-4 a.C.)

Eu me lembro do fim de um remoto dia perfeito em 1939 — um dia que poderosamente influenciou o meu pensamento, o dia em que meus pais me apresentaram as maravilhas da Feira Mundial de Nova York. Era tarde, bem depois da minha hora de dormir. Empoleirado com segurança nos ombros de meu pai, agarrando-me nas suas orelhas, minha mãe tranquilizadoramente ao meu lado, eu me virei para ver os grandes Trylon e Perisphere, os ícones arquitetônicos da feira, banhados em tons azuis pastel bruxuleantes. Estávamos abandonando o futuro, o "Mundo do Amanhã", para pegar o metrô BMT. Quando paramos para rearrumar nossas posses, meu pai começou a falar com um homenzinho cansado que carregava uma bandeja pendurada ao redor do pescoço. Vendia lápis. Meu pai meteu a mão no saco de papel marrom amassado que continha os restos de nossos lanches, tirou uma maçã e a deu ao homem dos lápis. Eu comecei a berrar. Não gostava de maçãs naquela época, e recusara a fruta tanto na hora do almoço como no jantar. Mas tinha, ainda assim, um interesse de proprietário na fruta. Era a minha maçã, e meu pai acabara de dá-la a um estranho de aparência curiosa — que, para aumentar a minha angústia, agora olhava sem simpatia na minha direção.

Embora meu pai fosse uma pessoa de paciência e ternura quase ili-

mitadas, percebi que estava desapontado comigo. Ele me pegou no colo e me apertou contra si.

"Ele é um pobre coitado, desempregado", disse para mim, baixinho, de modo que o homem não escutasse. "Não comeu nada o dia todo. Nós temos o bastante. Podemos lhe dar uma maçã."

Reconsiderei a questão, abafei os meus soluços, dei mais uma olhada ansiosa no Mundo de Amanhã e agradecidamente adormeci nos seus braços.

Os códigos morais que procuram regular o comportamento humano têm nos acompanhado, não só desde a aurora da civilização, mas também entre nossos ancestrais caçadores-coletores pré-civilizados e altamente sociais. E até antes disso. Sociedades diferentes têm códigos diferentes. Muitas culturas afirmam uma coisa e fazem outra. Em algumas sociedades afortunadas, um legislador inspirado dita um conjunto de regras a serem observadas na vida diária (e na maioria das vezes alega ter sido instruído por um deus — sem o que poucos teriam seguido as prescrições). Por exemplo, os códigos de Ashoka (Índia), Hamurabi (Babilônia), Licurgo (Esparta) e Sólon (Atenas), que outrora dominaram civilizações poderosas, estão hoje em grande parte extintos. Talvez julgassem de forma errônea a natureza humana e pedissem demasiado de nós. Talvez a experiência de uma época ou cultura não seja inteiramente aplicável a outra.

É surpreendente ver que existem hoje em dia tentativas — ainda tateantes, mas nascentes — de abordar a questão cientificamente, isto é, experimentalmente.

Tanto em nossa vida cotidiana como nas relações solenes entre as nações, devemos decidir: o que significa agir corretamente? Devemos ajudar um estranho carente? Como lidar com um inimigo? Devemos tirar proveito de alguém que nos trata bondosamente? Se feridos por um amigo, ou ajudados por um inimigo, devemos retribuir o que nos fizeram? Ou a totalidade do comportamento passado prevalece sobre quaisquer desvios recentes da norma?

Exemplos: a sua cunhada ignora a sua descortesia e o convida para o jantar de Natal; você deve aceitar? Rasgando uma moratória voluntária mundial de quatro anos, a China retoma os testes de armas nucleares; devemos fazer o mesmo? Quanto devemos dar para a caridade? Os soldados sérvios sistematicamente estupram as mulheres bósnias; os soldados bósnios devem sistematicamente estuprar as mulheres sérvias? Depois de séculos de opressão, o líder do Partido Nacionalista F. W. de Klerk faz propostas ao Congresso Nacional Africano; Nelson Mandela e o ANC deveriam ter feito o mesmo? Um colega de trabalho o leva a fazer má figura diante do chefe; você deve tentar se vingar? Devemos enganar na declaração do imposto de renda? E se pudermos escapar impunes? Se uma companhia de óleo apoia uma orquestra sinfônica ou patrocina um refinado drama de TV, devemos ignorar a sua poluição do meio ambiente? Devemos ser bondosos com os parentes idosos, mesmo se eles nos deixam loucos? Devemos trapacear no jogo de cartas? Ou numa escala maior? Devemos matar os matadores?

Ao tomar essas decisões, o nosso interesse não é apenas fazer o correto, mas também fazer o que funciona — o que nos torna a nós e ao resto da sociedade mais felizes e mais seguros. Há uma tensão entre o que chamamos de ético e o que chamamos de pragmático. Se, até a longo prazo, o comportamento ético fosse autodestrutivo, acabaríamos por não considerá-lo ético, mas tolo. (Poderíamos até alegar que o respeitamos em princípio, mas o ignoramos na prática.) Tendo em vista a variedade e a complexidade do comportamento humano, há algumas regras simples — sejam chamadas de éticas ou pragmáticas — que realmente funcionam?

Como decidimos o que fazer? As nossas respostas são em parte determinadas pelo nosso interesse pessoal consciente. Retribuímos na mesma moeda ou agimos ao contrário, porque esperamos que nosso ato vá conseguir o que desejamos. As nações se reúnem ou explodem armas nucleares, para que os outros países não brinquem com elas. Pagamos o mal com o bem, porque sabemos que assim podemos às vezes despertar o senso de justiça das pessoas ou obrigá-las a ser agradáveis pela vergonha experimentada. Mas às vezes nossos motivos não são egoístas. Algumas pessoas parecem ser naturalmente bondosas. Aceitamos provocações de pais idosos ou dos filhos, porque os amamos e queremos que sejam felizes, mesmo que isso nos custe um pouco. Às vezes somos duros com nossos filhos e lhes causamos um pouco de infelicidade, porque queremos moldar o seu caráter e acreditamos que os resultados a longo prazo lhes trarão mais felicidade que a dor a curto prazo.

Os casos são diferentes. As pessoas e as nações são diferentes. Saber como negociar nesse labirinto é parte da sabedoria. Mas, tendo em vista a variedade e a complexidade do comportamento humano, há algumas regras simples, chamadas de éticas ou pragmáticas, que realmente funcionam? Ou talvez devêssemos evitar qualquer tentativa de pensar a fundo sobre a questão e fazer apenas o que sentimos ser correto. Porém, mesmo assim, como é que determinamos o que "sentimos ser correto"?

O padrão mais admirado de comportamento, pelo menos no Ocidente, é a Regra de Ouro, atribuída a Jesus de Nazaré. Todo mundo conhece a sua formulação no Evangelho de São Mateus do primeiro século: "Faz aos outros o que desejas que te façam". Quase ninguém a segue. Quando perguntaram ao filósofo chinês do século V a.C., Kung-Tzi (conhecido como Confúcio no Ocidente), a sua opinião sobre a Regra de Ouro (já então bem conhecida) de pagar o mal com a bondade, ele teria respondido: "Então com o que você vai pagar a bondade?". A mulher pobre que inveja a riqueza de seu vizinho deve dar o pouco que tem aos ricos? O masoquista deve infligir dor ao seu vizinho? A Regra de Ouro não leva em conta as diferenças humanas. Depois que nossa face é esbofeteada, somos realmente capazes de virar o outro lado para que também seja esbofeteado? Com um adversário impiedoso, esse gesto não é apenas a garantia de mais sofrimentos?

A Regra de Prata é diferente: "Não faças aos outros o que não desejas que te façam". Também pode ser encontrada em toda parte, inclusive, uma geração antes de Jesus, nos escritos do rabino Hillel. Os exemplos mais inspiradores da Regra de Prata no século XX foram Mahatma Ghandi e Martin Luther King, Jr. Aconselharam povos oprimidos a não pagarem a violência com a violência, mas também a não serem submissos e obedientes. A desobediência civil pacífica era o que pregavam — colocar o corpo na linha de tiro, para mostrar, com a sua disposição a ser punido por desafiar uma lei injusta, a justiça de sua causa. Procuravam derreter os corações de seus opressores (e daqueles que ainda não tinham opinião a respeito da causa).

King venerava Ghandi como a primeira pessoa na história a converter as Regras de Ouro e Prata num efetivo instrumento de mudança social. E Ghandi deixou bem claro de onde vinha a sua forma de proceder: "Aprendi a lição da não violência com a minha mulher, quando tentei curvá-la à minha vontade. A sua resistência determinada à minha vontade, de um lado, e a sua quieta submissão ao sofrimento que a minha estupidez lhe causava, de outro, acabaram me deixando envergonhado de mim mesmo e me curaram da minha estupidez de pensar que eu nascera para dominá-la".

A desobediência civil pacífica realizou mudanças políticas notáveis no século XX — ao forçar a libertação da Índia do domínio britânico e ao estimular o fim do colonialismo clássico em todo o mundo, bem como ao fornecer alguns direitos civis para os afro-americanos —, embora a ameaça de violência por parte de outros, por mais repudiada que tivesse sido por Ghandi e King, também possa ter ajudado. O Congresso Nacional Africano (ANC) se desenvolveu seguindo a tradição de Ghandi. Mas, na década de 1950, era claro que a não cooperação pacífica não estava obtendo nenhum resultado com o Partido Nacionalista branco dominante. Assim, em 1961, Nelson Mandela e seus colegas formaram a ala militar do ANC, a *Umkhonto we Sizwe*, a Lança da Nação, pela razão nada ghandiana de que a única coisa que os brancos compreendem é a força.

Até Ghandi teve dificuldades em reconciliar a regra da não violência com as necessidades de defesa contra aqueles com regras menos elevadas de conduta: "Não tenho as qualificações para ensinar minha filosofia de vida. Mal tenho as qualificações para praticar a filosofia em que acredito. Não passo de uma alma em luta desejando ser [...] inteiramente verdadeira e inteiramente pacífica em pensamento, palavra e ação, mas nunca conseguindo atingir o ideal".

"Pague a bondade com a bondade", disse Confúcio, "mas o mal com a justiça." Essa poderia ser chamada a Regra de Bronze: "Faz aos outros o que te fazem". É a *lex talionis*, "olho por olho, dente por dente", mais "o bem com o bem se paga". No comportamento real humano (e dos chimpanzés), é um padrão familiar. "Se o inimigo se inclina para a paz, incline-se também para a paz", disse o presidente Clinton, citando o Alcorão nos acordos de paz entre os israelenses e os palestinos. Sem ter de apelar à melhor natureza de ninguém, instituímos uma espécie de condicionamento operante, recompensando-os quando são agradáveis e punindo-os quando não são. Não somos trouxas, mas também não somos implacáveis. Ou não é verdade que "dois males não fazem um bem"?

De cunhagem mais inferior é a Regra de Ferro: "Faz aos outros o que quiseres, antes que te façam o mesmo". É às vezes formulada como "Aquele que tem o ouro cria as regras", sublinhando não só a sua divergência da Regra de Ouro, mas também o seu desprezo por ela. Essa é a máxima secreta de muitos, se conseguem aplicá-la impunemente, e muitas vezes o preceito implícito dos poderosos.

Finalmente, devo mencionar duas outras regras, encontradas em todo o mundo vivo. Elas explicam bastante. Uma é: "Puxa o saco dos teus superiores e maltrata os teus inferiores". Esse é o lema dos valentões e a norma em muitas sociedades primatas não humanas. É, na verdade, a Regra de Ouro para os superiores e a Regra de Ferro para os inferiores. Como não existe nenhuma liga conhecida de ouro e ferro, nós a chamaremos Regra de Lata, por sua flexibilidade. A outra regra comum é: "Favorece sempre os parentes próximos e faz o que quiseres aos outros". Essa Regra do Nepotismo é conhecida pelos biólogos evolucionários como "seleção do parentesco".

Apesar de seu aparente caráter prático, há uma falha fatal na Regra de Bronze: a *vendetta* sem fim. Não importa quem começa a violência. Violência gera violência, e cada lado tem razão para odiar o outro. "Não há caminho para a paz", disse A. J. Muste. "A paz *é* o caminho." Mas a paz é difícil, e a violência é fácil. Mesmo quando quase todos estão a favor de acabar com a *vendetta*, um único ato de retaliação pode despertá-la de novo: os soluços da viúva de um parente morto e o sofrimento dos filhos estão diante de nós. Os idosos se lembram de atrocidades na sua infância. A parte razoável dentro de nós tenta manter a paz, mas a parte passional grita por vingança. Os extremistas nas duas facções em guerra podem contar uns com os outros. Estão aliados contra o resto de nós, desprezando os apelos de compreensão, bondade e amor. Alguns exaltados podem forçar uma legião de pessoas mais prudentes e racionais a marchar para a brutalidade e para a guerra.

Muitos no Ocidente ficaram tão impressionados com os acordos estarrecedores firmados com Adolf Hitler em Munique, em 1938, que são incapazes de distinguir entre cooperação e pacificação. Em vez de ter de julgar cada gesto e procedimento por seus próprios méritos, decidimos que o adversário é inteiramente ruim, que todas as suas concessões são oferecidas por má-fé e que a força é a única coisa que ele compreende. Talvez fosse o julgamento correto para Hitler. Mas não é, em geral, o julgamento correto, por maior que seja o meu desejo de que a invasão da Renânia tivesse sido impedida à força. Ele consolida a hostilidade em ambos os lados e torna o conflito muito mais provável. Num mundo com armas nucleares, a hostilidade inflexível possui perigos especiais e muito terríveis.

Interromper uma longa série de represálias é, afirmo, muito difícil. Há grupos étnicos que se enfraqueceram até serem extintos, porque não tiveram meios de escapar desse ciclo. Os caingangues do interior do Brasil, por exemplo. As nacionalidades em guerra na ex-Iugoslávia, em Ruanda e em outras partes fornecem outros exemplos. A Regra de Bronze parece implacável demais. A Regra de Ferro promove a vantagem de uns poucos cruéis e poderosos contra os interesses de todo o resto. As Regras de Ouro e Prata parecem complacentes demais. Elas sistematicamente deixam de punir a crueldade e a exploração. Esperam persuadir as pessoas a abandonar o mal e a fazer o bem, mostrando que a bondade é possível. Mas há sociopatas que não se importam com os sentimentos dos outros, e difícil é imaginar que o bom exemplo fosse capaz de fazer com que Hitler e Stálin se envergonhassem e se redimissem. Há alguma regra entre a de Ouro e a de Prata, de um lado, e as de Bronze, Ferro e Lata, de outro, que funciona melhor do que qualquer uma delas sozinha?

Com tantas regras diferentes, como podemos saber qual usar, aquela que vai funcionar? Mais de uma regra pode estar operando até na mesma pessoa ou nação. Estamos fadados a apenas conjeturar sobre a questão, a confiar em nossa intuição ou a apenas repetir o que fomos ensinados a fazer? Vamos tentar deixar de lado, apenas por um momento, as regras que nos ensinaram, bem como aquelas que sentimos com paixão — talvez por um senso de justiça profundamente enraizado — que *devem* estar certas.

Vamos supor que não procuremos confirmar ou negar o que nos ensinaram, mas descobrir o que de fato funciona. Há um meio de *testar* códigos de ética concorrentes? Admitindo que o mundo real pode ser muito mais complicado que qualquer simulação, podemos explorar a questão cientificamente?

Estamos acostumados com jogos em que alguém ganha e alguém perde. Todo ponto marcado pelo nosso adversário nos deixa um tanto para trás. Jogos de "ganhar-perder" parecem naturais, e muitas pessoas têm dificuldade em pensar num jogo que não seja de ganhar-perder. Em jogos de ganhar-perder, as perdas apenas equilibram os ganhos. É por isso que são chamados jogos de "soma-zero". Não há ambiguidade sobre as intenções do adversário: dentro das regras do jogo, ele fará todo o possível para derrotar o outro.

Muitas crianças ficam consternadas na primeira vez em que realmente se defrontam com o lado "perda" dos jogos de ganhar-perder. Estando a ponto de sofrer bancarrota no Banco Imobiliário, elas pedem uma isenção especial (a desistência dos aluguéis, por exemplo), e quando não se apresenta essa possibilidade, podem, em lágrimas, denunciar o jogo como cruel e insensível — o que certamente é. (Já vi o tabuleiro ser virado, hotéis, cartões da "Sorte" e ícones de metal serem atirados no chão num acesso de raiva e humilhação — e não apenas por crianças.) Dentro das regras do Banco Imobiliário, não há nenhum modo de os jogadores cooperarem para que todos se beneficiem. Não foi para isso que o jogo foi projetado. O mesmo vale para o boxe, o futebol, o hóquei, o basquete, o beisebol, o *lacrosse* [esporte semelhante ao hóquei], o tênis, o jogo da pela, o xadrez, todos os eventos olímpicos, a corrida de iate e carro, o *pinochle* [jogo de cartas norte-americano], a amarelinha e a política partidária. Em nenhum desses jogos, temos a oportunidade de praticar as Regras de Ouro e Prata, nem sequer a de Bronze. Há apenas espaço para as Regras de Ferro e Lata. Se veneramos a Regra de Ouro, por que ela é tão rara nos jogos que ensinamos às crianças?

Depois de 1 milhão de anos de tribos intermitentemente guerreiras, logo pensamos à maneira da soma-zero, tratando toda interação como uma competição ou um conflito. No entanto, a guerra nuclear (e muitas guerras convencionais), a depressão econômica e os ataques ao meio ambiente global são todas proposições de "perder-perder". Interesses humanos vitais como o amor, a amizade, a paternidade e a maternidade, a música, a arte e a busca do conhecimento são proposições de "ganhar-ganhar". A nossa visão fica perigosamente estreita, se apenas conhecemos ganhar-perder.

A área científica que trata dessas questões se chama teoria do jogo, usada na tática e estratégia militares, na política comercial, na competição empresarial, na redução da poluição ambiental e nos planos para a guerra nuclear. O jogo paradigmático é o Dilema do Prisioneiro. Está muito distante da soma-zero. Os resultados de ganhar-ganhar, ganhar-perder e perder-perder são todos possíveis. Os livros "sagrados" contêm poucas percepções úteis sobre a estratégia a ser usada. É um jogo inteiramente pragmático.

Imagine que você e um amigo são presos por cometer um crime grave. Para fins do jogo, não importa se um de vocês cometeu o crime, se nenhum de vocês cometeu o crime ou se ambos cometeram o crime. O que importa é a polícia pensar que vocês o cometeram. Antes de ter uma oportunidade de comparar as histórias ou planejar a estratégia, vocês são levados para celas de interrogatório separadas. Ali, esquecidos de seus direitos Miranda ("Você tem o direito de permanecer calado..."), eles tentam fazer com que você confesse. Dizem, como a polícia faz de vez em quando, que o seu amigo já confessou e o incriminou. (Que amigo!) A polícia pode estar dizendo a verdade. Ou pode estar mentindo. Você pode apenas alegar inocência ou se declarar culpado. Se está disposto a dizer alguma coisa, qual é a sua melhor política para minimizar o castigo?

Eis os resultados possíveis:

Se você nega ter cometido o crime e (sem que você saiba) o seu amigo também o nega, o caso pode ser difícil de provar. No acordo do pleito, ambas as sentenças serão muito leves.

Se você confessa e o seu amigo também confessa, o trabalho que o Estado teve de realizar para solucionar o crime foi pequeno. Em troca, vocês dois podem ganhar uma sentença bastante leve, embora não tão leve como a que receberiam se ambos tivessem declarado inocência.

Mas se você alega inocência e o seu amigo confessa, o Estado vai pedir a sentença máxima para você e a punição mínima (talvez nenhuma) para o seu amigo. Ah-ah! Você está muito vulnerável a uma espécie de traição, o que os teóricos do jogo chamam "defecção". E o seu amigo também.

Assim, se você e o seu amigo "cooperam" um com o outro —

ambos alegando inocência (ou ambos se declarando culpados) —, vocês dois escapam do pior. Será que você deve jogar com segurança e garantir um meio-termo de punição, confessando? Nesse caso, se o seu amigo alega inocência, enquanto você se declara culpado, bem, pior para ele, e você pode sair da história impune.

Quando examina o caso, você compreende que, não importa o que o seu amigo venha a fazer, para você a defecção é melhor que a cooperação. Enlouquecedoramente, o mesmo vale para o seu amigo. Mas se vocês dois se traem, ficam em pior situação do que se tivessem ambos cooperado. Esse é o Dilema do Prisioneiro.

Agora vamos considerar um Dilema do Prisioneiro repetido, em que os dois jogadores passam por uma sequência desses jogos. No final de cada um, descobrem pela sua punição o que o outro deve ter alegado. Ganham experiência sobre a estratégia (e caráter) um do outro. Vão aprender a cooperar jogo após jogo, ambos sempre negando que cometeram o crime? Mesmo se a recompensa para delatar o outro for grande?

Você pode tentar cooperar ou trair, dependendo de como foi o jogo ou os jogos anteriores. Se você coopera demais, o outro jogador pode explorar a sua boa natureza. Se você trai demais, é provável que o seu amigo vá traí-lo muitas vezes, e isso é ruim para os dois. Você sabe que o seu padrão de defecção constitui dados que vão ser passados para o outro jogador. Qual é a mistura adequada de cooperação e defecção? Como qualquer outra questão na natureza, o modo de se comportar torna-se então um assunto a ser investigado experimentalmente.

No seu extraordinário livro *The evolution of cooperation*, o sociólogo da Universidade de Michigan, Robert Axelrod, explora essa questão num torneio de computador em rodízio contínuo. Vários códigos de comportamento se confrontam, e no final vemos quem ganha (aquele que pega a pena cumulativa mais leve). A estratégia mais simples pode ser a de cooperar o tempo todo, sejam quais forem as vantagens que os outros levam sobre você, ou nunca cooperar, sejam quais forem os benefícios que poderiam advir da cooperação. Essas são a Regra de Ouro e a Regra de

Ferro. Elas sempre perdem, uma pela superfluidade da bondade, a outra pelo exagero de crueldade. As estratégias lentas em punir a defecção perdem — em parte porque enviam um sinal de que a não cooperação pode ganhar. A Regra de Ouro não é apenas uma estratégia fracassada; é também perigosa para os outros jogadores que podem ser bem-sucedidos a curto prazo, só para serem esmagados pelos exploradores a longo prazo.

Você deve trair a princípio, mas, se o seu adversário coopera nem que seja apenas uma vez, cooperar em todos os jogos futuros? Você deve cooperar a princípio, mas, se o seu adversário o trai nem que seja apenas uma vez, delatá-lo em todos os jogos futuros? Essas estratégias também perdem. Ao contrário dos esportes, não se pode confiar em que seu adversário esteja sempre disposto a derrotar você.

A estratégia mais eficaz em muitos desses torneios é chamada "Tit-for-Tat" [pagar na mesma moeda]. É muito simples: você começa cooperando, e em cada rodada subsequente apenas faz o que o seu adversário lhe fez na vez passada. Você pune as defecções, mas quando o seu parceiro coopera, você se mostra disposto a esquecer o passado. A princípio, a regra parece acumular apenas um sucesso medíocre. Mas com o passar do tempo as outras estratégias se autodestroem, por bondade ou crueldade exageradas, e esse meio-termo passa à frente. À exceção de ser sempre bondoso na primeira jogada, o "Tit-for-Tat" é idêntico à Regra de Bronze. Ele imediatamente (no próximo jogo) recompensa a cooperação e pune a defecção, tendo a grande virtude de tornar a sua estratégia absolutamente clara para o adversário. (A ambiguidade estratégica pode ser letal.)

Quando há vários jogadores empregando a Regra "Tit-for-Tat", eles melhoram de situação juntos. Para terem sucesso, os estrategistas "Tit-for-Tat" devem encontrar outros que estejam dispostos a retribuir suas jogadas, com quem possam cooperar. Depois do primeiro torneio em que a Regra de Bronze inesperadamente ganhou, alguns especialistas acharam que a estratégia era generosa demais. No próximo torneio, tentaram explorá-la traindo mais vezes. Sempre perderam. Até estrategistas

TABELA DE REGRAS PROPOSTAS PARA A VIDA DIÁRIA

A Regra de Ouro	Faz aos outros o que desejas que te façam.
A Regra de Prata	Não faças aos outros o que não desejas que te façam.
A Regra de Bronze	Faz aos outros o que te fazem.
A Regra de Ferro	Faz aos outros o que quiseres, antes que te façam o mesmo.
A Regra "Tit-for-Tat"	Coopera com os outros primeiro, depois faz aos outros o que te fazem.

experientes tenderam a subestimar o poder do perdão e da reconciliação. A Regra "Tit-for-Tat" implica uma mistura interessante de predisposições: amizade inicial, disposição a perdoar e retaliação destemida. A superioridade da Regra "Tit-for-Tat" nesses torneios foi novamente computada por Axelrod.

Algo parecido pode ser encontrado no reino animal e tem sido bem estudado em nossos parentes mais próximos, os chimpanzés. Seria um comportamento, descrito e nomeado "altruísmo recíproco" pelo biólogo Robert Trivers, segundo o qual os animais podem fazer favores a outros na expectativa de que vão receber de volta os favores — não todas as vezes, mas o bastante para a regra ser útil. Não é uma estratégia moral invariável, mas também não é incomum. Assim, não há necessidade de debater sobre a antiguidade das Regras de Ouro, Prata e Bronze ou a Regra "Tit-for-Tat", nem sobre a prioridade dos preceitos morais do Livro do Levítico. As regras éticas desse tipo não foram originalmente inventadas por um legislador humano iluminado. Elas provêm do fundo de nosso passado evolucionário. Já estavam em nossa linha ancestral numa época em que ainda não éramos humanos.

O Dilema do Prisioneiro é um jogo muito simples. A vida real é consideravelmente mais complexa. Se meu pai dá a nossa maçã ao homem dos lápis, terá mais chances de receber de volta a maçã? Não do homem dos lápis; nunca mais o veremos. Mas atos difundidos de caridade podem melhorar a economia e conseguir um aumento para o meu pai? Ou damos a maçã em busca de recompensas emocionais, e não econômicas? Além disso, ao contrário dos participantes num jogo ideal do Dilema do Prisioneiro, os seres humanos e as nações começam a interagir com predisposições, tanto hereditárias como culturais.

Mas as lições centrais num rodízio não muito prolongado do Dilema do Prisioneiro são sobre a clareza estratégica; sobre a natureza autodestrutiva da inveja; sobre a importância das metas de longo prazo em relação às de curto prazo; sobre os perigos tanto da tirania como da ingenuidade; e especialmente sobre a possibilidade de abordar toda a questão das regras da vida diária como um assunto experimental. A teoria do jogo também sugere que um amplo conhecimento de história é uma ferramenta-chave para a sobrevivência.

17. GETTYSBURG E O PRESENTE*

> *Este discurso foi proferido no dia 3 de julho de 1988 para aproximadamente 30 mil pessoas, por ocasião da 125ª comemoração da Batalha de Gettysburg e da nova consagração do Memorial da Luz Eterna da Paz, Parque Militar Nacional de Gettysburg, Gettysburg, Pensilvânia. A cada 25 anos, o Memorial da Paz em Gettysburg é novamente consagrado. Os presidentes Wilson, Franklin Roosevelt e Eisenhower foram os oradores anteriores.*
> De *Ouçam-me — Grandes discursos da história*, selecionados e apresentados por William Safire (1992)

Cinquenta e um mil seres humanos foram mortos ou feridos aqui — ancestrais de alguns de nós, irmãos de todos nós. Esse foi o primeiro exemplo plenamente desenvolvido de uma guerra industrializada, com armas fabricadas com precisão e transporte ferroviário de homens e equipamentos. Foi o primeiro indício de uma era futura, a nossa era; uma sugestão do que poderia ser capaz a tecnologia voltada para os fins da guerra. O novo rifle de repetição Spencer foi usado aqui. Em maio de 1863, um balão de reconhecimento do Potomac detectou movimentos das tropas confederadas pelo rio Rappahannock, o início da campanha que deu origem à Batalha de Gettysburg. Esse balão foi um precursor das forças aéreas, dos bombardeios estratégicos e dos satélites de reconhecimento.

Algumas centenas de peças de artilharia foram empregadas nos três dias da Batalha de Gettysburg. O que podiam fazer? Como era a guerra então? Eis o relato de uma testemunha ocular, Frank Haskel, de Wisconsin, que lutou no campo de bata-

---

* Escrito com Ann Druyan. O discurso foi revisto e atualizado para este livro.

lha pelos exércitos da União, comentando o pesadelo das balas de canhão que aparentemente pairavam sobre a cena. É tirado de uma carta a seu irmão:

> Frequentemente não conseguíamos ver o projétil antes que explodisse, mas às vezes, quando estávamos de frente para o inimigo e olhávamos acima de nossas cabeças, a aproximação era anunciada por um silvo prolongado, que sempre me parecia a linha de algo tangível que terminava num globo preto nítido para o olhar, assim como o som fora perceptível para o ouvido. O projétil parecia se deter e pairar suspenso no ar por um instante e depois se desfazer em fogo, fumaça e barulho... A menos de dez metros de nossa posição, um projétil explodiu entre alguns arbustos, onde estavam três ou quatro ordenanças segurando cavalos. Dois dos homens e um cavalo foram mortos.

Era um evento típico da batalha de Gettysburg. Cenas semelhantes foram repetidas milhares de vezes. Esses projéteis balísticos, lançados dos canhões que podemos ver em todo este Memorial de Gettysburg, tinham um alcance, na melhor das hipóteses, de algumas milhas. A quantidade de explosivos no mais formidável deles era de cerca de vinte libras, ou nove quilos — aproximadamente um centésimo de tonelada de TNT. O bastante para matar algumas pessoas.

Mas os explosivos químicos mais poderosos usados oitenta anos mais tarde, na Segunda Guerra Mundial, eram as bombas arrasa-quarteirão, assim chamadas porque podiam destruir o quarteirão de uma cidade. Lançadas de aviões, depois de uma viagem de centenas de quilômetros, cada uma continha cerca de dez toneladas de TNT, mil vezes mais do que a arma mais poderosa na Batalha de Gettysburg. Uma bomba arrasa-quarteirão podia matar algumas dezenas de pessoas.

No final da Segunda Guerra Mundial, os Estados Unidos usaram as primeiras bombas atômicas para aniquilar duas cidades japonesas. Cada uma dessas armas, lançadas depois de uma viagem de às vezes 1600 quilômetros, tinha a potência equivalente a cerca de 10 mil toneladas de TNT, o bastante para matar algumas centenas de milhares de pessoas. Uma única bomba.

Alguns anos mais tarde, os Estados Unidos e a União Soviética desenvolveram as primeiras armas termonucleares, as primeiras bombas de hidrogênio. Algumas delas tinham um rendimento explosivo equivalente a 10 milhões de toneladas de TNT; o bastante para matar alguns milhões de pessoas. Uma única bomba. As armas nucleares estratégicas podem agora ser lançadas em qualquer lugar do planeta. Todos os lugares na Terra são agora um campo de batalha potencial.

Cada um desses triunfos tecnológicos fez a arte do assassinato em massa avançar, sendo multiplicada por um fator de mil. De Gettysburg à bomba arrasa-quarteirão, mil vezes mais energia explosiva; da bomba arrasa-quarteirão à bomba atômica, mil vezes mais; e da bomba atômica à bomba de hidrogênio, outras mil vezes mais. Mil vezes mil vezes mil é 1 bilhão; em menos de um século, a nossa arma mais temível se tornou 1 bilhão de vezes mais mortal. Mas não nos tornamos 1 bilhão de vezes mais sábios nas gerações que se passaram de Gettysburg até nós.

As almas que aqui morreram achariam indescritível a matança de que agora somos capazes. Hoje, os Estados Unidos e a União Soviética transformaram o nosso planeta numa armadilha de quase 60 mil armas nucleares. Sessenta mil armas nucleares! Até uma pequena fração desses arsenais estratégicos poderia, sem dúvida nenhuma, aniquilar as duas superpotências em conflito, provavelmente destruir a civilização global e possivelmente extinguir a espécie humana. Nenhuma nação, nenhum homem deveria ter tal poder. Distribuímos esses instrumentos do apocalipse por todo o nosso frágil mundo, e justificamos nossa atitude alegando que isso garante a nossa segurança. Fizemos um negócio de tolos.

As 51 mil baixas em Gettysburg representavam um terço do Exército Confederado e um quarto do Exército da União. Todos os que morreram, com uma ou duas exceções, eram soldados. A exceção mais famosa foi uma cidadã que, em sua própria casa, resolveu assar pão e, entre duas portas fechadas, morreu atingida por um tiro; seu nome era Jennie Wade. Mas numa guerra termonuclear global quase todas as baixas seriam civis — homens, mulheres e crianças, incluindo um enorme número de cidadãos de nações que não participaram da briga que deu origem à guerra, nações muito distantes da "zona de tiro" das latitudes médias ao norte. Haveria bilhões de Jennie Wades. Todos na Terra agora correm risco.

Em Washington, há um memorial para os norte-americanos que morreram na grande guerra mais recente dos Estados Unidos, o conflito no Sudeste da Ásia. Cerca de 58 mil norte-americanos perderam a vida, um número não muito diferente das baixas aqui em Gettysburg. (Ignoro, como frequentemente ignoramos, os cerca de 1 ou 2 milhões de vietnamitas, laosianos e cambojanos que também morreram nessa guerra.) Pensem naquele memorial escuro, sombrio, belo, comovente e tocante. Pensem no seu comprimento; na realidade, não é mais comprido que a rua de um subúrbio. Cinquenta e oito mil nomes! Imaginem agora que sejamos imbecis ou descuidados a ponto de permitir uma guerra nuclear e que, de alguma forma, seja construído um memorial semelhante. Que comprimento precisaria ter para conter os nomes de todos aqueles que vão morrer numa grande guerra nuclear? Uns 1600 quilômetros. O memorial se estenderia daqui, na Pensilvânia, até o Missouri. Mas, é claro, não haveria ninguém para construí-lo, e poucos para ler a lista dos mortos.

Em 1945, no final da Segunda Guerra Mundial, os Estados Unidos e a União Soviética eram virtualmente invulneráveis. Os Estados Unidos — limitados a leste e a oeste por enormes oceanos intransponíveis, ao norte e ao sul por vizinhos fracos e amistosos — tinham as forças armadas mais eficazes e a economia mais poderosa do planeta. Nada tínhamos a temer. Assim, construímos armas nucleares e seus sistemas de distribuição. Começamos e vigorosamente estimulamos uma corrida armamentista com a União Soviética. Missão terminada, todos os cidadãos dos Estados Unidos tinham a sua vida nas mãos dos líderes da União

Soviética. Mesmo hoje em dia, pós-Guerra Fria, pós-União Soviética, se Moscou decidir que devemos morrer, vinte minutos mais tarde estaremos mortos. Em simetria quase perfeita, a União Soviética tinha o maior exército permanente do mundo em 1945, e nenhuma ameaça militar significativa com que se preocupar. Juntou-se aos Estados Unidos na corrida das armas nucleares, de modo que hoje todos na Rússia têm a sua vida nas mãos dos líderes dos Estados Unidos. Se Washington decidir que eles devem morrer, vinte minutos mais tarde estarão mortos. A vida de todo cidadão norte-americano e de todo cidadão russo está agora nas mãos de uma potência estrangeira. Afirmo que fizemos um negócio de tolos. Nós — nós, norte-americanos, nós, russos — desperdiçamos 43 anos e um enorme tesouro nacional, para nos tornarmos requintadamente vulneráveis a uma aniquilação instantânea. Nós o fizemos em nome do patriotismo e da "segurança nacional", por isso ninguém deve questionar nossa atitude.

Dois meses antes de Gettysburg, no dia 3 de maio de 1863, houve um triunfo confederado, a Batalha de Chancellorsville. Na noite enluarada que se seguiu à vitória, o general Stonewall Jackson e sua comitiva, ao retornarem para as linhas confederadas, foram confundidos com a cavalaria da União. Por engano, Jackson recebeu dois tiros de seus próprios homens. Morreu em consequência dos ferimentos.

Cometemos erros. Matamos nossos próprios partidários.

Segundo alguns, como ainda não tivemos uma guerra nuclear acidental, as precauções que estão sendo tomadas para impedi-la devem ser adequadas. Mas, há menos de três anos, testemunhamos os desastres do ônibus espacial *Challenger* e da usina nuclear de Chernobyl — sistemas de alta tecnologia, um norte-americano, o outro soviético, nos quais uma enorme quantidade de prestígio nacional fora investida. Havia razões imperiosas para impedir esses desastres. No ano anterior, afirmações confiantes foram proferidas pelas autoridades das duas nações no sentido de que acidentes desse tipo não podiam acontecer. Aprendemos desde então que tais certezas não significam grande coisa.

Cometemos erros. Matamos nossos próprios partidários.

Este é o século de Hitler e Stálin, evidência — se alguma fosse necessária — de que loucos podem tomar as rédeas do poder dos Estados industriais modernos. Se estamos satisfeitos com um mundo que tem quase 60 mil armas nucleares, estamos apostando nossa vida na proposição de que nenhum líder presente ou futuro, militar ou civil — dos Estados Unidos, União Soviética, Grã-Bretanha, França, China, Israel, Índia, Paquistão, África do Sul e qualquer outra potência nuclear que vier a existir — vai se desviar dos padrões mais rigorosos da prudência. Estamos apostando na sua sanidade e sobriedade mesmo em períodos de grande crise pessoal e nacional — em todos os líderes de todos os tempos futuros. Afirmo que é pedir demasiado de nós. Porque cometemos erros. Matamos nossos próprios partidários.

A corrida de armas nucleares e a consequente Guerra Fria têm o seu custo. Não são gratuitas. Fora o imenso desvio de recursos fiscais e intelectuais subtraídos da economia civil, fora o custo psíquico de viver a nossa vida sob a espada de Dâmocles, qual foi o preço da Guerra Fria?

Entre o começo da Guerra Fria em 1946 e o seu fim em 1989, os Estados Unidos gastaram (em valores equivalentes aos dólares de 1989) bem mais de 10 trilhões no seu confronto global com a União Soviética. Dessa soma, mais de um terço foi gasto pelo governo Reagan, que aumentou a dívida nacional mais do que todos os governos anteriores até o de George Washington, considerados em conjunto. No início da Guerra Fria, a nação era, sob todos os aspectos significativos, inatingível por qualquer força militar estrangeira. Hoje, depois do gasto desse imenso tesouro nacional (e apesar do fim da Guerra Fria), os Estados Unidos são vulneráveis a uma aniquilação virtualmente instantânea.

Uma empresa que gastasse seu capital de forma tão temerária, e com tão poucos resultados, já estaria falida há muito tempo. Os executivos que não souberam reconhecer um fracasso tão claro de política empresarial há muito teriam sido afastados pelos acionistas.

O que mais os Estados Unidos poderiam ter feito com esse dinheiro (não todo, porque a defesa prudente é certamente necessária — mas, digamos, metade dele)? Com um pouco mais de 5 trilhões de dólares, habilmente aplicados, poderíamos ter dado passos significativos para eliminar a fome, a falta de habitação, as doenças infecciosas, o analfabetismo, a pobreza, bem como para salvaguardar o meio ambiente — não apenas nos Estados Unidos, mas em todo o mundo. Poderíamos ter ajudado o planeta a se tornar agricolamente autossuficiente, além de suprimir muitas das causas da violência e da guerra. E tudo isso poderia ter sido feito com enormes benefícios para a economia norte-americana. Poderíamos ter diminuído profundamente a dívida nacional. Com menos de 1% desse dinheiro, poderíamos ter formado um programa internacional a longo prazo para a exploração tripulada de Marte. Com uma fração minúscula desse dinheiro, prodígios de inventividade humana na arte, arquitetura, medicina e ciência poderiam ser sustentados durante décadas. As oportunidades tecnológicas e empresariais teriam sido prodigiosas.

Fomos inteligentes em gastar uma parte tão considerável de nossa imensa riqueza nos preparativos e parafernália da guerra? No momento atual, ainda estamos gastando nos níveis da Guerra Fria. Fizemos um negócio de tolos. Estamos presos num abraço mortal com a União Soviética, cada lado sempre impulsionado pelos abundantes malefícios do outro; quase sempre considerando o curto prazo — a próxima eleição presidencial ou parlamentar, o próximo congresso do partido — e quase nunca tendo uma visão mais abrangente.

Dwight Eisenhower, que era intimamente ligado a esta comunidade de Gettysburg, afirmou: "O problema com os gastos da defesa é saber até onde devemos ir, sem destruir por dentro o que estamos tentando defender das ameaças de fora". Afirmo que fomos longe demais.

Como saímos dessa confusão? Um Tratado Abrangente de Interdição dos Testes acabaria com todos os futuros testes de armas nucleares; eles são o principal propulsor tecnológico que impele, em ambos os lados, a corrida das armas nucleares. Precisamos abandonar a ideia ruinosamente dispendiosa da Guerra nas Estrelas, que não protege a população civil da guerra nuclear e não aumenta, mas diminui, a segurança nacional dos Estados Unidos. Se quisermos intensificar a intimidação, há meios muito melhores de fazê-lo. Precisamos realizar reduções seguras, maciças, bilaterais e passíveis de inspeções intrusivas nos arsenais nucleares estratégicos e táticos dos Estados Unidos, da Rússia e de todas as outras nações. (Os tratados INF e START representam pequenos passos, mas na direção correta.) É o que deveríamos estar fazendo.

Como as armas nucleares são relativamente baratas, o item mais caro sempre foi e continua sendo as forças militares convencionais. Uma oportunidade extraordinária se abre agora diante de nós. Os russos e os norte-americanos têm se comprometido a fazer grandes reduções nas forças convencionais na Europa. Essa medida deveria se estender ao Japão, Coreia e outras nações perfeitamente capazes de se defender. Essa redução nas forças convencionais é no interesse da paz, bem como no interesse de uma economia norte-americana sadia e sensata. Devemos ir ao encontro dos russos no meio do caminho.

Atualmente, o mundo gasta 1 trilhão de dólares por ano em preparativos militares, a maior parte em armas convencionais. Os Estados Unidos e a Rússia são os principais mercadores de armas. Grande parte desse dinheiro só é gasta porque as nações do mundo são incapazes de tomar o passo insuportável da reconciliação com seus adversários (e outra parte porque os governos precisam de forças para reprimir e intimidar o seu próprio povo). Esse trilhão de dólares por ano tira alimentos da boca dos pobres. Atrofia economias potencialmente eficazes. É um desperdício escandaloso, e não devemos aprová-lo.

É hora de aprender com aqueles que morreram aqui. É hora de agir.

Em parte, a Guerra Civil norte-americana foi sobre a liberdade; sobre estender os benefícios da Revolução Americana a todos os norte-americanos, para tornar válida aquela promessa tragicamente não cumprida de "liberdade e justiça para todos". Estou preocupado com a falta de reconhecimento de um padrão histórico. Hoje, os que lutam pela liberdade não usam chapéu de três bicos, nem tocam pífano e tambor. Vestem-se de outra maneira. Podem falar outras línguas. Seguir outras religiões. A cor de sua pele pode ser diferente. Mas o credo da liberdade nada significa, se é apenas a nossa própria liberdade que nos emociona. As pessoas em outros lugares estão gritando: "Não queremos tributação sem representação", e na África ocidental e oriental, na margem esquerda do rio Jordão, na Europa oriental ou na América Central, elas estão gritando: "Liberdade ou morte". Por que somos incapazes de escutar a maioria desses gritos? Nós, norte-americanos, temos poderosos meios pacíficos de persuasão à nossa disposição. Por que não estamos usando esses meios?

A Guerra Civil foi principalmente sobre a união; a união em face das diferenças. Há 1 milhão de anos, não havia nações sobre o planeta. Não havia tribos. Os humanos que andavam pela Terra estavam divididos em pequenos grupos familiares, cada um com algumas dezenas de pessoas. Errávamos pela Terra. Esse era o horizonte de nossa identificação, um grupo familiar itinerante. Desde então, os horizontes se expandiram. De um punhado de caçadores-coletores a uma tribo, a uma horda, a uma pequena cidade-estado, a uma nação, e hoje a imensos estados-nações. A lealdade primária da pessoa comum sobre a Terra é hoje para com um grupo de umas 100 milhões de pessoas. Parece muito claro que, se não nos destruirmos primeiro, a unidade de identificação primária da maioria dos seres humanos será em breve o planeta Terra e a espécie humana. A meu ver, isso provoca a questão-chave: se a unidade fundamental de identificação se expandirá para abranger o planeta e a espécie, ou se vamos nos destruir primeiro. Receio que a decisão vai ser por um fio.

Os horizontes de identificação foram alargados neste lugar há 125 anos, com um grande custo para o Norte e para o Sul, para os negros e para os brancos. Mas reconhecemos que a expansão dos horizontes de identificação foi justa. Hoje, há uma necessidade urgente e prática de trabalhar juntos para o controle das armas, a economia mundial, o meio ambiente global. É claro que as nações do mundo agora só podem ascender e cair juntas. Não se trata de uma nação vencer às custas de outra. Devemos todos nos ajudar uns aos outros, senão morremos juntos.

Em ocasiões como esta, é costume citar homilias — frases ditas por grandes homens e mulheres que todos nós já escutamos antes. Escutamos, mas tendemos a não focalizar o que é dito. Deixem-me mencionar uma delas, uma frase pronunciada não muito longe deste local por Abraham Lincoln: "Sem maldade para com ninguém, com caridade para todos..." *Pensem* no que isso significa. É o que se espera de nós, não apenas porque nossa ética o exige, ou porque nossa religião o prega, mas porque é necessário para a sobrevivência humana.

Eis outra frase: "Uma casa dividida por dentro não se mantém de pé". Deixem-me variá-la um pouco: uma espécie dividida por dentro não se mantém de pé. Um planeta dividido por dentro não se mantém de pé. E para ser inscrita neste Memorial da Luz Eterna da Paz, prestes a ser novamente aceso e consagrado, esta frase perturbadora: "Um Mundo Unido em Busca da Paz".

A meu ver, o real triunfo de Gettysburg não aconteceu em 1863, mas em 1913, quando os veteranos sobreviventes, o restante das forças adversárias, os Azuis e os Cinza, se reuniram para celebrar solenemente a data. Fora uma guerra que colocara irmão contra irmão, e quando chegou o tempo de recordar, no quinquagésimo aniversário da batalha, os sobreviventes caíram soluçando nos braços uns dos outros. Não puderam evitar.

É hora de os imitarmos — a OTAN e o Pacto de Varsóvia, os tâmeis e os cingaleses, os israelenses e os palestinos, os brancos e os negros, os tútsis e os hútus, os norte-americanos e os chineses, os bósnios e os sérvios, os unionistas e os adeptos de Ulster, o mundo desenvolvido e subdesenvolvido.

Precisamos mais do que sentimentalismo de datas comemorativas, piedade de feriados e patriotismo. Quando necessário, devemos enfrentar e desafiar a sabedoria convencional. É hora de aprender com aqueles que caíram neste campo de batalha. O nosso desafio é reconciliar, não *depois* da matança e do assassinato em massa, mas *em lugar* da matança e do assassinato em massa. É hora de se atirar nos braços uns dos outros.

É hora de agir.

Atualização: Em alguma medida, foi o que fizemos. No tempo que se passou desde que esse discurso foi proferido, nós, norte-americanos, nós, russos, nós, humanos, realizamos importantes reduções em nossos arsenais nucleares e sistemas de distribuição — mas ainda não o suficiente para a nossa segurança. Parecemos estar prestes a assinar um Tratado Abrangente de Interdição de Testes — mas os meios de reunir e lançar ogivas nucleares se espalharam ou estão prestes a se espalhar para muitas outras nações.

Essa circunstância é frequentemente descrita como a troca de uma catástrofe potencial por outra, sem nenhum melhoramento substancial. Mas um punhado de armas nucleares, por mais catastróficas que sejam — por maior que seja a tragédia humana que causariam —, são brinquedos comparadas com as 60 ou 70 mil armas nucleares que os Estados Unidos e a União Soviética acumularam no auge da Guerra Fria. Sessenta ou setenta mil armas nucleares poderiam destruir a civilização global e possivelmente até a espécie humana. Os arsenais que a Coreia do Norte, Iraque, Líbia, Índia ou Paquistão poderiam acumular não são capazes de fazer nada disso no futuro previsível.

No outro extremo, há a fanfarronada de líderes políticos norte-americanos de que nenhuma criança ou cidade dos Estados Unidos se acha na mira de uma arma nuclear russa. Pode ser verdade, mas tornar a mirá-las contra os Estados Unidos leva quando muito quinze ou vinte minutos. E tanto os Estados Unidos como a Rússia conservam milhares de armas nucleares e sistemas de distribuição. É por isso que tenho insistido ao longo deste livro que as armas nucleares continuam a ser nosso maior perigo — mesmo que tenham ocorrido melhoramentos substanciais, até espantosos, em relação à segurança humana. Entretanto, tudo poderia mudar da noite para o dia.

Em Paris, em janeiro de 1993, 130 nações assinaram a Convenção de Armas Químicas. Depois de mais de vinte anos de negociação, o mundo se declarou disposto a proscrever essas armas de destruição em massa. Porém, enquanto escrevo estas palavras, os Estados Unidos e a Rússia ainda não ratificaram a Convenção. O que estamos esperando? Nesse meio-tempo, a Rússia ainda não ratificou os acordos START II, que reduziriam os arsenais nucleares estratégicos norte-americano e russo em 50%, ficando cada um com 3500 ogivas em posição de ataque.

Desde o final da Guerra Fria, o orçamento militar norte-americano tem diminuído — mas apenas 10 ou 15%, e quase nada dessa soma parece estar sendo efetivamente aplicada à economia civil. A União Soviética desmoronou — porém a miséria e a instabilidade difundidas na região são motivo de preocupação para o futuro global. Em certa medida, a democracia se reafirmou na Europa oriental e nas Américas Central e do Sul — mas realizou poucas investidas na Ásia oriental, exceto em Taiwan e na Coreia do Sul; e foi distorcida na Europa oriental pelos piores excessos do capitalismo. Os horizontes de identificação se alargaram na Europa ocidental — porém, em geral, se estreitaram nos Estados Unidos e na ex-União Soviética. Tem-se feito progresso na reconciliação da Irlanda do Norte e de Israel/Palestina — mas os terroristas ainda são capazes de manter o processo de paz como refém.

Devem-se fazer cortes draconianos no orçamento federal dos Estados Unidos, é o que nos dizem, por causa da necessidade urgente de equilibrar o orçamento. Entretanto, estranhamente, uma instituição cuja participação no produto doméstico bruto é maior que todo o orçamento federal discricionário permanece essencialmente inatingível. São os 264 bilhões de dólares para os militares (comparados com os 17 bilhões de dólares para todos os programas científicos e espaciais civis). Na realidade, se os custos militares ocultos e o orçamento do serviço de informações fossem incluídos, a participação dos militares seria muito maior.

Com a União Soviética vencida, para que serve essa imensa soma de dinheiro? O orçamento militar anual da Rússia é de cerca de 30 bilhões de dólares. Igual ao da China. Os orçamentos militares do Irã, Iraque, Coreia do Norte, Síria, Líbia e Cuba, em conjunto, importam em cerca de 27 bilhões de dólares. O orçamento dos Estados Unidos é três vezes maior que todos esses orçamentos em conjunto. Representa cerca de 40% dos gastos militares mundiais.

O orçamento de defesa do governo Clinton para o ano fiscal de 1995 era uns 30 bilhões de dólares mais elevado que o orçamento de defesa do governo Richard Nixon no auge da Guerra Fria, vinte anos antes. Com os incrementos propostos pelos republicanos, o orçamento de defesa dos Estados Unidos vai crescer 50% em dólares reais até o ano 2000. Não há nenhuma voz efetiva em nenhum dos dois partidos políticos que se oponha a esse crescimento — mesmo quando se planejam cortes dolorosos na rede de segurança social.

O nosso Congresso sovina se torna chocantemente pródigo, quando se trata dos bilhões militares, não solicitados com urgência, para um Departamento de Defesa que tenta exercer alguma forma de autocontrole. Embora cargueiros em portos movimentados e malas postais de embaixadas imunes à inspeção nas fronteiras sejam agora os sistemas de distribuição mais prováveis para que as armas nucleares cheguem ao solo norte-americano, há forte pressão no Congresso para que interceptadores com base no espaço protejam os Estados Unidos dos inexistentes mísseis balísticos intercontinentais de nações desonestas. Propõem-se a nações estrangeiras esquemas extravagantes de desconto num montante de 2,3 bilhões de dólares, para que possam comprar armas norte-americanas. O dinheiro dos contribuintes é dado às companhias aeroespaciais norte-americanas, para que possam comprar outras companhias aeroespaciais norte-americanas. Cerca de 100 bilhões de dólares são gastos todos os anos para defender a Europa ocidental, o Japão, a Coreia do Sul e outras nações — que virtualmente possuem balanças comerciais mais saudáveis que os Estados Unidos. Planejamos manter

100 mil tropas estacionadas na Europa ocidental por tempo indefinido. Para se defender contra quem?

Enquanto isso, as centenas de bilhões de dólares que vai custar a eliminação do lixo militar nuclear e químico são uma carga passada a nossos filhos, com a qual, de certo modo, não nos preocupamos muito. Por que temos tanta dificuldade em compreender que a segurança nacional é uma questão muito mais profunda e sutil do que o número de pedras em nossa pilha? Apesar de todos os comentários de que o orçamento militar está sendo "cortado até o osso", no mundo em que vivemos, ele ainda está bojudo de gordura marmorizada. Por que o orçamento militar deve ser sacrossanto, quando tantas outras coisas de que depende nosso bem-estar nacional estão em perigo de ser imprudentemente destruídas?

Ainda falta muito a ser feito. Ainda é hora de agir.

18. O SÉCULO XX

> *Para perceber na sua totalidade a beleza e a perfeição universal das obras de Deus, devemos reconhecer um certo progresso perpétuo e muito livre de todo o universo* [...] *No abismo dos seres adormecidos, restam sempre partes que ainda não foram despertadas...*
> Gottfried Wilhelm Leibniz, *Sobre a origem última das coisas* (1697)

> *A sociedade nunca progride. Recua tão rápido num lado quanto avança no outro. Passa por mudanças contínuas. É bárbara, civilizada, cristianizada, rica, científica, mas... para tudo o que é dado, algo é tirado.*
> Ralph Waldo Emerson, "Self-Reliance", *Essays: First Series* (1841)

O século XX será lembrado por três grandes inovações: meios sem precedentes de salvar, prolongar e intensificar a vida; meios sem precedentes de destruir a vida, inclusive pondo a nossa civilização global pela primeira vez em perigo; e percepções sem precedentes da natureza de nós mesmos e do universo. Todos esses três desenvolvimentos foram realizados pela ciência e tecnologia, uma espada de dois gumes afiados. Todos os três têm raízes no passado distante.

SALVAÇÃO, PROLONGAMENTO E INTENSIFICAÇÃO DA VIDA HUMANA

Até cerca de 10 mil anos atrás, antes da invenção da agricultura e da domesticação dos animais, o suprimento de alimentos humanos se limitava a frutas e vegetais colhidos no meio ambiente natural e a animais de caça. Mas a escassez dos alimentos que brotavam naturalmente era tanta que a Terra não podia sustentar mais do que cerca de 10 milhões de seres humanos. Em oposição, no final do século XX, haverá 6 bilhões de pessoas. Isso significa que 99,9% dos seres humanos devem a vida à tecnologia agrícola e à ciência que lhe dá suporte — genética e comportamento das plantas e dos animais, fertilizantes químicos, pesticidas, preservativos, arados, ceifadeiras-trilhadeiras e outros instrumentos agrícolas, irrigação — e à refrigeração em caminhões, vagões de trem, armazéns e casas. Muitos dos progressos mais extraordinários na tecnologia agrícola — inclusive a "Revolução Verde" — são produtos do século XX.

Por meio do saneamento urbano e rural, água limpa, outras medidas de saúde pública, aceitação da teoria que atribui aos germes a causa das doenças, antibióticos e outros produtos farmacêuticos, genética e biologia molecular, a ciência médica melhorou enormemente o bem-estar das pessoas em todo o mundo — mas em especial nos países desenvolvidos. A varíola foi erradicada em todo o mundo, a área da Terra em que floresce a malária diminui a cada ano, e doenças de que me lembro da época de criança, como coqueluche, escarlatina e poliomielite, quase não existem mais. Entre as invenções mais importantes do século XX estão os métodos relativamente baratos de controle da natalidade — que, pela primeira vez, permitem que as mulheres controlem seus destinos reprodutivos com segurança e estão gerando a emancipação de metade da espécie humana. Eles permitem decréscimos importantes nas populações perigosamente em expansão de muitos países, sem impor restrições opressivas à atividade sexual. É também verdade que os produtos químicos e a radiação produzidos pela nossa tecnologia provocaram novas doenças e estão implicados no câncer. A proliferação global dos cigarros acarreta um número estimado de 3 milhões de mortes por ano (todas, é claro, evitáveis). Até 2020, a Organização Mundial da Saúde estima que o número chegue a 10 milhões por ano.

Mas a tecnologia deu muito mais do que tirou. O sinal mais claro disso é que a expectativa de vida nos Estados Unidos e na

Europa ocidental em 1901 era de aproximadamente 45 anos, enquanto hoje está chegando aos oitenta, um pouco mais para as mulheres, um pouco menos para os homens. A expectativa de vida é provavelmente o índice mais eficaz da qualidade de vida: se você está morto, não deve estar se divertindo. Além disso, há ainda 1 bilhão de seres humanos que não têm o suficiente para comer e 40 mil crianças que morrem desnecessariamente todos os dias em nosso planeta.

Por meio do rádio, televisão, fonógrafos, gravadores, discos compactos, telefones, máquinas de fax e redes de informações em computadores, a tecnologia tem realizado mudanças profundas na face da cultura popular. Tornou possível os prós e os contras do entretenimento global, das empresas multinacionais sem lealdade a nenhum país em particular, dos grupos de afinidade transnacionais e do acesso direto às visões religiosas e políticas de outras culturas. Como vimos na altamente atenuada rebelião na praça Tiananmen e na revolta na "Casa Branca" em Moscou, os aparelhos de fax, os telefones e as redes de computador podem ser ferramentas poderosas de revolução política.

O surgimento dos livros de capa mole no mercado de massa na década de 1940 fez com que a literatura mundial e as percepções de seus maiores pensadores, presentes e passados, entrassem na vida das pessoas comuns. E mesmo que o preço dos livros de capa mole esteja em alta nos dias de hoje, há ainda grandes pechinchas, como os clássicos de Dover Books a um dólar por volume. Junto com o progresso na alfabetização, essas tendências são as aliadas da democracia jeffersoniana. Por outro lado, o que passa por alfabetização nos Estados Unidos no final do século XX é um conhecimento muito rudimentar da língua inglesa, e a televisão, em particular, tende a seduzir a massa e afastá-la da leitura. Em busca do lucro, ela imbecilizou a sua programação nivelando-a por baixo — em vez de elevar o padrão para ensinar e inspirar.

Dos clipes de papel, tiras de borracha, secadores de cabelo, canetas esferográficas, computadores, máquinas de ditado e cópia, batedeiras elétricas, fornos de micro-ondas, aspiradores de pó, lavadoras e secadoras de roupas e louças, luzes de interior e de rua em toda parte, aos automóveis, aviação, máquinas-ferramentas, usinas hidrelétricas, fabricação nas linhas de montagem e enorme equipamento de construção, a tecnologia do século XX eliminou o trabalho pesado, criou mais tempo de lazer e intensificou a vida de muitos. Também endireitou muitas das rotinas e convenções que prevaleciam em 1901.

O uso da tecnologia que potencialmente salva vidas difere de nação para nação. Os Estados Unidos, por exemplo, têm a taxa de mortalidade infantil mais elevada de qualquer nação industrial. Têm mais jovens negros na prisão do que na faculdade, e a porcentagem de seus cidadãos que está na cadeia é maior do que a de qualquer outra nação industrial. Seus estudantes têm em geral um desempenho fraco nos testes de ciência e matemática padronizados, quando comparados com estudantes da mesma idade em outros países. A disparidade na renda real entre os ricos e os pobres, bem como o declínio da classe média, têm crescido rapidamente na última década e meia. Os Estados Unidos ocupam o último lugar entre as nações industrializadas quanto à fração da renda nacional doada a cada ano para ajudar os povos de outros países. A indústria de alta tecnologia tem abandonado as praias norte-americanas. Depois de ser o líder mundial em quase todos os aspectos na metade do século, há alguns sinais de decadência nos Estados Unidos no final do século. Pode-se apontar a qualidade dos líderes, como também a tendência decrescente de pensamento crítico e ação política nos seus cidadãos.

TECNOLOGIA MILITAR E TOTALITÁRIA

Os meios de guerrear, de matar em massa, de aniquilar povos inteiros, chegaram a níveis sem precedentes no século XX. Em 1901, não havia aviões militares ou mísseis, e a artilharia mais poderosa lançava um projétil a algumas milhas de distância e matava um punhado de gente. Na segunda terça parte do século XX, umas 70 mil armas nucleares tinham sido acumuladas. Muitas delas foram adaptadas a lançadores de foguetes estratégicos, disparados de silos ou submarinos, capazes de atingir virtualmente qualquer parte do mundo, e cada ogiva com potência suficiente para destruir uma grande cidade. Hoje estamos conseguindo com grandes esforços uma redução importante dessas armas, tanto das ogivas como dos sistemas de lançamento, por parte dos Estados Unidos e da ex-União Soviética, mas seremos capazes de aniquilar a civilização global no futuro previsível. Além disso, armas químicas e biológicas medonhamente mortais estão em muitas mãos por todo o mundo. Num século borbulhando de fanatismo, certezas ideológicas e líderes loucos, essa acumulação de armas letais sem precedentes não pressagia nada de bom para o futuro humano. Mais de 150 milhões de seres humanos foram mortos na guerra e por ordens expressas de líderes nacionais no século XX.

A nossa tecnologia se tornou tão poderosa que não só de propósito, mas também inadvertidamente, somos agora capazes de alterar o meio ambiente em grande escala e ameaçar muitas espécies sobre a Terra, inclusive a nossa. O simples fato é que estamos realizando experimentos sem precedentes no meio ambiente global, em geral esperando, contra todas as expectativas, que os problemas se resolverão por si mesmos e desaparecerão. O único ponto brilhante é o Protocolo de Montreal e os acordos internacionais subordinados, pelos quais as nações industriais do mundo concordaram em eliminar por etapas a produção de CFCs e outros produtos químicos que atacam a camada de ozônio. Mas na redução das emissões de dióxido de carbono para a atmosfera, na resolução do problema dos lixos químicos e radioativos, bem como em outras áreas, o progresso tem sido de lento a desolador.

Vendettas etnocêntricas e xenófobas têm sido abundantes em todos os continentes. Tentativas sistemáticas de aniquilar grupos étnicos inteiros têm ocorrido — notavelmente na Alemanha nazista, mas também em Ruanda, na ex-Iugoslávia e em outras partes. Houve tendências semelhantes em toda a história humana, mas apenas no século XX a tecnologia possibilitou a matança nessa escala. Bombardeios estratégicos, mísseis e artilharia de longo alcance têm a "vantagem" de que os combatentes não precisam ver de perto a agonia que geram. As suas consciências não precisam ficar perturbadas. O orçamento militar global no final do século XX é de quase 1 trilhão de dólares por ano. Pensem em quantos benefícios para a humanidade poderiam ser comprados até com uma fração dessa soma.

O século XX tem sido marcado pelo colapso de monarquias e impérios e pela ascensão de democracias pelo menos nominais — bem como por muitas ditaduras ideológicas e militares. Os nazistas tinham uma lista de grupos malditos que passaram a exterminar sistematicamente: os judeus, os homossexuais e as lésbicas, os socialistas e os comunistas, os deficientes físicos e as pessoas de origem africana (que quase não existem na Alemanha). No regime nazista militantemente "pró-vida", as mulheres eram relegadas a "*Kinder, Küche, Kircher*" — crianças, cozinha, igreja.* Como ficaria injuriado um bom nazista na sociedade norte-americana que, mais do que qualquer outro país, domina o planeta, na qual judeus, homossexuais, deficientes físicos e pessoas de origem africana têm direitos legais plenos, os socialistas são tolerados pelo menos em princípio e as mulheres estão entrando no mercado de trabalho em números recordes. Mas apenas cerca de 11% dos membros do Congresso dos Estados Unidos são mulheres, em vez de um pouco mais de 50%, como deveria ser se fosse praticada a representação proporcional. (O número correspondente para o Japão é 2%.)

---

* Depois de delinear as visões cristãs tradicionais sobre as mulheres desde os tempos patrísticos até a Reforma, o filósofo australiano John Passmore (*Man's responsibility for nature*: *ecological problems and western traditions* [Nova York: Scribner's, 1974]) conclui que *Kinder, Küche, Kircher* "como descrição do papel das mulheres não é uma invenção de Hitler, mas um slogan cristão típico".

AS REVELAÇÕES DA CIÊNCIA

Todo ramo da ciência fez progressos assombrosos no século xx. Os próprios fundamentos da física foram revolucionados pelas teorias da relatividade especial e geral e pela mecânica quântica. Foi nesse século que a natureza dos átomos — com os prótons e os nêutrons num núcleo central e os elétrons numa nuvem circundante — foi pela primeira vez compreendida, que os elementos constituintes dos prótons e nêutrons, os quarks, foram pela primeira vez vislumbrados, e que uma legião de partículas elementares exóticas de curta duração se revelaram pela primeira vez com o auxílio de aceleradores de alta energia e raios cósmicos. A fissão e a fusão tornaram possíveis as correspondentes armas nucleares, as usinas de fissão (um benefício não isento de problemas) e a perspectiva de usinas de fusão. A compreensão da deterioração radioativa nos propiciou o conhecimento definitivo da idade da Terra (cerca de 4,6 bilhões de anos) e do período da origem da vida em nosso planeta (mais ou menos 4 bilhões de anos atrás).

Na geofísica, as placas tectônicas foram descobertas — um conjunto de correias transportadoras sob a superfície da Terra levando os continentes do nascimento à morte e movendo-se a uma velocidade de aproximadamente uma polegada por ano. As placas tectônicas são essenciais para se compreender a natureza e a história das formas terrestres e a topografia do fundo dos mares. Surgiu uma nova área de geologia planetária em que as formas terrestres e o interior da Terra podem ser comparados com os de outros planetas e suas luas, e a química das rochas em outros mundos — determinada remotamente ou pelas amostras trazidas por naves espaciais ou por meteoritos que agora se reconhece terem vindo de outros mundos — pode ser comparada com a das rochas da Terra. A sismologia sondou a estrutura do interior profundo da Terra e descobriu embaixo da crosta um manto semilíquido, um núcleo de ferro líquido e um núcleo interno sólido — e todos devem ser explicados, se quisermos conhecer os processos pelos quais o nosso planeta veio a existir.

Algumas extinções em massa da vida no passado são agora compreendidas como a ação de imensas plumas do manto que jorraram pela superfície e geraram mares de lava onde antes havia terra sólida. Outras são devidas ao impacto de grandes cometas ou de asteroides próximos da Terra inflamando os céus e mudando o clima. No século XXI, devemos estar no mínimo inventariando cometas e asteroides, para ver se nenhum deles tem nosso nome inscrito em seu corpo.

Um motivo de celebração científica no século XX é a descoberta da natureza e função do DNA, o ácido desoxirribonucleico — a molécula-chave responsável pela hereditariedade nos humanos e na maioria das outras plantas e animais. Aprendemos a ler o código genético, e num número cada vez maior de organismos mapeamos todos os genes e sabemos de que funções do organismo a maioria deles se encarrega. Os geneticistas estão a caminho de mapear o genoma humano — uma realização com um enorme potencial tanto para o bem como para o mal. O aspecto mais significativo da história do DNA é que os processos fundamentais da vida agora parecem plenamente compreensíveis em termos de física e química. Nenhuma força de vida, nenhum espírito, nenhuma alma parece estar envolvida no processo. Da mesma forma na neurofisiologia: especulativamente, a mente parece ser a expressão das centenas de trilhões de conexões neurais no cérebro, mais alguns elementos químicos simples.

A biologia molecular agora nos permite comparar duas espécies quaisquer, gene por gene, tijolo molecular por tijolo molecular, para revelar o grau de parentesco. Esses experimentos mostraram conclusivamente a profunda semelhança de todos os seres sobre a Terra e confirmaram as relações gerais antes descobertas pela biologia evolucionária. Por exemplo, os humanos e os chimpanzés partilham 99,6% de seus genes ativos, confirmando que os chimpanzés são nossos parentes mais próximos e que partilhamos com eles um ancestral comum recente.

No século XX, pela primeira vez os pesquisadores de campo viveram com outros primatas, observando cuidadosamente o seu comportamento nos seus habitats naturais e descobrindo compaixão, previsão, ética, caça, guerrilha, política, uso de ferramentas, fabricação de ferramentas, música, nacionalismo rudimentar e uma legião de outras características que antes se considerava serem unicamente humanas. O debate sobre a capacidade linguística dos chimpanzés ainda está em curso. Mas há um bonobo (um "chimpanzé-pigmeu") em Atlanta chamado Kanzi que usa com facilidade uma linguagem simbólica de várias centenas de caracteres e que também aprendeu sozinho a fabricar instrumentos de pedra.

Muitos dos progressos recentes mais extraordinários na química estão ligados à biologia, mas deixem-me mencionar um deles que tem um significado mais amplo: foi compreendida a natureza da ligação química, as forças na física quântica que determinam quais átomos gostam de se ligar com quais outros átomos, com que intensidade e em que configuração. Também se descobriu que a radiação aplicada a atmosferas primitivas, não implausíveis para a Terra e outros planetas, gera aminoácidos e outros tijolos-chave da vida. Verificou-se que, no tubo de ensaio, os ácidos nucleicos e outras moléculas se reproduzem e reproduzem suas mutações. Assim, tem-se feito um substancial progresso no século XX para compreender e gerar a origem da vida. Grande parte da biologia é redutível à química, e grande parte da química é redutível à física. Isso ainda não é inteiramente verdade, mas só o fato de uma pequena fração desse conhecimento ser verdade é uma percepção muito importante da natureza do universo.

A física e a química, junto com os computadores mais poderosos da Terra, estão tentando compreender o clima e a circulação geral da atmosfera da Terra através dos tempos. Essa ferramenta poderosa é usada para avaliar as futuras consequências da contínua emissão de CO_2, e outros gases-estufa na atmosfera da Terra. Enquanto isso, muito mais simples, satélites meteorológicos permitem previsões do tempo com uma antecipação de pelo menos dias, evitando o desperdício de bilhões de dólares em colheitas fracassadas todo ano.

No início do século XX, os astrônomos estavam presos no

fundo de um oceano de ar turbulento e fadados a espiar para os mundos distantes. No final do século XX, grandes telescópios estão em órbita ao redor da Terra espiando os céus em raios gama, raios X, luz ultravioleta, luz visível, luz infravermelha e ondas de rádio.

A primeira radiodifusão de Marconi através do oceano Atlântico ocorreu em 1901. Agora já usamos o rádio para nos comunicar com quatro espaçonaves que estão além do planeta mais distante conhecido de nosso sistema solar e para escutar a emissão de rádio natural de quasares a 8 e 10 bilhões de anos-luz — bem como a assim chamada radiação de fundo da matéria escura, os resíduos de rádio do Big Bang, a imensa explosão que deu origem à presente encarnação do universo.

Foram lançadas espaçonaves exploratórias para estudar setenta mundos e para pousar em três deles. O século presenciou a proeza quase mítica de enviar doze humanos à Lua e trazê-los de volta à Terra em segurança, junto com mais de cem quilogramas de rochas da Lua. Naves robóticas confirmaram que Vênus, vítima de um grande efeito estufa, tem uma temperatura na superfície de quase 900°F; que há 4 bilhões de anos Marte tinha um clima semelhante ao da Terra; que moléculas orgânicas estão caindo sobre a lua de Saturno, Titã, como maná do céu; que os cometas são talvez compostos de um quarto de matéria orgânica.

Quatro de nossas naves espaciais estão a caminho das estrelas. Outros planetas foram recentemente descobertos ao redor de outras estrelas. Revelou-se que o nosso Sol está na periferia distante de uma imensa galáxia em forma de lente que compreende uns 400 bilhões de outros sóis. No começo do século, pensava-se que a Via Láctea fosse a única galáxia. Agora reconhecemos que há 100 bilhões de outras galáxias, todas se afastando umas das outras, como se fossem os resíduos de uma enorme explosão, o Big Bang. Foram descobertos habitantes exóticos do zoo cósmico com quem nem sequer se sonhava na virada do século — pulsares, quasares, buracos negros. Dentro do alcance de nossa observação podem estar as respostas de algumas das perguntas mais profundas já formuladas — sobre a origem, a natureza e o destino de todo o universo.

Talvez o subproduto mais angustiante da revolução científica tenha sido acabar com muitas de nossas crenças mais acalentadas e consoladoras. O proscênio antropocêntrico bem-arrumado de nossos ancestrais foi substituído por um universo imenso, frio e indiferente, no qual os humanos são relegados à obscuridade. Mas vejo surgir na nossa consciência um universo de uma tal magnificência e com uma ordem tão intricada e elegante que supera qualquer coisa imaginada pelos nossos antepassados. E se grande parte do universo pode ser compreendida em termos de algumas leis simples da natureza, aqueles que desejam acreditar em Deus podem com certeza atribuir essas belas leis a uma razão que sustenta toda a natureza. Na minha opinião, é muito melhor compreender o universo como ele é realmente do que imaginar um universo como gostaríamos que ele fosse.

Saber se vamos adquirir a compreensão e a sabedoria necessárias para enfrentar as revelações científicas do século XX será o desafio mais profundo do século XXI.

19. NO VALE DA SOMBRA

Será isto verdade ou mera fantasia vã?
Eurípides, *Ion* (cerca de 410 a.C.)

Já encarei a morte seis vezes. E seis vezes a morte desviou seu olhar e me deixou passar. É claro que ela vai acabar me levando — como faz com todos nós. É só uma questão de quando. E como.

Aprendi muito com essas confrontações — especialmente sobre a beleza e a doce pungência da vida, sobre a preciosidade dos amigos e da família e sobre o poder transformador do amor. Na verdade, quase morrer é uma experiência tão positiva e construtora do caráter, que a recomendaria a todos — não fosse, é claro, o elemento irredutível e essencial do risco.

Gostaria de acreditar que, ao morrer, vou viver novamente, que a parte de mim que pensa, sente e recorda vai continuar. Mas, por mais que deseje acreditar nisso, e apesar das antigas tradições culturais difundidas em todo o mundo que afirmam haver vida após a morte, não sei de nada que me sugira que essa afirmação não passa de *wishful thinking*.

Quero envelhecer junto com minha esposa, Annie, a quem amo muito. Quero ver meus filhos mais moços crescerem e quero participar do desenvolvimento de seu caráter e intelecto. Quero conhecer os netos ainda não concebidos. Há problemas científicos cujas soluções desejo testemunhar — como a exploração de muitos dos mundos em nosso sistema solar e a busca de vida em outros lugares. Quero ver como vão se desenvolver tendências importantes na história humana, tanto promissoras como preocupantes: por exemplo, os perigos e a promessa de nossa tecnologia; a emancipação das mulheres; a crescente predominância política, econômica e tecnológica da China; o voo interestelar.

Se houvesse vida após a morte, eu poderia, não importa quando morresse, satisfazer a maioria dessas profundas curiosidades e desejos. Mas, se a morte nada mais é do que um interminável sono sem sonhos, essa é uma esperança perdida. Talvez essa perspectiva tenha me dado uma pequena motivação extra para continuar vivo.

O mundo é tão refinado, com tanto amor e profundidade moral, que não há razão para nos enganarmos com histórias bonitas, para as quais não há muitas evidências. A meu ver, em nossa vulnerabilidade é muito melhor encarar a morte de frente e agradecer todos os dias pela oportunidade breve, mas magnífica que a vida nos concede.

Durante anos, perto do meu espelho de barbear — por isso o vejo todas as manhãs —, mantive um cartão-postal emoldurado. No verso, lê-se uma mensagem escrita a lápis para um certo sr. James Day de Swansea Valley, País de Gales. Diz ela:

> *Caro amigo,*
>   *Apenas uma linha para dizer que estou vivo e levando a vida que pedi a Deus. É uma festa.*
>
>   *Seu,*
>   *WJR*

Está assinado com as iniciais quase indecifráveis de um certo William John Rogers. Na frente, vê-se a foto colorida de um vapor luzidio com quatro chaminés e intitulado "White Star Liner *Titanic*". A marca do correio foi impressa um dia antes do grande naufrágio, que vitimou mais de 1500 vidas, inclusive a do sr. Rogers. Annie e eu penduramos o cartão-postal por uma razão. Sabemos que "levando a vida que pedi a Deus" pode ser o mais temporário e ilusório dos estados. Foi o que aconteceu conosco.

Gozávamos de aparente boa saúde, nossos filhos cresciam. Andávamos escrevendo livros, embarcando em novos projetos ambiciosos para televisão e cinema, dando conferências, e eu continuava envolvido em uma pesquisa científica muito emocionante.

Certa manhã no final de 1994, de pé ao lado do cartão-postal emoldurado, Annie notou uma marca azul e preta muito feia no meu braço, que estava ali havia muitas semanas. "Por que não desapareceu?", perguntou. Assim, por sua insistência, fui um tanto relutantemente ao médico (marcas azuis e pretas não podem ser nada grave, não é mesmo?) para fazer alguns exames de sangue de rotina.

O médico nos telefonou alguns dias mais tarde, quando estávamos em Austin, Texas. Estava perturbado. Havia, com certeza, um engano de laboratório. O exame mostrava o sangue de uma pessoa muito doente. "Por favor", ele insistiu, "faça novos exames imediatamente." Obedeci. Não houvera engano.

Os meus glóbulos vermelhos, que levam o oxigênio por todo o corpo, e os meus glóbulos brancos, que lutam contra as doenças, estavam ambos gravemente depauperados. A explicação mais provável: havia um problema com as células originárias, os ancestrais comuns tanto dos glóbulos brancos como dos vermelhos, que são geradas na medula espinhal. O diagnóstico foi confirmado por especialistas na área. Eu tinha uma doença da qual nunca ouvira falar antes, mielodisplasia. A sua origem é quase desconhecida. Se eu nada fizesse, fiquei espantado de escutar, as minhas chances eram zero. Estaria morto em seis meses. Eu ainda me sentia bem — talvez um pouco tonto, de vez em quando. Estava ativo e produtivo. A ideia de que estava às portas da morte parecia uma piada grotesca.

Só havia um único tratamento conhecido capaz de gerar a cura: um transplante de medula. Mas isso só funcionaria se eu conseguisse encontrar um doador compatível. Mesmo assim, o meu sistema imunológico teria de ser inteiramente suprimido, para que a medula do doador não fosse rejeitada pelo meu corpo. Entretanto, a eliminação do sistema imunológico poderia me matar de várias outras maneiras — por exemplo, limitando de tal modo a minha resistência às doenças que eu poderia ser vítima de qualquer micróbio que passasse pelo meu caminho.

Por pouco tempo, pensei em não fazer nada, apenas esperar que novos progressos na pesquisa médica descobrissem a cura. Mas essa era a mais fraca das esperanças.

Todas as nossas linhas de pesquisa para saber a quem recorrer convergiam para o Centro de Pesquisa de Câncer Fred Hutchinson, em Seattle, uma das principais instituições para transplante de medula no mundo. É onde muitos especialistas na área penduram os seus chapéus — entre eles E. Donnall Thomas, ganhador do Prêmio Nobel de Fisiologia e Medicina em 1990 por aperfeiçoar as presentes técnicas de transplante de medula. A alta competência dos médicos e enfermeiras, bem como a excelência do tratamento, justificavam plenamente o conselho que recebemos para procurar "o Hutch".

O primeiro passo foi ver se havia a possibilidade de um doador compatível. Algumas pessoas jamais encontram esse doador. Annie e eu telefonamos para minha única irmã — minha irmã mais moça, Cari. Eu me vi falando de modo alusivo e indireto. Cari nem sabia que eu estava doente. Antes que pudesse chegar ao xis da questão, ela disse: "É seu. Seja o que for... fígado... pulmão... é seu". Ainda sinto um nó na garganta toda vez que penso na generosidade de Cari. Mas, é claro, não havia garantia de que a sua medula fosse compatível com a minha. Ela passou por uma série de exames, e, um após outro, todos os seis fatores de compatibilidade corresponderam aos meus. Ela era uma doadora perfeita. A minha sorte era incrível.

Mas "sorte" é um termo relativo. Mesmo com a perfeita compatibilidade, minhas chances completas de cura giravam em torno de 30%. É como jogar roleta-russa com quatro cartuchos no tambor em vez de um só. Mas era de longe a melhor chance que eu tinha, e já enfrentara adversidades maiores no passado.

Toda a nossa família se mudou para Seattle, inclusive os pais de Annie. Tínhamos um fluxo constante de visitas — filhos adultos, meu neto, outros parentes e amigos — quando eu estava no hospital, e depois quando já me tratava fora do hospital. Tenho certeza de que o apoio e o amor que recebi, especialmente de Annie, mudaram as chances a meu favor.

* * *

Como podem imaginar, havia muitos aspectos assustadores. Lembro-me de me levantar certa noite às duas da madrugada, seguindo instruções médicas, para abrir o primeiro dos doze recipientes plásticos de drágeas de busulfan, um potente agente quimioterápico. Na embalagem, lia-se:

REMÉDIO DE QUIMIOTERAPIA

RISCO DE VIDA   RISCO DE VIDA

TÓXICO

Uma após outra, engoli 72 dessas pílulas. Era uma quantidade letal. Se eu não fosse fazer um transplante de medula pouco depois, só por si essa terapia de supressão imunológica teria me matado. Era como tomar uma dose fatal de arsênico ou cianeto, esperando que o antídoto adequado fosse ministrado a tempo.

Os remédios para suprimir o meu sistema imunológico tiveram alguns efeitos diretos. Eu estava num contínuo estado de náusea moderada, mas isso era controlado por outros remédios e não chegava ao ponto de não me deixar trabalhar. Perdi quase todo o meu cabelo — o que, junto com uma perda de peso posterior, me deu uma aparência um tanto cadavérica. Mas fiquei muito animado quando meu filho de quatro anos, Sam, me olhou e disse: "Bonito corte de cabelo, papai". E depois: "Não quero saber se você está doente. Só sei é que vai melhorar".

Eu esperava que o transplante fosse muito doloroso. Mas isso não aconteceu. Foi como uma transfusão de sangue, as células da medula da minha irmã procurando por si mesmas o seu caminho até a minha medula. *Alguns* aspectos do tratamento foram extremamente dolorosos, mas ocorre uma espécie de amnésia traumática, de modo que, depois de tudo acabado, quase se esquece a dor. O Hutch tem uma política esclarecida de remédios contra a dor ministrados pelo próprio paciente, inclusive derivativos da morfina, de modo que pude imediatamente lidar com a dor mais aguda. Isso tornou toda a experiência mais suportável.

No final do tratamento, os meus glóbulos vermelhos e brancos eram principalmente os de Cari. Os cromossomos sexuais eram XX, em lugar do restante de XY do meu corpo. Eu tinha células e plaquetas femininas circulando pelo meu corpo. Fiquei esperando que alguns dos interesses de Cari se manifestassem — paixão por andar a cavalo, por exemplo, ou por assistir a uma dezena de peças da Broadway de uma só vez — mas isso nunca aconteceu.

Annie e Cari salvaram a minha vida. Sempre lhes serei grato pelo amor e compaixão. Depois de receber alta do hospital, precisava de toda espécie de cuidados médicos, inclusive remédios ministrados várias vezes por dia através de uma porta na minha veia cava. Annie foi designada minha "enfermeira" — para ministrar a medicação dia e noite, trocar os curativos, checar os sinais vitais e dar o apoio essencial. Diz-se que as pessoas que chegam ao hospital sozinhas têm, compreensivelmente, menos chances de cura.

Fui poupado, por enquanto, pela pesquisa médica. Parte era pesquisa aplicada, destinada a ajudar a cura ou a mitigar as doenças fatais. Parte era pesquisa básica, destinada apenas a compreender como funcionam os seres vivos — mas com benefícios práticos finais imprevisíveis, resultados felizes encontrados por acaso.

Também fui poupado pelo seguro médico fornecido pela Universidade Cornell e (como benefício conjugal via Annie) pela Associação dos Escritores dos Estados Unidos — a organização dos escritores que redigem para filmes, televisão etc. Há dezenas de milhões de norte-americanos que não têm esse seguro médico. O que teríamos feito no seu lugar?

Nos meus escritos, tenho tentado mostrar o quanto somos intimamente relacionados com os outros animais, como é cruel lhes infligir dor e como é uma bancarrota moral matá-los para fabricar batom, por exemplo. Mas ainda assim, como disse o dr. Thomas na sua palestra do Prêmio Nobel: "O enxerto de medula não teria alcançado aplicação clínica sem a pesquisa animal, primeiro em roedores gerados por endogamia e depois em espécies geradas por exogamia, particularmente nos cachorros". Continuo muito conflitado a respeito dessa questão. Não estaria vivo hoje em dia, se não fosse pela pesquisa realizada com animais.

Assim, a vida retornou ao normal. Annie, eu e a nossa família retornamos a Ithaca, Nova York, onde moramos. Completei vários projetos de pesquisa e revisei as provas finais de meu livro *O mundo assombrado pelos demônios: a ciência vista como uma vela no escuro*. Tivemos um encontro com Bob Zemeckis, o diretor do filme da Warner Brothers *Contato*, baseado no meu romance, para o qual Annie e eu tínhamos escrito o roteiro, e que estávamos coproduzindo. Começamos a negociar alguns novos projetos de televisão e cinema. Participei das primeiras etapas do encontro da nave espacial *Galileo* com Júpiter.

Mas, se há uma lição que aprendi a fundo, é que o futuro é imprevisível. Como William John Rogers descobriu com pesar, alegremente escrevendo a lápis o seu cartão-postal no ar fresco do Atlântico Norte, não há como saber nem o que o futuro imediato nos reserva. E assim, depois de estar em casa por alguns meses — o meu cabelo voltando a crescer, o meu peso já normal, a contagem dos meus glóbulos vermelhos e brancos na faixa normal e eu me sentindo absolutamente esplêndido —, outro exame de sangue de rotina foi uma ducha fria em cima de mim.

"Receio ter más notícias para você", disse o médico. A minha medula revelara a presença de uma nova população de células perigosas, em rápido processo de reprodução. Em dois dias, toda a família estava de volta a Seattle. Estou escrevendo este capítulo na minha cama de hospital no Hutch. Por meio de um novo procedimento experimental, determinou-se que essas células anômalas não tinham uma enzima que as protegeria de dois agentes quimioterápicos padrões — produtos químicos que não tomara antes. Depois de uma rodada desses agentes, não se encontravam mais células anômalas na minha medula. Para eliminar quaisquer células extraviadas (podem ser poucas, mas se reproduzem muito rapidamente), tive mais duas rodadas de quimioterapia — completadas com mais algumas células de minha irmã. Mais uma vez, assim parecia, eu tinha uma chance real de cura.

Todos temos a tendência de sucumbir a um estado de desespero a respeito da destrutividade e miopia da espécie humana. Eu certamente tive a minha parte (e por motivos que considero bem fundamentados). Mas uma das descobertas da minha doença é a extraordinária comunidade de benevolência a que pessoas na minha situação devem a sua vida.

Há mais de 2 milhões de norte-americanos no registro voluntário do Programa Nacional de Doação de Medulas, todos dispostos a se submeter à extração um tanto desconfortável da medula para ajudar um total estranho. Outros milhões doam sangue para a Cruz Vermelha Norte-americana e outras instituições de doação de sangue, sem receber nenhuma gratificação financeira, nem mesmo uma nota de cinco dólares, apenas para salvar uma vida desconhecida.

Os cientistas e técnicos trabalham durante anos — com grandes dificuldades, muitas vezes por salários baixos e sem nunca ter uma garantia de sucesso. Eles têm muitas motivações, mas uma delas é a esperança de ajudar os outros, de curar doenças, de protelar a morte. Quando um cinismo exagerado ameaça nos engolfar, é animador lembrar que a bondade está por toda parte.

Cinco mil pessoas oraram por mim numa cerimônia pascal na Catedral de St. John the Divine, na cidade de Nova York, a maior igreja da cristandade. Um sacerdote hindu relatou uma grande vigília de orações realizada para mim nas margens do Ganges. O imã da América do Norte me falou de suas orações para a minha recuperação. Muitos cristãos e judeus me escreveram para me falar de suas preces. Embora eu não ache que, se há um deus, o seu plano para mim será alterado por orações, sou mais grato do que posso dizer com palavras àqueles — inclusive a tantos que jamais conheci — que torceram por mim durante a minha enfermidade.

Muitos me perguntaram como é possível enfrentar a morte sem a certeza de uma vida posterior. Só posso dizer que isso não tem sido um problema. Com ressalvas quanto às "almas fracas", partilho a visão de um dos meus heróis, Albert Einstein:

> Não consigo conceber um deus que recompense e puna as suas criaturas, nem que tenha uma vontade do tipo que experimentamos em nós mesmos. Não consigo, nem quero conceber um indivíduo que sobreviva à sua morte física; que as almas fracas, por medo ou egoísmo absurdo, alimentem esses pensamentos. Eu me satisfaço com o mistério da eternidade da vida e com um vislumbre da maravilhosa estrutura do mundo real, junto com o esforço diligente de compreender uma parte, por menor que seja, da Razão que se manifesta na natureza.

PÓS-ESCRITO

Desde que escrevi este capítulo, há um ano, muito se passou. Tive alta do Hutch, retornamos a Ithaca, porém depois de alguns meses a doença voltou. Foi muito mais desagradável dessa vez — talvez porque o meu corpo estivesse enfraquecido pelas terapias anteriores, mas também porque dessa vez o condicionamento pré-transplante implicava expor todo o meu corpo à radiação X. Mais uma vez, minha família me acompanhou a Seattle. Mais uma vez, recebi os mesmos cuidados experientes e compassivos no Hutch. Mais uma vez, Annie foi magnífica em me encorajar e manter o meu ânimo elevado. Mais uma vez, minha irmã foi ilimitadamente generosa com a sua medula. Mais uma vez, fui cercado por uma comunidade de benevolência. No momento em que escrevo — embora isso talvez tenha de ser mudado na revisão — o prognóstico é o melhor possível: todas as células da medula detectáveis são células da doadora, XX, células femininas, células de minha irmã. Nenhuma é XY, célula hospedeira, célula masculina, células que alimentaram a doença original. Há pessoas que sobrevivem anos até com uma pequena porcentagem de suas células hospedeiras. Mas não terei uma certeza razoável, enquanto alguns anos não se passarem. Até então, só posso esperar.

Seattle, Washington
Ithaca, Nova York
Outubro de 1996

EPÍLOGO

Com seu otimismo característico em face de uma ambiguidade angustiante, Carl escreve o final de uma obra prodigiosa, apaixonada, ousadamente interdisciplinar e espantosamente original.

Poucas semanas mais tarde, no início de dezembro, ele estava sentado à nossa mesa de jantar, considerando o prato predileto com um olhar de perplexidade. Não sentia vontade de comer. Em nossos melhores dias, a minha família tinha sempre se orgulhado do que chamamos *"wodar"*, um mecanismo interior que incessantemente perscruta o horizonte à procura dos primeiros sinais de possíveis desastres. Durante nossos dois anos no vale da sombra, o nosso *wodar* se mantivera num constante estado de alerta máximo. Nessa montanha-russa de esperanças eliminadas, alimentadas e eliminadas de novo, até a mais leve variação num único elemento da condição física de Carl fazia soar as campainhas de alarme.

Um olhar se passou entre nós. Eu imediatamente comecei a tecer uma hipótese benigna para explicar essa repentina falta de apetite. Como de costume, argumentava que poderia não ter nada a ver com a sua doença. Era apenas um desinteresse transitório pela refeição, que uma pessoa saudável nem sequer notaria. Carl conseguiu abrir um pequeno sorriso e disse apenas: "Talvez". Mas daquele momento em diante teve de se forçar a comer, e suas forças diminuíram visivelmente. Apesar disso, insistiu em cumprir um antigo compromisso de dar duas conferências, no final daquela semana, na área da baía de San Francisco. Quando voltou a nosso hotel depois da segunda palestra, estava exausto. Telefonamos para Seattle.

Os médicos nos mandaram voltar para o Hutch imediatamente. Eu receava ter de dizer a Sasha e Sam que não voltaríamos para casa no dia seguinte, conforme o combinado; que, ao contrário, estaríamos fazendo uma quarta viagem a Seattle, um lugar que se tornara para nós sinônimo de terror. As crianças ficaram aturdidas. Como poderíamos acalmar os seus medos de que essa seria, como já fora três vezes antes, uma temporada de seis meses longe de casa ou, como Sasha imediatamente suspeitou, algo muito pior? Mais uma vez repeti o meu mantra de levantar os ânimos: o papai quer viver. Ele é o homem mais corajoso e valente que conheço. Os médicos são os melhores que o mundo pode oferecer... Sim, Hanukkah teria de ser adiado. Mas assim que o papai estivesse melhor...

No dia seguinte, em Seattle, um exame de raio X revelou que Carl tinha uma pneumonia de origem desconhecida. Repetidos exames deixaram de apresentar evidências de uma bactéria, vírus ou fungo culpado. A inflamação nos seus pulmões era, talvez, uma reação tardia à dose letal de radiação que recebera seis meses antes como preparativo para o último transplante de medula. Megadoses de esteroides só aumentaram o seu sofrimento e não conseguiram limpar os seus pulmões. Os médicos começaram a me preparar para o pior. Agora, quando me arriscava a andar pelos corredores do hospital, encontrava expressões inteiramente diferentes nos rostos já familiares da equipe. Eles se encolhiam com simpatia ou desviavam os olhos. Era hora de os garotos virem para o oeste.

Quando Carl viu Sasha, a visão da filha pareceu realizar uma mudança milagrosa na sua condição. "Bela, bela, Sasha", disse. "Você não é só bela, você também é deslumbrante." Ele lhe disse que, se conseguisse sobreviver, seria em parte por causa da força que sua presença lhe dera. E, durante as horas seguintes, os monitores do hospital pareceram documentar uma mudança na situação. Minhas esperanças se renovaram, mas no fundo da minha mente não pude deixar de observar que os médicos não partilhavam meu entusiasmo. Viam nessa recuperação das forças aquilo que realmente era, o que eles chamam de "veranico", uma breve trégua do corpo antes de sua luta final.

"É uma vigília de morte", Carl me disse calmamente. "Vou

morrer." "Não", protestei. "Você vai vencer desta vez, assim como já venceu antes, quando tudo parecia sem esperança." Ele se virou para mim com aquele mesmo olhar que eu tinha visto inúmeras vezes nos debates e brigas de nossos vinte anos de trabalhos em conjunto e amor apaixonado. Com uma mistura de fino bom humor e ceticismo, mas, como sempre, sem nenhum vestígio de autopiedade, disse ironicamente: "Bem, vamos ver quem tem razão desta vez".

Sam, então com cinco anos, veio ver seu pai pela última vez. Embora estivesse com dificuldade para respirar e falar, Carl conseguiu se recompor para não assustar seu filhinho. "Eu te amo, Sam", foi só o que conseguiu dizer. "Eu também te amo, papai", disse Sam solenemente.

Ao contrário das fantasias dos fundamentalistas, não houve conversão no leito de morte, nenhum refúgio de última hora numa visão consoladora do céu ou de uma vida após a morte. Para Carl, o que mais importava era a verdade, e não apenas aquilo que poderia fazer com que nos sentíssemos melhor. Mesmo nessa hora, quando qualquer um seria perdoado por se afastar da realidade de nossa situação, Carl foi inabalável. Quando olhamos profundamente nos olhos um do outro, foi com a convicção partilhada de que a nossa maravilhosa vida em conjunto estava terminando para sempre.

Tudo começara em 1974, num jantar oferecido por Nora Ephron na cidade de Nova York. Lembro-me de como Carl estava bonito com as mangas arregaçadas e seu sorriso deslumbrante. Falamos sobre beisebol e capitalismo, e vibrei de poder fazê-lo rir com tanto gosto. Mas Carl era casado, e eu tinha um compromisso com outro homem. Saíamos juntos como casais. Nós quatro nos tornamos íntimos e começamos a trabalhar juntos. Havia momentos em que Carl e eu ficávamos sozinhos, e a atmosfera era eufórica e altamente carregada, mas nenhum de nós deixava que o outro entrevisse os verdadeiros sentimentos que estavam em jogo ali. Era impensável.

No início da primavera de 1977, a NASA convidou Carl a criar uma comissão para selecionar o conteúdo de um registro fonográfico que seria afixado em cada uma das naves espaciais *Voyager 1* e *2*. Depois de completar um ambicioso reconhecimento dos planetas mais distantes e suas luas, as duas espaçonaves seriam gravitacionalmente expelidas do sistema solar. Era a oportunidade de enviar uma mensagem aos possíveis seres de outros mundos e tempos. Seria muito mais complexo que a placa que Carl, sua mulher, Linda Salzman, e o astrônomo Frank Drake tinham colocado na *Pioneer 10*. Essa fora a pioneira, mas era essencialmente uma placa de licença. O registro das *Voyager* incluiria saudações em sessenta línguas humanas e em língua de baleias, um ensaio sonoro evolucionário, 116 imagens da vida sobre a Terra e noventa minutos de música escolhida dentre uma gloriosa diversidade de culturas do mundo. Os engenheiros projetaram uma vida útil de 1 bilhão de anos para os preciosos registros fonográficos.

Quanto tempo é 1 bilhão de anos? Em 1 bilhão de anos, os continentes da Terra estariam tão alterados que nem reconheceríamos a superfície de nosso próprio planeta. Há mil milhões de anos, as formas de vida mais complexas sobre a Terra eram as bactérias. No meio da corrida das armas nucleares, o nosso futuro, mesmo a curto prazo, parecia uma perspectiva duvidosa. Aqueles dentre nós que tivemos o privilégio de trabalhar na confecção da mensagem das *Voyager* realizamos a tarefa com um propósito quase sagrado. Era concebível que, como Noé, estivéssemos organizando a arca da cultura humana, o único artefato que sobreviveria num futuro inimaginavelmente distante.

Durante a minha procura assustadora pelo trecho mais digno de música chinesa, telefonei para Carl e deixei uma mensagem no seu hotel em Tucson, onde ele estava dando uma palestra. Uma hora mais tarde, o telefone tocou no meu apartamento em Manhattan. Atendi e ouvi uma voz dizer: "Voltei para o meu quarto e encontrei uma mensagem que dizia: 'Annie telefonou'. E me perguntei: por que você não deixou essa mensagem há dez anos?".

Blefando, brincando, respondi alegremente: "Bem, estava

pensando em lhe falar sobre isso, Carl". E depois, mais sobriamente: "Você está falando sério?".

"Sim, estou", disse ele ternamente. "Vamos nos casar."

"Sim", disse eu e naquele momento sentimos que agora sabíamos como deve ser a sensação de descobrir uma nova lei da natureza. Era um "heureca", o momento em que se revela uma grande verdade, que seria confirmada pelas inúmeras linhas independentes de evidências nos vinte anos seguintes. Mas era também a admissão de um compromisso ilimitado. Uma vez admitidos neste mundo de maravilhas, como poderíamos ser felizes fora dele? Era 1º de junho, nosso dia santo do amor. Desde então, sempre que um de nós não estava sendo sensato com o outro, a invocação do 1º de junho geralmente fazia com que o ofensor recobrasse a razão.

Antes disso, eu perguntara a Carl se esses hipotéticos extraterrestres de 1 bilhão de anos no futuro saberiam interpretar os ondas cerebrais de alguém que medita. "Quem sabe? Um bilhão de anos é muito, muito tempo", foi a sua resposta. "Admitindo que poderiam ter essa capacidade, por que não tentar?"

Dois dias depois do telefonema que mudou as nossas vidas, entrei num laboratório no Hospital Bellevue, na cidade de Nova York, onde me ligaram a um computador que transformou todos os dados do meu cérebro e coração em sons. Percorri um itinerário mental de uma hora, pensando em todas as informações que desejava transmitir. Comecei pensando sobre a história da Terra e a vida que contém. Dentro de minhas possibilidades, tentei pensar um pouco sobre a história das ideias e a organização social humana. Pensei sobre a situação difícil em que se encontra a nossa civilização e sobre a violência e a pobreza que tornam este planeta um inferno para muitos de seus habitantes. No final, eu me permiti uma declaração pessoal de como se sente uma pessoa apaixonada.

Agora a febre de Carl era violenta. Eu o beijava e esfregava o meu rosto contra o dele, ardente e não barbeado. O calor de sua pele era estranhamente tranquilizador. Eu desejava repetir muitas vezes esse gesto, para que seu ser físico e vibrante se tornasse uma lembrança sensorial indelevelmente gravada. Estava dividida entre exortá-lo a lutar e querer vê-lo livre dos aparelhos torturantes de suporte à vida, bem como do demônio que o tinha atormentado durante dois anos.

Telefonei para sua irmã, Cari, que tinha dado tanto de si para impedir esse fim, para seus filhos adultos, Dorion, Jeremy e Nicholas, e para o neto, Tonio. Toda a nossa família tinha celebrado o Dia de Ação de Graças em nossa casa em Ithaca, havia algumas semanas. A opinião unânime era de que fora o melhor Dia de Ação de Graças que já tivéramos. Saímos todos da festa com uma espécie de brilho. Reinara uma autenticidade e uma intimidade nessa reunião, que nos deu um grande senso de unidade. Agora eu colocava o fone perto do ouvido de Carl, para que ele pudesse ouvir, uma a uma, as suas despedidas.

Nossa amiga escritora/produtora Lynda Obst veio correndo de Los Angeles para estar ao nosso lado. Lynda estava presente naquela primeira noite encantada na casa de Nora, quando Carl e eu nos conhecemos. Ela tinha testemunhado em primeira mão, mais do que qualquer outra pessoa, nossas colaborações pessoais e profissionais. Como produtora original do filme *Contato*, trabalhara junto conosco durante os dezesseis anos em que preparamos o projeto para produção.

Lynda tinha observado que a incandescência constante de nosso amor exercia uma espécie de tirania sobre aqueles ao redor que tinham sido menos felizes na sua busca de um parceiro de alma. Entretanto, em vez de ficar ressentida com nosso relacionamento, Lynda o acalentava como um matemático faria com um teorema da existência, algo que demonstra que uma coisa é possível. Ela costumava me chamar de srta. Felicidade. Carl e eu apreciávamos muito o tempo que passávamos com ela, rindo, conversando até tarde da noite sobre ciência, filosofia, fofocas, cultura popular, tudo o mais. Agora essa mulher que tinha voado alto conosco, que me acompanhara no dia vertiginoso em que eu escolhera o meu vestido de noiva, estava ali ao nosso lado, enquanto dizíamos adeus para sempre.

Durante dias e noites, Sasha e eu nos revezamos sussurrando ao ouvido de Carl. Sasha lhe repetia o quanto o amava e falava sobre todos os modos que descobriria para honrá-lo. "Homem admirável, vida maravilhosa", eu lhe disse mais de uma vez. "Tudo muito benfeito. Com o orgulho e a alegria de nosso amor, eu o deixo partir. Sem medo. 1º de junho. 1º de junho. Para valer..."

Enquanto faço as correções nas provas, que Carl receava que seriam necessárias, seu filho Jeremy está no andar de cima dando a Sam a sua lição de computador noturna. Sasha está no quarto fazendo os deveres. Com suas revelações sobre um pequenino mundo embelezado pela música e pelo amor, a nave *Voyager* já saiu do sistema solar e se dirige ao mar aberto do espaço interestelar. A uma velocidade de 70 mil quilômetros por hora, projeta-se em direção às estrelas e a um destino com o qual só podemos sonhar. Estou cercada por pacotes do correio, cartas de pessoas de todo o planeta que lamentam a perda de Carl. Muitos lhe dão o crédito por tê-los despertado. Alguns dizem que o exemplo de Carl os inspirou a trabalhar pela ciência e pela razão contra as forças da superstição e do fundamentalismo. Esses pensamentos me consolam e me resgatam de minha dor. Permitem que eu sinta, sem recorrer ao sobrenatural, que Carl vive.

Ann Druyan
14 de fevereiro de 1997
Ithaca, Nova York

AGRADECIMENTOS*

Como sempre, este livro foi incomensuravelmente inspirado e aperfeiçoado pelos comentários iluminadores de Annie Druyan, pelas suas sugestões sobre o conteúdo e seus acertos estilísticos, bem como pela sua escrita. Quando crescer, espero ser como ela.

Muitos amigos e colegas fizeram comentários proveitosos sobre partes do livro ou sobre toda a obra. Sou muito grato a todos. Entre esses amigos e colegas estão David Black, James Hansen, Jonathan Lunine, Geoff Marcy, Richard Turco e George Wetherill. Outros que responderam generosamente a pedidos de informação incluem Linden Blue, da General Atomics, John Bryson, da Southern California Edison, Jane Callen e Jerry Donahoe, do Departamento de Comércio dos Estados Unidos, Punam Chuhan e Julie Rickman, do Banco Mundial, Peter Nathanielz, do Departamento de Fisiologia da Escola de Medicina Veterinária em Cornell, James Rachels, da Universidade de Alabama em Birmingham, Boubacar Touré, da Organização de Alimentos e Agricultura das Nações Unidas, e Tom Welch, do Departamento de Energia dos Estados Unidos. Meus agradecimentos a Leslie LaRocco, do Departamento de Línguas Modernas e Linguística, Universidade Cornell, pelos seus serviços de tradução na comparação das versões de *Parade* e de *Ogonyok* de "O inimigo comum".

Apreciei a sabedoria e o apoio de Mort Janklow e Cynthia Cannell, do Janklow & Nesbit Associates, e de Ann Godoff,

---

* O dr. Sagan morreu antes de terminar esses agradecimentos. Os editores lamentam a omissão dos nomes de pessoas ou instituições que ele teria mencionado, se pudesse ter completado as observações.

Harry Evans, Alberto Vitale, Kathy Rosenbloom e Martha Schwartz, da Random House.

Tenho uma dívida especial com William Barnett por suas transcrições meticulosas, assistência de pesquisa, leitura de provas, bem como por ter guiado o manuscrito pelas suas várias fases de preparação. Bill realizou tudo isso, enquanto eu combatia uma grave doença. O fato de eu sentir que podia depositar toda a confiança no seu trabalho foi uma graça pela qual sou muito grato. Andrea Barnett e Laurel Parker, do meu escritório na Universidade Cornell, providenciaram correspondência essencial e apoio de pesquisa. Também agradeço a Karenn Gobrecht e Cindi Vita Vogel, do escritório de Annie, pela sua assistência competente.

Embora todo o material deste livro seja novo ou tenha sido recentemente revisado, os núcleos de muitos capítulos foram publicados anteriormente em *Parade*; por isso agradeço a Walter Anderson, editor-chefe, e a David Currier, editor sênior, bem como pelo seu apoio inabalável ao longo dos anos. Partes de alguns capítulos foram publicadas em *American Journal of Physics*; em *Forbes-FYI*; em *Environment in peril*, Anthony Wolbarst, ed. (Washington, DC: Smithsonian Institution Press) (a partir de uma palestra que proferi na Agência de Proteção Ambiental, Washington, DC); na agência do *Los Angeles Times*; e em *Lend me your ears: great speeches in History*, William Safire, ed. (Nova York: W. W. Norton, 1992).

Patrick McDonnell concordou generosamente com a inclusão de seus esboços para ilustrar o texto. Sou também grato a Carson Productions Group pela permissão de usar uma fotografia minha com Johnny Carson; a Barbara Boettcher pela arte gráfica; a James Hansen pela permissão de usar os gráficos no capítulo 11; e a Lennart Nilsson pela permissão de mandar fazer desenhos a partir de suas fotografias pioneiras de fetos humanos *in utero*.

REFERÊNCIAS
(*Algumas citações e sugestões para leituras posteriores*)

1. BILHÕES E BILHÕES

Robert L. Millet e Joseph Fielding McConkie. *The life beyond*. Salt Lake City, Bookcraft, 1986.

3. OS CAÇADORES DE SEGUNDA-FEIRA À NOITE

Harvey Araton. "Nuggets' Abdul-Rauf shouldn't stand for it", *The New York Times*, 14 de março de 1996.
Um bom resumo anedótico dos esportes profissionais e seus admiradores é *Fans!*, de Michael Roberts (Washington, DC, New Republic Book Co., 1976). Um estudo clássico da sociedade caçadora-coletora é *The !Kung San*, de Richard Borshay Lee (Nova York, Cambridge University Press, 1979). A maioria dos costumes dos caçadores-coletores mencionados neste livro se aplica aos !Kung e a muitas outras culturas caçadoras-coletoras não marginais em todo o mundo — antes de serem destruídas pela civilização.

4. O OLHAR DE DEUS E A TORNEIRA QUE PINGA

Kumi Yoshida *et al*. "Cause of blue petal colour", *Nature*, v. 373, 1995, p. 291.

9. CRESO E CASSANDRA

Managing Planet Earth: Readings from "Scientific American" Magazine. Nova York, W. H. Freeman, 1990.
A. J. McMichael. *Planetary overload*: global environment change and the health of the human species. Nova York, Cambridge University Press, 1993.
Richard Turco. *Earth under siege*: air pollution and global change. Nova York, Oxford University Press, 1995.

10. ESTÁ FALTANDO UM PEDAÇO DO CÉU

Eric Alterman. "Voodoo science", *The Nation*, 5 de fevereiro de 1996, pp. 6-7.

Richard Benedick. *Ozone diplomacy: new directions in safeguarding the planet* Cambridge, MA, Harvard University Press, 1991.

William Brune. "There's safety in numbers", *Nature*, v. 379, 1996, pp. 486-7.

Arjun Makhijani e Kevin Gurney. *Mending the ozone hole*. Cambridge, MA, MIT Press, 1995.

Stephen A. Montzka *et al.* "Decline in the tropospheric abundance of halogen for halocarbons: implications for stratospheric ozone depletion", *Science*, v. 272, 1996, pp. 1318-22.

F. Sherwood Rowland. "The ozone depletion phenomenon", in *Beyond discovery*. Washington, DC, Academia Nacional de Ciências, 1996.

James M. Russell III *et al.* "Satellite confirmation of the dominance of chlorofluorocarbons in the global stratospheric chlorine budget", *Nature*, v. 379, 1996, pp. 526-9.

11. EMBOSCADA: O AQUECIMENTO DO MUNDO

Jack Anderson. "Lessons for us to learn from the Persian Gulf", *Ithaca Journal*, 29 de setembro de 1990, p. 10A.

Robert Balling, Jr. "Keep cool about global warming", carta a *The Wall Street Journal*, 16 de outubro de 1995, p. A14.

Hugh W. Ellsaesser, Gregory A. Inskip e Tom M. L. Wigley. "Apply cold science to a hot topic", cartas separadas a *The Wall Street Journal*, 20 de novembro de 1995.

Vivien Gornitz. "Sea-level rise: a review of recent past and near-future trends", *Earth Surface Processes and Land Forms*, v. 20, 1995, pp. 7-20.

James Hansen. "Climatic change: understanding global warming", in *One world*, ed. por Robert Lanza. Health Press, Santa Fé, NM, 1996.

Ola M. Johannessen *et al.* "The Arctic's shrinking sea ice", *Nature*, v. 376, 1995, pp. 126-7.

Richard A. Kerr. "Scientists see greenhouse, semiofficially", *Science*, v. 269, 1995, p. 1657.

_____. "It's official: first glimmer of greenhouse warming seen", *Science*, v. 270, 1995, pp. 1565-7.

Michael MacCracken. "Climate change: the evidence mounts up", *Nature*, v. 376, 1995, pp. 645-6.

Michael Oppenheimer. "The big greenhouse is getting warmer", carta a *The Wall Street Journal*, 27 de outubro de 1995, p. A15.

Cynthia Rosenzweig e Daniel Hillel. "Potential impacts of climatic change on agriculture and food supply", *Consequences*, v. 1, verão de 1995, pp. 23-32.

Stephen E. Schwartz e Meinrat O. Andreae. "Uncertainty in climate change caused by aerosols", *Science*, v. 272, 1996, pp. 1121-2.

William Sprigg, "Climate change: doctors watch the forecasts", *Nature*, v. 379, 1996, p. 582.

William K. Stevens. "A skeptic asks, is it getting hotter, or is it just the computer model?", *The New York Times*, 18 de junho de 1996, p. C1.

Julia Uppenbrink. "Arrhenius and global warming", *Science*, v. 272, 1996, p. 1122.

12. FUGA DA EMBOSCADA

Ghossen Asrar e Jeff Dozier. *EOS: science strategy for the Earth observing system*. Woodbury, NY, American Institute of Physics Press, 1994.

Business and the Environment (Cutter Information Corp.), janeiro de 1996, p. 4.

"FAS Hosts Climate Change Conference for World Bank", FAS (Federation of American Scientists), *Public Interest Report*, março/abril de 1996.

Kennedy Graham. *The Planetary Interest*, Global Security Programme, Universidade de Cambridge, Reino Unido, 1995.

Jeremy Leggett (ed.), *Global warming*. Nova York, Oxford University Press, 1990.

Thomas R. Mancini, James M. Chavez e Gregory J. Kolb. "Solar thermal power today and tomorrow", *Mechanical Engineering*, v. 116, 1994, pp. 74-9.

Michael Valenti. "Storing solar energy in salt", *Mechanical Engineering*, v. 117, 1995, pp. 72-5.

13. RELIGIÃO E CIÊNCIA: UMA ALIANÇA

Julie Edelson Halport. "Harnessing the Sun and selling it abroad: US solar industry in export boom", *The New York Times*, 5 de junho de 1995, p. D1.

Raimon Panikkar, Universidade da Califórnia em Santa Barbara, no Fórum Global Mundial dos Líderes Espirituais e Parlamentares, Oxford, Reino Unido, abril de 1988.

Carl Sagan *et al*. "Preserving and cherishing the Earth", *American Journal of Physics*, v. 58, 1990, pp. 615-7.

Peter Seinfels. "Evangelical group defends laws protecting endangered species as a modern 'Noah's Ark'", *The New York Times*, 31 de janeiro de 1996.

14. O INIMIGO COMUM

Georgi Arbatov. *The system: an insider's life in Soviet politics*. Nova York, Times Books, 1992.

Mikhail Heller e Aleksander M. Nekrich (trad. Phyllis B. Carlos). *Utopia in power: the history of the Soviet Union from 1917 to the present*. Nova York, Summit Books, 1986.

15. ABORTO: É POSSÍVEL SER "PRÓ-VIDA "E "PRÓ-ESCOLHA"?

John Connery, S. J. *Abortion: the development of the Roman Catholic perspective*. Chicago, Loyola University Press, 1977.
M. A. England. *The color atlas of life before birth: normal fetal development*, 2ª ed. Chicago, Yearbook Medical Publishers, Inc., 1990.
Jane Hurst. *The history of abortion in the Catholic Church: the untold story*. Washington, DC, Catholics for a Free Choice, 1989.
Carl Sagan. *The dragons of eden*. Nova York, Random House, 1977.
Carl Sagan e Ann Druyan. *Shadows of forgotten ancestors: a search for who we are*. Nova York, Random House, 1992.

17. GETTYSBURG E O PRESENTE

Lawrence J. Korb. "Military metamorphosis", *Issues in science and technology*, inverno de 1995-6, pp. 75-7.

19. NO VALE DA SOMBRA

Albert Einstein. *The world as I see it*. Nova York, Covici Friede Publishers, 1934.

LISTA DE ILUSTRAÇÕES

Contando os números grandes — seis esboços de Patrick McDonnell 15
A recompensa do grão-vizir — três esboços de Patrick McDonnell 20
Crescimento exponencial na população bacteriana, mostrando a horizontalização da curva 23
Crescimento exponencial na população humana, mostrando a horizontalização da curva 25
Círculos na água sobre a superfície de um lago, mostrando o padrão das ondas (Brown Brothers) 45
O espectro de ondas eletromagnéticas — notar a pequena porção que experienciamos como luz visível 52-3
Propriedades da refletância de pigmentos comuns à luz visível 57
Concentrações de dióxido de carbono na atmosfera da Terra ao longo do tempo 128
As temperaturas globais ao longo do tempo 132
Aquecimento pelo efeito estufa — esboço de Patrick McDonnell 142
Energia nuclear — esboço de Patrick McDonnell 150
Energia solar — esboço de Patrick McDonnell 153
Desenvolvimento fetal humano — desenhos mostrando o feto no momento da concepção e com três semanas (Desenhos baseados em fotografias de Lennart Nilson/Bonnier Alba AB) 206
Desenvolvimento fetal humano — desenhos mostrando o feto com cinco semanas e com dezesseis semanas (Desenhos baseados em fotografias de Lennart Nilsson/Bonnier Alba AB) 207
Desenvolvimento fetal humano — desenhos mostrando a semelhança do feto humano com um verme, um anfíbio, um réptil e um primata 208-9

ÍNDICE REMISSIVO

Abdul-Rauf, Mahmoud, 34
aborto, 195-8; controle da natalidade, 201; desenvolvimento embrionário e, 206-7, 210; direito à vida e, 199-201, 211; direitos de liberdade reprodutiva e, 197-8; leis dos Estados Unidos, 203, 211-2; objeções religiosas a, 202-3; profissão médica e, 256; tecnologia, 212
abusos ambientais, 82-3, 116, 144, 161; alertas dos cientistas sobre, 86, 91, 98-9, 164-5, 171-4; e os custos do petróleo, 155; refugiados dos, 135; religião e, 167, 171; tecnologia e, 88, 90, 162, 171, 246
Academia Nacional de Ciências, 96
acidente de Three Mile Island, 148
acidente em Chernobyl, 148, 181, 232
Administração Nacional da Aeronáutica e do Espaço (NASA), 63, 65, 108, 115, 129, 144, 266
Afeganistão, 185-6
África do Sul, 190, 233
afro-americanos, 218
Agência Espacial Europeia, 65, 115
agricultura, 24, 35, 89, 119, 126, 131, 135, 137, 141, 210, 242
albinos, 55
Alfa do Centauro, 13
alfabetismo, 234
algas, 78, 80-3
Aliança dos Estados das Pequenas Ilhas, 135, 160

"altruísmo recíproco", 226
ancestrais, 28, 37-8, 52
Anderson, Jack, 120
Anderson, Walter, 178, 271
animais, 199; altruísmo recíproco, 226; desenvolvimento embrionário, 200; interdependência ecológica, 81; pesquisa em, 259
ansiedades, 91-2
Antártida, 108; buraco de ozônio, 108--9, 115, 117, 139, 161
antociano, 58
Apelo Conjunto da Ciência e da Religião, a favor do Meio Ambiente 169
Apelo dos Cientistas a favor do Meio Ambiente, 174-5
Apolo, 94-7
aquecimento global, 90; CFCs e, 102--3, 107; concentração de dióxido de carbono e, 123-5, 129-30, 139; consenso científico sobre, 129-31, 139; consequências projetadas, 129-31, 133, 135; e mau tempo, 133; efeito estufa natural e, 122-4; efeito retardado do, 140, 144; efeitos realimentadores e, 136-8; estrago na camada de ozônio e, 106; indústria de seguros e, 133, 160; medidas para mitigar o, 140-9, 156-61; países em desenvolvimento e, 141, 152; queima de combustíveis fósseis e, 126, 129, 180; taxa projetada de, 131-4, 139; *ver*

277

também efeito estufa, gases-estufa
ar-condicionado, 83
Araton, Harvey, 34
Arbatov, Georgi, 179, 193
Aristóteles, 140, 164
armas nucleares, 187, 216, 220; corrida armamentista, 181-3, 187, 231, 233, 238; estoques norte-americanos e soviéticos, 181, 230, 233, 238; fabricação, 149; laboratórios de pesquisa, 113; poder destrutivo, 11, 181, 191, 229-30; reduções, 239, 246; Tratado Abrangente de Interdição dos Testes, 234, 238; uso norte-americano de, 183, 229
Arquimedes, 10, 17
Arrhenius, Svante, 130
assassinatos, 38, 195, 197-200, 205, 212-3, 230, 238
Associação dos Produtores Químicos, 109
Associação Geofísica Americana, 138
Associação Médica Americana, 204
astrometria, 74
atmosfera, 103-8, 111, 115-6, 123-5; CFCs na, 110-1, 125-6; cloro na, 108-9, 112, 114; composição da, 62; de Marte, 62; de Vênus, 124; destruição humana da, 116; espessura da, 87; gases-estufa na, 123-6, 129, 134-5; persistência do dióxido de carbono na, 140; persistência dos CFCs na, 108; retirada do dióxido de carbono da, 106, 125, 137, 154, 158, 246
autodeterminação nacional, 185
automóveis, 63, 119-21, 145-6, 159, 245
Axelrod, Robert, 224

Bacon, Francis, 164
bactérias, 22, 63, 106, 266
Barnett, Richard C., 109
Benedick, Richard, 111
Bíblia, 165
Big Bang, 59-60, 251
biologia molecular, 243, 249
bomba atômica, 28, 230
bomba de hidrogênio, 230
Broecker, Wallace, 137
brometo de metila, 96, 113
bromo, 112-5
buraco de ozônio ártico, 109
Butler, Paul, 72

caçada, 31, 35, 37
caçadores-coletores, 35, 38-40, 46, 202, 215, 236
cadeia alimentar, 106, 180, 191
camada de ozônio, 98; absorção da radiação ultravioleta, 104; buraco antártico na, 107-9, 115, 139; diminuição da, 104, 107-10, 115, 117; e o aquecimento global, 106; efeitos da diminuição da, 90, 104-7; espessura, 88, 104; medidas protetoras, 110-1; produtos químicos que não sejam CFC, 113-4
câncer, 83, 90, 104-5, 112, 243, 256
câncer de pele, 83, 104-5
capacidade linguística, 250
capitalismo, 184, 187, 190, 239, 265
Carson, Johnny, 10
Carter, Jimmy, 152
carvão: formação, 118; queima, 83, 142, 152
Cassandra, 96-9, 137
Centro de Pesquisa de Câncer Fred Hutchinson, 256
China, 19, 26, 48, 83, 110-1, 118, 120, 135, 138, 141, 152, 163, 167, 174, 185, 216, 233, 240, 253
chuva ácida, 82-3, 90, 121

cidades, 32, 34, 40, 88, 121-2, 126, 131, 135, 148, 174, 229
ciência e cientistas: consenso sobre o aquecimento global, 131, 138-9; e a predição do futuro, 60, 96; e a religião, 166-7, 173; e o desastre ambiental, 87-90, 92, 98, 164-5, 171-2; melhoramento da vida humana, 89, 242-3; progressos do século XX, 246-51
ciência genética, 249
ciência médica, 204, 243
circuitos de realimentação, 144
Clinton, Bill, 158, 161, 219, 240
clonagem, 200
clone HeLa, 200
cloro, 102-4, 108-9, 112-5
clorofluorcarbonetos (CFC) 83; como refrigerador e propulsor aerossol, 102-3; concentração atmosférica, 108, 126; dependência industrial de, 109-10; e o aquecimento global, 109, 112; invenção de, 102, 113; na diminuição da camada de ozônio, 104, 109; persistência na atmosfera, 109; proibição no uso de, 110-1, 113, 115, 117, 161, 246
cobertura de gelo ártico, diminuição da, 131
códigos morais, 215
combustíveis fósseis: dependência dos, 119, 144, 152, 158; e aquecimento global, 126, 129, 180; emissões de gases-estufa, 121, 125, 144, 180; impostos sobre, 158; melhoramento na eficiência do uso, 145, 148, 169; poluição do ar pelos, 121, 139; reservas mundiais, 120; subsídios federais, 153
combustível de hidrogênio, 155, 158
Comissão Reguladora Nuclear, 149

Companhia DuPont, 103, 107, 110-1
comunismo, 187, 193
Confúcio, 217, 219
Congresso dos Estados Unidos, 96, 247
Congresso Nacional Africano (ANC), 216, 218
conservadores, 115-6
contador de grãos de areia, O (Arquimedes), 10
Contato (filme), 259, 268
controle da natalidade, 27, 170, 201--2, 243
Convenção Básica das Mudanças Climáticas (1992), 152
Convenção de Armas Químicas, 239
cor, frequência da luz e, 51, 55-6
Coreia do Norte, 238, 240
Coreia do Sul, 110-1, 239-40
Cosmos (série de TV), 10, 12
crescimento econômico, 140
crescimento populacional zero (ZPG), 26
Creso, 94-5, 99, 143
cristandade, 260
crustáceos, 82, 106
Cuba, 186, 240
cultura popular, 11, 244, 268
Cúpula da Terra (1993), 161

DeLay, Tom, 115
democracia, 39, 183, 189, 239, 244, 247
Departamento de Avaliação de Tecnologia, 96
desastres naturais, 133, 160
Descartes, René, 164
desenvolvimento embrionário, 206; teoria da recapitulação, 206
desenvolvimento evolucionário, 82; e cooperação, 82-3
desobediência civil, 218
Dilema do Prisioneiro, 223-4, 226-7

dióxido de carbono: absorção pelas plantas, 106, 125, 137, 154, 158; aumento das emissões mundiais, 160; e o aquecimento global, 126-7, 129, 136-7; efeito estufa do, 125-6; emissões dos automóveis, 145; emissões nacionais, 141, 160; na atmosfera de Vênus, 124; permanência na atmosfera, 140, 144; queima dos combustíveis fósseis, 121, 180; reduções das emissões de, 161
diversidade biológica, 161, 169
doenças, 90; erradicação de, 243; mudança de clima, 134
Dole, Bob, 120
Doolittle, John, 115
Druyan, Ann, 195, 228, 269-70

educação, 247
Efeito Doppler, 72
efeito estufa, 69; e plantas, 136, 154, 158; em Vênus, 124-5, 130; erupções de vulcões e, 126-7; normal, 124; *ver também* aquecimento global
Einstein, Albert, 28, 48, 261
Eisenhower, Dwight D., 228, 234
energia alternativa, 152, 154
energia de conversão da biomassa, 154, 158-9
energia elétrica gerada por turbina eólica, 156-9
energia nuclear, 148-9; fissão nuclear, 27, 148; fusão, 150; lixo radioativo, 29, 148-9
energia solar, 155-7
Engels, Friedrich, 185
Ephron, Nora, 265
epidemia da AIDS, 22
eras glaciais, 127, 129, 131, 137
erupções de vulcões, 126-7
escravidão, 183

espécies ameaçadas, 90
espermatozoide, 90, 199-203, 205
esportes, 32, 35, 38
esportes de equipe, 31, 35, 38
Ésquilo, 97
"estado estacionário", 24
Estados Unidos, 12; consumo de energia, 144; crescimento da população, 26; custos de desastres naturais, 133; e a corrida de armas nucleares, 181-2, 230-2; e CFCs, 108, 110; e o controle de armas, 239, 247; emissões de dióxido de carbono, 141; expectativa de vida nos, 243; gastos militares, 13, 233-4, 240; importações de óleo, 119; invasões estrangeiras pelos, 184, 186; mortalidade infantil nos, 245; orçamento e dívida, 13, 233; venda de armas, 235
esteiras dos aviões, 84
estratosfera, 87-8, 107, 110, 114
estrela B 1257 + 12, 71
estrela Lalande, 74
estrelas: emissões de luz, 52, 54
Etiópia, 98, 190
etnocentrismo, 47, 246
evolution of cooperation, The (Axelrod), 224
Exército dos Estados Unidos, 33
expectativa de vida, 243-4
extinção de espécies, 90, 159, 172, 199

Feira Mundial de Nova York, 214
filosofia, 164
física, 248-9; leis da, 69-70
fissão nuclear, 27, 148
fitoplânctons, 105
florestas: destruição, 82, 125, 144; preservação, 159, 169
fluxo de Hubble, 66
fogo-fátuo, 137

Fórum Global dos Líderes Espirituais e Parlamentares, 167
fósseis, idade dos, 29
fótons, 50
fotossíntese, 58, 81
França, 110, 149, 233
frequência de onda, 43-6, 50-1
fusão nuclear fria, 151

galáxia da Via Láctea, 25, 60, 70, 75, 251
galáxias, 10, 12, 14, 59-61, 66, 70, 251
gás natural, 118, 121, 156, 159
gases-estufa: absorção da radiação infravermelha, 122-3; concentração atmosférica, 123-4, 127, 129, 144; correlação com a temperatura global, 126, 129, 134, 137; emissões de combustíveis fósseis, 125, 144, 180; na atmosfera de Vênus, 124-5; países em desenvolvimento, 141, 151; persistência na atmosfera, 140, 144, 153; reduzindo as emissões de, 140, 145, 152, 159-62; retirada natural desses gases da atmosfera, 125, 158; *ver também* dióxido de carbono
gastos militares: em todo o mundo, 13, 235, 240, 246; Estados Unidos, 12, 233-5, 239-41
geleiras, 131, 138, 144
General Motors Company, 147
geologia planetária, 248
Gettysburg, Batalha de, 228-9
Ghandi, Mahatma, 218
Gorbachev, Mikhail S., 167
Gore, Al, 169
Gould, Stephen Jay, 206
Grã-Bretanha, 110, 157, 160, 233
gravidade, 66, 69
guerra, 199; baixas civis, 230; esportes e, 33; gastos com, 181

Guerra Civil, 235-6
"Guerra do Futebol", 33
Guerra do Golfo Pérsico, 119-20, 153
Guerra do Vietnã, 186, 231
Guerra Fria, 113, 178, 232-4, 238-40
Guerra nas Estrelas, 13, 235
guerra nuclear, 12-3, 29, 82-3, 172, 222-3, 231-2, 235
Gummer, John Selwyn, 160

Haeckel, Ernst, 206
halons, 113
Haskel, Frank, 228
Havaí, 125, 186
Heródoto, 94-5
Hess, Rudolf, 188
hidrocarbonetos aromáticos policíclicos (PAHs), 63
hidrofluorcarbonetos (HCFC), 112-3
Hillel, o rabino, 218
hipótese nebular, 70
Hitler, Adolf, 181, 184, 188, 192, 198, 220-1, 233, 247
Hodel, Donald, 110

Igreja Católica Romana, 29, 170, 203
Igreja Episcopal, 169
impostos da gasolina, 144, 147
Índia, 19, 111, 157, 199, 215, 218, 233, 238; aritmética da, 16
índios americanos, 165
índios cherokees, 32
indústria: dependência dos CFC, 102, 109, 111; dependência dos combustíveis fósseis, 119, 151, 158, 161; destruição ambiental, 82; poluição do ar, 83, 121, 126, 180
indústria de seguros, 133
inimigo comum, O (Sagan), 178
inteligência: extraterrestre, 66; humana, 163
intervalo interglacial, 129
Irã, 183, 240

Iraque, 186, 238, 240
Islã, 165, 168
Iugoslávia, 174, 221, 246

Jackson, Stonewall, 232
Japão, 111, 115, 141, 149, 152, 156-7, 160, 186, 235, 240, 247
Jefferson, Thomas, 89, 183
João Paulo II, 166
jogos de soma-zero, 222-3
Jogos Olímpicos, 34-35
Júpiter, 60, 63, 68-9, 71-4, 259

Kant, Immanuel, 69-70, 164
Kanzi (chimpanzé), 250
Karl, Thomas, 131
King, Rev. Martin Luther, 218
Klerk, F. W. de, 216
Korotich, Vitaly, 178
Kung "bosquímanos", 40-2

Laplace, Pierre Simon, Marquês de, 69
Lee, Richard, 40
Lei das Espécies Ameaçadas (1973), 171
Lênin, V. I., 168, 184-5, 193
lex talionis, 219
liberdade reprodutiva, 197-8, 211
Líbia, 184, 238, 240
Lincoln, Abraham, 237
lixo radioativo, 29, 148-51, 155
Lua, 25, 48-9, 60, 62-3, 85, 163, 251
luas, 49, 60, 69, 73-4, 248, 266
Lutero, Martinho 201
luz, 43; absorção e reflexão da luz, 53-6, 122; dualidade partícula--onda, 50; espectro da, 51, 55; fotossíntese e, 58, 81; frequência e comprimento de onda, 50--1; percebidas como cores, 51, 54-6, 58; velocidade da, 48-50
luz infravermelha, 52, 71, 106, 122, 251

luz solar: absorção e reflexão de, 58, 122-3
luz ultravioleta (UV), 52-3, 103-6, 251
luz visível, 50-2, 54-6, 70-1, 106, 122--3, 251

MacCracken, Michael, 131
Mahlman, J. D., 138
malária, 133-4, 243
Malthus, Rev. Thomas, 24
Mandela, Nelson, 216, 218
Marco Polo, 118
Marconi, Guglielmo, 251
Marte, 60, 191, 234, 251; vida potencial em, 61-4
McKay, Charles, 60
médicos, 157, 204
meia-vida, 29
melanina, 55-6, 104
metano, 65, 123, 126, 137
meteoritos, 62-4, 248
método científico, 99
mielodisplasia, 255
Minano, Dennis, 147
Missão ao Planeta Terra, 115, 144
missões especiais Apollo, 49, 62, 190
mitos da criação, 59
moléculas orgânicas, 55-6, 63, 65, 105, 251
Molina, Mário, 107-8, 116
Monte Pinatubo, erupção, 127
morte, 12, 22, 24, 35, 68, 81, 97, 105--6, 201, 236, 243, 248, 253-5, 260-1, 264-5
Morton, Rev. James Parks, 169
mulheres, 198; direitos de liberdade reprodutiva, 198, 212, 243; e o poder político, 26, 39, 247; na cultura dos caçadores-coletores, 36, 39; nazistas e, 247; restrições ao aborto, 198, 204
mundo assombrado pelos demônios, O (Sagan), 99, 259

Muste, A. J., 220

nacionalismo, 34
Nações Unidas, 134; Programa do Meio Ambiente, 114
nanofósseis, 63
natureza, 60; leis da, 60, 252; subjugação humana da, 164-5
nave espacial, 85, 251
nave espacial *Cassini*, 65
nave espacial *Galileo*, 68, 259
nave espacial *Huygens*, 65
nave espacial *Pioneer*, 266
nave espacial *Venera*, 124
nave espacial *Viking*, 62, 64
nave espacial *Voyager*, 12, 49, 65, 266, 269
Netuno, 49, 58
névoa enfumaçada, 121
Newton, Isaac, 69
Nicarágua, 184-6
nitrogênio, 65, 101, 106, 122-3
nível do mar, 44, 131, 135-6
Nixon, Richard M., 240
notação exponencial, 14, 16
nuvens, 69, 122, 124, 136, 144

Obst, Lynda, 268
Ogonyok, 178-9, 191, 193
óleo, 118; crise de 1973-79, 144; custo do, 120, 155-6; dependência da importação, 119-20; vazamentos, 156, 159
ondas cerebrais, 197, 210, 267
ondas de rádio, 51-2, 66, 251
ondas sonoras, 44, 46, 49
ônibus espacial Challenger, 181, 232
oráculo délfico, 94-5, 97, 129
Organização dos Países Exportadores de Petróleo (OPEP), 160
óvulos, 200
oxigênio, 75, 81, 83, 101, 104, 121-2, 206, 212, 255

ozônio, 101; formação de, 101, 103; poluição ao nível do solo, 101, 108

Painel Intergovernamental sobre Mudanças Climáticas, 131
países em desenvolvimento, 141, 151, 157, 161
Paquistão, 233
Parade, 178-9, 193, 195, 270-1
Parceria Religiosa Nacional pelo Meio Ambiente, 170-1
Passmore, John, 247
patriotismo, 32
pensamento, 210, 213
pigmentação da pele, 55
placas tectônicas, 248
planetas, 70; de outras estrelas, 70-5; planos orbitais, 69-70
plantas, 54; absorção da luz, 54, 56, 58; e o efeito estufa, 137, 154; fotossíntese, 56, 81-2; radiação UV e, 105-6
plutônio, 29, 149-50
pobreza, 26-7, 187, 234
políticos, 142, 156, 164, 184, 195, 238, 240
poluição do ar, 121, 126, 180; ozônio, 101, 108
população humana, 11-2, 163, 170, 243; crescimento exponencial, 26-7; densidade, 88; e o aquecimento global, 141; transição demográfica, 26
Prather, Michael, 115
precipitação radioativa, 29, 82
Preservando e protegendo a Terra, 171
Primeira Guerra Mundial, 11
Programa Nacional de Doação de Medulas, 260
progressão exponencial, 22, 26, 29
proteção ambiental, 140-1, 171; "administração", 171

Protocolo de Montreal, 111, 113, 115, 117, 161, 246
pulsares, 71, 251

química, 250

raios gama, 52-3
raios X, 52
Reagan, Ronald, 13, 110, 152-4, 178, 183, 233
recapitulação, teoria da, 206
Rede Ambiental Evangélica, 171
reflexividade, 55-6, 122-3
refrigeração, 102, 180, 243
regra do "Tit-for-Tat", 225-6
Regra de Bronze, 219-21, 225-6
Regra de Ferro, 219, 221, 224, 226
Regra de Lata, 219, 221
Regra de Ouro, 217, 219, 221-2, 224-6
Regra de Prata, 218, 221, 226
Regra do Nepotismo, 220
relatividade, teoria especial da, 48
religião, 166; e a ciência, 166, 171, 174; e a proteção ambiental, 166-8, 171, 173-4; e a subjugação da natureza, 164-5; e o aborto, 202-3
reprodução biológica, 21
Revolução Bolchevique, 183, 186
Revolução Industrial, 121, 124, 133
Robertson, Rev. Pat, 213
Roe *versus* Wade, 205, 211, 213
Rogers, William John, 254, 259
Roosevelt, Franklin D., 28
Roosevelt, Theodore, 183
Rowland, F. Sherwood, 107-8, 115-6
Ruanda, 221, 246
Rússia 12, 26, 115, 141, 160, 174, 232, 235, 238-40

Sagan, Carl, 11, 179, 193, 256-9, 267
Salzman, Linda, 266

satélite Nimbus-7, 114
Segunda Guerra Mundial, 11, 34, 119, 184, 229, 231
segurança nacional, 232
"seleção do parentesco", 220
Serviços de Energia Aplicada, 159
Shevardnadze, Eduard, 167
Síria, 167-8, 174, 186, 240
Sistema de Observação da Terra, 144
sistema imunológico, 105, 255, 257
sistema solar, 69, 73-4, 90
Sol, 85; aquecimento da Terra, 122-3, 126; energia irradiada pelo, 54, 126
Stálin, Josef, 184, 198, 221, 233
Sudário de Turim, 29
Suécia, 108, 149, 160
Suprema Corte dos Estados Unidos, 195, 211
Szilard, Leo, 27-8

Tabuleiro de Xadrez Persa, 21, 28-30
Taiwan, 239
Talmude, 202
taxa de mortalidade infantil, 245
tecnologia, 228; de guerra, 228-31, 245; e a viabilidade fetal, 210; e catástrofe ambiental, 83, 86, 88--90, 162, 246; fracassos da, 181; melhoramentos na vida humana, 86, 242-4
tecnologia das comunicações, 48-9
Telescópio Espacial Hubble, 61
teorema da existência, 114, 268
teoria do jogo, 222, 227
Terra: "administração", 165; distância do Sol, 11, 69; eras glaciais, 129, 131; idade da, 12, 30; população humana, 11-2, 24-7, 243; sistema ecológico fechado, 81-2; temperatura média da, 122-3, 126, 129--33
terrorismo, 183, 239

Thatcher, Margaret, 111
Thomas, E. Donnall, 256, 259
Titã, 58, 63, 65, 251
Titanic, S. S., 254
Tolba, Mostafa K., 114
transplante de medula, 255-7, 264
Tratado Abrangente de Interdição dos Testes, 234
Tratado Estratégico de Redução de Armas (START), 235; START II, 239
Tritão, 58
Trivers, Robert, 226
Tukhachevsky, Mikhail N., 184, 193

União Soviética, 240; colapso da, 240; e a corrida de armas nucleares, 181, 230-2, 238; e o controle de armas, 239; exploração espacial, 124; invasões estrangeiras pela, 185; invasões norte-americanas da, 183, 186; relações dos Estados Unidos com a, 178, 234
Universo, 66-7, 250-1; composição do, 60-1, 67; expansão do, 59, 66; idade do, 17, 59, 61
urânio, 28, 149-50
usina geradora de energia, 154; eólica, 154; hidrelétrica, 155; nuclear, 148-9; solar, 152, 156-7
usinas hidrelétricas, 155, 245

vapor de água, 136
varíola, 190, 243
vendas de armas, 183, 235
Vênus, 12, 60, 63, 124, 130, 251
viabilidade fetal, 212
vida, direito à, 199-201
violência, 217-20

Washington, George, 183
Wilde, Oscar, 35
Wilson, Woodrow, 185
Wolsczan, Alex, 71

xenofobia, 47, 246

Zemeckis, Bob, 259
zooplâncton, 106

CARL SAGAN (1934-1996) foi professor de astronomia e ciência espaciais na Cornell University e cientista visitante do Laboratório de Propulsão a Jato do Instituto de Tecnologia da Califórnia. Autor de dezenas de artigos e livros científicos, foi agraciado com várias medalhas e prêmios — incluindo o Pulitzer — por suas contribuições ao desenvolvimento e à divulgação da ciência. Dele, a Companhia das Letras já publicou *Pálido ponto azul*, *O mundo assombrado pelos demônios*, *Contato* e *Variedades da experiência científica*.

1ª edição Companhia das Letras [1998] 7 reimpressões
1ª edição Companhia de Bolso [2008] 15 reimpressões

Esta obra foi composta pela Verba Editorial
em Janson Text e impressa pela Gráfica Bartira em ofsete
sobre papel Pólen Natural da Suzano S.A.

A marca FSC® é a garantia de que a madeira utilizada na fabricação do papel deste livro provém de florestas que foram gerenciadas de maneira ambientalmente correta, socialmente justa e economicamente viável, além de outras fontes de origem controlada.